드론공학개론

드론공학개론

윤용현 저

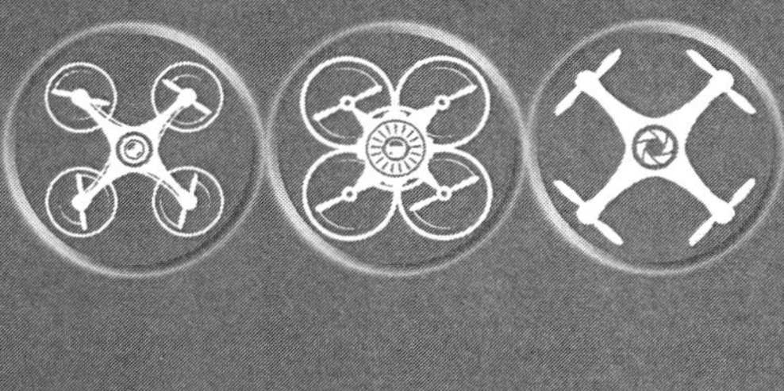

형설출판사
www.hyungseul.co.kr

머리말

제4차 산업 혁명시대와 함께 드론이 우리생활 가까이로 성큼 다가왔다. 중력을 거슬러 높고 빠르게 날아오르기만 했던 항공기술이 ICT기술과 인공지능기술을 만나면서 드론을 통해 우리 주변 가까이로 점점 다가오게 된 것이다. 그 동안 항공기술은 "더 높고, 더 빠르게"를 극복하고 "더욱 안전하고 더욱 편리하게"를 지향해 왔었으나 이제는 "보다 스마트하고 보다 함께"하는데 목표를 두고 있다.

기존의 유인항공기가 날던 영역을 무인항공기인 드론이 그 영역을 점차 확장하여 우리 일상으로 파고들어와 가전제품화 되어가고 있다. 마침내 드론 시대를 맞이하게 되었다. 이제 드론산업분야에서 일하게 될 새로운 일자리가 창출될 것이며, 이러한 직업군에서 일하게 될 인재양성이 매우 시급하게 된 것이다.

본 "드론공학개론"은 드론 관련 분야에서 일하게 될 드론 전문인이 되기 위한 입문서다. 입문서이기 때문에 드론에 관련된 기초적인 물리학적 개념을 비교적 간단하고 명료하게 기술하고 이를 표현하는 수학적 언어도 쉽게 설명하려고 노력하였다. 이공학적 기초 지식이 부족한 사람이라도 쉽게 접근하여 기초적인 드론의 이론적 이해와 함께 드론 분야에서 사용하는 기술용어를 쉽게 이해할 수 있도록 설명하였다.

제 1 장 드론 시대에서는 제4차 산업혁명시대의 기술적 키워드들과 드론이 가지는 임무특성, 기술특성, 운영특성, 설계특성들과의 연관성을 들어 드론이 제4차 산업혁명의 아이콘임을 기술하였고, 드론의 분류, 드론 시스템 및 구조, 그리고 드론 산업의 전망 등을 소개하였다.

제 2 장 드론 물리량에서는 드론공학입문서로서 반드시 알아야 할 드론 관련 물리적 기본개념인 물리량들을 소개하였다. 특히 드론이 비행하게 되는 대기물리와 기상특성들을 잘 이해하는 것은 드론 분야에서 일하게 될 전문가로서는 반드시 숙지해야할 기초적인 내용들이다.

제 3 장 드론비행원리에서는 비행처로서 드론의 항공역학 관련 내용들을 소개함으로써 항공역학적 기초개념들을 이해하는데 도움이 될 것으로 생각된다. 드론에 작용하는 힘을 구분하여 가장 중요한 양력이론을 물리법칙을 통해 간단한 수학식으로 나타내 이해를 돕도록 하여 드론의 비행 원리를 파악할 수 있도록 기술하였다.

제 4 장 드론제작 재료 및 구조에서는 비행체로서 드론제작에 필요한 재료 및 구조 특성을 이해할 수 있는 내용들로 드론의 하드웨어를 구성하는데 기초적인 재료 및 구조 공학적 배경지식을 제공하였다.

제 5 장 드론시스템 기술에서는 드론이 갖는 항공학적 핵심 기술, ICT분야의 핵심 기술, 그리고 자율이동체가 갖는 핵심기술들을 간단하게 소개함으로써 드론이 제 4 차 산업혁명의 아이콘임을 도모하고자 하였다.

집필을 진행하면서 보다 많은 내용들을 소개하고자 하였으나 새로운 산업혁명의 아이콘답게 너무나 다양한 첨단기술들이 융•복합된 드론 기술을 소개하는 데는 전문지식의 한계를 느꼈음을 독자들에게 고백한다. 끝으로 이 책을 출간하기 위해 무더위를 무릅쓰고 수고하여 주신 형설출판사에 감사의 뜻을 전한다.

2017. 8

미래관에서 저자 **윤 용 현**

차례

제 1 장 드론 시대

1.1 제4차산업혁명과 드론 10
1.2 드론의 이해 28
1.3 드론의 분류 35
1.4 드론 시스템 61

제 2 장 드론 물리량

2.1 물리량의 단위 82
2.2 물리량 알아보기 88
2.3 대기의 주요 물리량 101
2.4 대기의 구분 107
2.5 운동법칙 116
2.6 기상물리 121

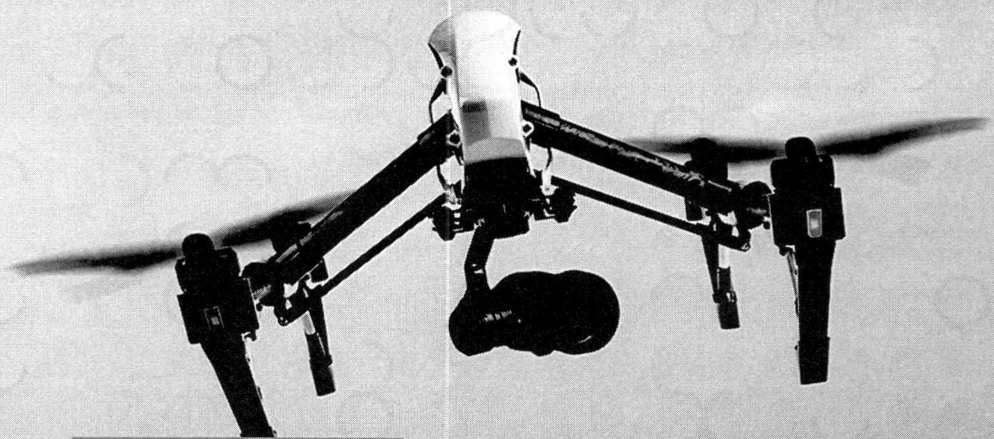

제 3 장 드론비행원리

3.1 드론에 작용하는 힘 ······ 162

3.2 양력발생이론 ······ 170

3.3 날개이론 ······ 190

3.4 항력과 추력 ······ 218

제 4 장 드론제작 재료 및 구조

4.1 드론제작구조 ······ 254

4.2 드론 제작 재료 ······ 264

제 5 장 드론시스템 기술

5.1 드론시스템 개발기술 ······ 284

5.2 드론핵심 세부 기술 ······ 304

제1장

드론 시대

1.1 제 4차 산업혁명과 드론

1) 제4차 산업혁명

• 이 세상 "모든 것은 변한다." 오직 변하지 않는 것이 있다면 그것은 "모든 것이 변한다."는 사실이다. 문제는 변화의 속도다. 과학기술의 변화 속도 또한 놀라울 정도다. 전 세계인구의 절반이 넘는 40억 명이 제3차 산업 혁명을 주도하는 인터넷을 아직 경험하지 못하고 있는데도 불구하고 벌써 새로운 미래의 물결인 제4차 산업혁명시대가 도래하고 있다. 마치 "아직도"와 "벌써"가 공존하는 시대에 살고 있다. 빠르게 변하지 않으면 생존하기 어려운 "속자생존(速者生存)"의 시대다. 산업혁명의 도래주기가 빨라지면서 기술혁신의 속도 또한 과거에 비해 놀랍다.

〈산업혁명 변화 과정 비교〉[1]

	1차 산업혁명	2차 산업혁명	3차 산업혁명	4차 산업혁명
시대	1780년 이후	1870년 이후	1970년 이후	2016년 이후
핵심부문	증기의 동력화	전력, 노동 분업	전자기기, ICT 혁명	ICT[2]와 제조업의 융합
정보전달방식	책, 신문 등	전화기, TV 등	인터넷, SNS[3] 등	IoT[4], IoE[5]
운영방식	생산 기계화	대량 생산	부분 자동화	자동생산
통제주체	사람	사람	사람	기계 스스로

1 현대경제연구원, 교보증권 리서치센터
2 Information Communication Technology
3 Social Network Service
4 Internet of Things
5 Internet of Everything

• 제4차 산업 혁명시대를 "ICT 및 전자기술 등 디지털 산업혁명 즉 제3차 산업혁명을 기반으로 물리적 공간, 전자적 공간 및 생물학적 공간의 경계가 희석되는 기술 융합의 시대"라 한다.[6] 모든 것이 연결되고 보다 지능적인 사회로의 변화가 예상된다.

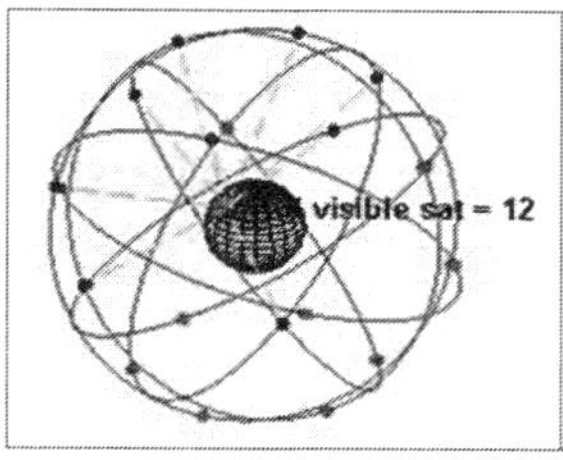

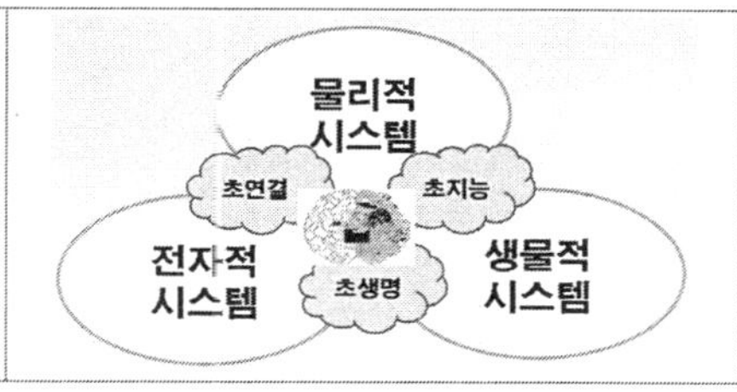

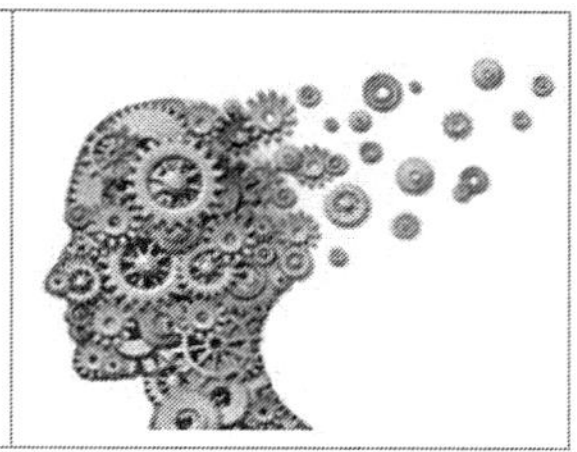

Industrie 4.0 Key words	Big data /Industrial Internet / Sensor / Customization / Artificial intelligence / Self-driving cars / Smart City / Sharing economy / Data Science / Machine learning / Ubiquitous / Robotics / Open source / On demand / RFID / Wearable / Cloud computing / GPS / Cyber Physical System / Virtual Reality / Biotechnology / 3D printing / Digital Platform
물리학 기술	• 무인수송수단(self-driving cars, drone, etc) • 3D 프린팅 → 4D printing(self altering technology) • 첨단로봇공학 : Biomimicry • 신소재 : Graphene, 나노 소재, 형상기억합금, 압전 세라믹
디지털 기술	• Internet of Things, Internet of All things, Internet of everythings • RFID, Bitcoin, digital currency • Digital platform
생물학 기술	• 합성생물학(Synthetic buology) • 유전자 편집기술 • 생체조직 프린팅(Bioprinting) • 맞춤형 진단 및 치료

〈제4차 산업혁명의 3대 영역과 키워드〉

• 제4차 산업혁명의 키워드는 인공지능(Artificial Intelligence), 로봇공학 (Robotics), 사물인터넷(Internet of Things), 자율주행 운행체, 3D프린팅, 나노기술, 생명공학, 재료

6 김인숙, 남유선 제4차 산업혁명, 새로운 미래의 물결

공학, 에너지 저장기술, 퀀텀 컴퓨팅 (quantum computing) 등이다.

• 사물인터넷은 인간, 사물, 서비스 등 분산된 구성 요소들 간에 인위적인 개입 없이 상호 협력적으로 센싱, 네트워킹, 정비처리 등 지능적 관계를 형성하는 사물공간의 연결망을 구축한다. 즉, 기존의 개인용 컴퓨터, 스마트폰, 테블랫 등이 정보전자 기기의 영역을 넘어서 가정의 가전제품(TV, 냉장고, 세탁기 등), 생활용품(의복, 칫솔, 수저 등), 그리고 자동차나 드론을 포함한 주변의 모든 기기들이 인터넷과 연결되어 가고 있다.

• 사이버물리시스템(Cyber Physical System)은 로봇, 산업기계, 의료기계 등 물리적인 현실 세계와 소프트웨어 등 가상 세계를 실시간으로 융합하는 시스템이다. 다시 말해, 모든 사물이 IoT기반으로 연결되고 컴퓨터와 물리적 세계가 융합되어 사물이 자동화/지능화 되는 시스템이다. 향후 제조, 에너지, 운송, 의료, 국방 등 다양하고 광범위한 분야에 적용될 것으로 예상된다.

• 제4차 산업혁명의 주요 변화 동인(動因)을 인구 및 사회 경제적 측면과 기술적 측면으로 나누어 보면 다음과 같다.

– 인구 및 사회경제적 측면: 업무환경 및 업무방식의 변화, 새로운 시장의 중산층과 젊은 세대 증가, 여성의 경제적 능력 증가, 노령화 사회, 공유경제, 기후변화, 천연자원 한계와 녹색경제로의 이동 등이다.

– 기술적 측면: 모바일 인터넷과 클라우딩 기술, 진보된 컴퓨팅 연산능력 및 빅 데이터, 클라우드 기술을 통한 애플리캐이션으로 인터넷 기반서비스 모델의 빠른 확산 등이다.

• 그 동안 초고속 압축 성장을 주도하였던 우리나라의 주력 산업들이 두 가지 면에서 전략적 변곡점을 맞이하고 있다. 변곡점의 하나는 "그린화" 및 "스마트화"라는 기술적 메가트렌드이고 다른 하나는 글로벌 경쟁의 심화에 따른 강력한 외부도전에 직면하고 있다는 점이다.

• 이러한 상황에 적극적으로 대응하면서 글로벌 주도권을 확보하기 위해 산업과 경제 분야에 기술적 파급효과가 큰 드론 산업을 포함한 항공우주산업을 주력 산업으로 선정하여 국면을 타개하는 것이 필요하다.[7] 왜냐하면 고난도 첨단기술의 집합체인 항

7 산업기술로드맵: 주력산업, 한국산업기술진흥원

공우주산업은 자동차, 기계, 전자, IT, 소재산업의 기술을 선도하고 견인하는 국가 핵심유망산업이기 때문이다. 따라서 우리나라의 새로운 미래 유망산업으로 항공우주산업의 한 부분인 드론산업이 새로운 활로를 열어 줄 기폭제가 될 것이다.

〈제4차 산업혁명과 변화 동인〉

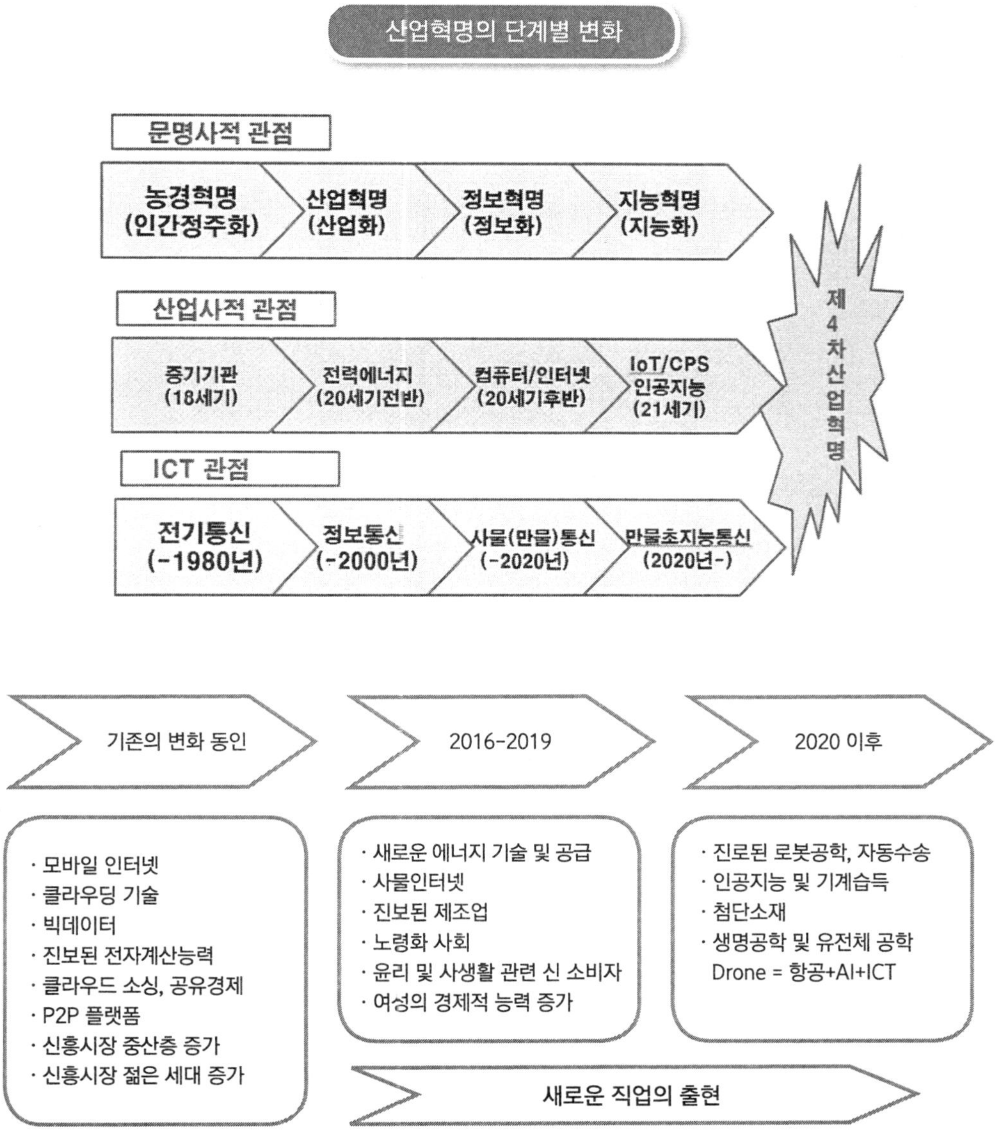

2) 제4차 산업혁명의 아이콘 드론

• 드론은 기본적으로 사람이 탑승하지 않고 항공임무를 수행한다. 따라서 드론은 사람을 대신할 인공지능으로 항공임무를 수행하기 때문에 드론이 나는 항공기술(aviation technology)에 정보통신기술(Information Communication Technology)과 인공지능(Artificial Intelligence)이 상호 융·복합하여 드론체계를 구성해야한다. 이러한 점에서 드론은 제4차 산업혁명의 아이콘이라 할 수 있다.

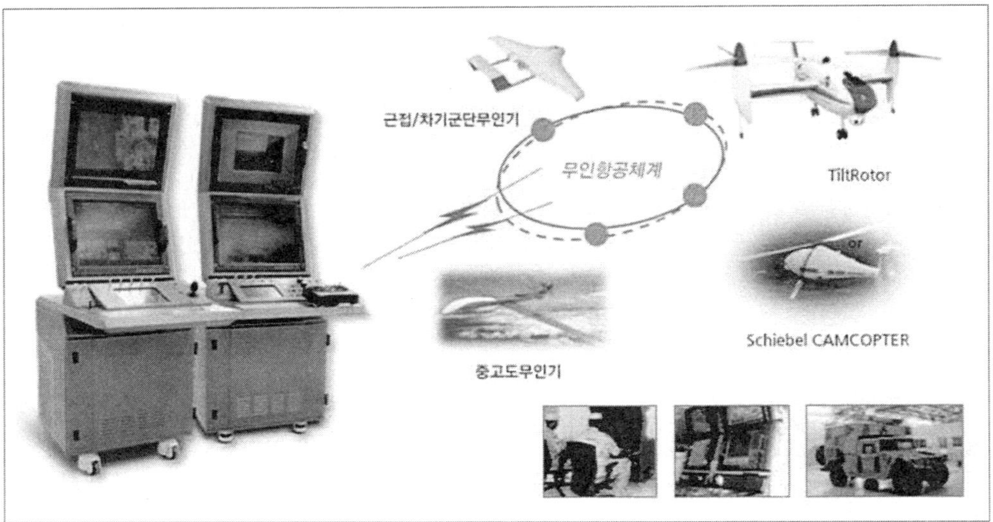

〈드론운영 체계(unmanned Aerial System)〉[8]

• 드론운영체계는 사물인터넷과 인공지능을 기반으로 사이버와 현실세계가 네트워크를 이루는 통합시스템을 통하여 지능형 사이버물리시스템을 구축하게 될 것이다.

• 드론의 하드웨어는 스마트폰처럼 데이터를 축적해 해석하고 자동으로 업데이트한다. 로봇과 인공지능이 결합해 자동화되고, 인공지능은 빅 데이터를 기반으로 언어와 이미지를 처리해 복잡한 의사결정까지 하게 될 것이다.

8 http://uconsystem.com/new/html/

• 인공지능(Artificial Intelligence)을 이용한 각종 서비스의 상용화에 결정적인 역할을 한 것은 저렴한 고성능 병렬계산 프로세서 하드웨어와 인터넷을 통하여 수십 년간 축적된 인공지능 학습을 위한 각종 빅 데이터(Big Data), 그리고 개선된 인공지능 학습 알고리즘으로 요약될 수 있다.

• 최근에는 드론에 인공지능기능을 넣어서 드론이 스스로 형상, 물체, 사람 등을 인지할 수 있도록 하는 연구가 관련 업계를 중심으로 활발히 진행되고 있다.

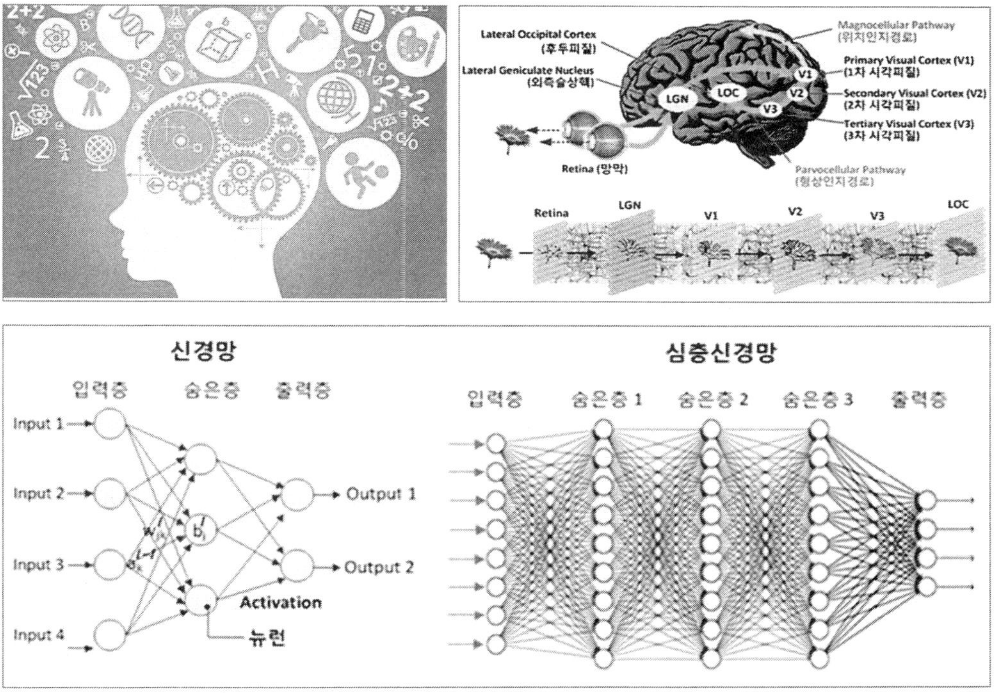

〈인공지능(Artificial Intelligence)〉

• 인공지능은 심층신경망(Deep Neural Network)을 기반으로 한 심층학습 알고리즘(deep learning)을 이용하여 영상 분류기(Image Classifier)를 구현한다. 신경망(Neural Network)은 인간을 포함한 영장류 두뇌의 시각처리(Visual Processing)신경 구조와 거

의 유사하다.[9 10 11]

• 실제로 드론이 카메라로 구조물이나 차량 혹은 사람들을 촬영하여 원격조종자의 스마트폰에 전송하면, 원격 조종자가 스마트폰 터치패널을 이용하여 전송 받은 사진의 특정 부분을 명시한 후, 드론으로 재전송한다. 드론은 머신 러닝 소프트웨어를 이용하여 자기가 촬영하고 있는 전방의 영상에서 원격 조종자가 원하는 부분을 식별해 낸 후 이 부분을 확대하여 촬영한 구조물 사진을 재전송해 준다. 만약 드론에게 지시한 사람이 이동할 경우 이를 따라가면서 촬영한 비디오를 실시간으로 전송한다.

• 향후 드론 산업은 다양한 수요군(demand group)이 형성 될 것이며 공급 군(supply group)은 제조사, 부품 제조사, 그리고 서비스 제공사 별로 그 굴을 형성허여 드론산업생태계를 구축하게 될 것이다.

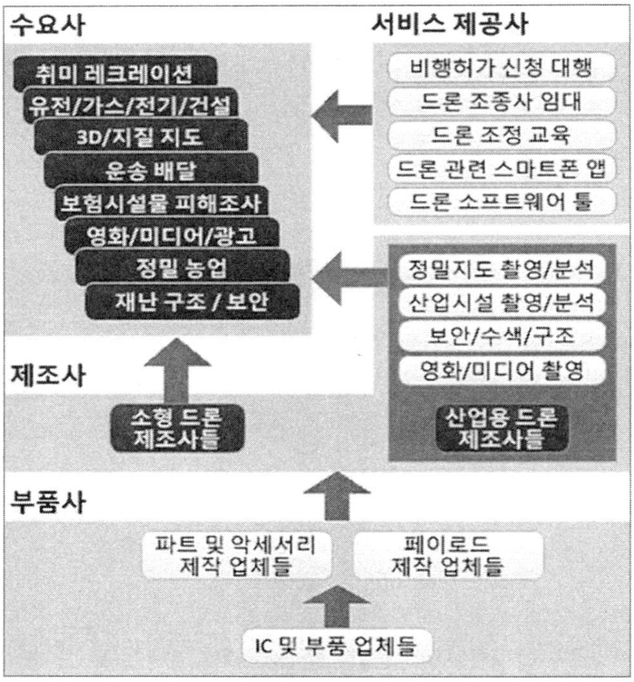

〈드론 생태계(drone ecosystem)〉

---

9 Bernard Baars, Nicole M. Gage, "Cognition, Brain and Consciousness: Introduction to Cognitive Neuroscience", Academic Press, 2010.

10 Jonas Kubilius, "Representation of configural information in the visual system", Ph.D. Dissertation, Univ. of Luven, Belgium, 2015.

11 Ben Cipollini, "Deep Neural Networks Help Us Read Your Mind", NeuWrite, 2015-10-22.

• 드론 수요자는 취미 및 레크리에이션을 위한 일반 소비자들과 경비절감 및 생산성 향상을 위하여 드론을 이용하는 각종 산업체 및 민관기관들이다. 산업용드론 수요자들은 드론과 임무장비를 직접 구매하여 사용하거나 혹은 산업용드론 제조업체들에게 용역서비스를 제공 받기도 한다.

• 드론 부품업체들은 IC 업체들, 파트 제조사들 및 각종 페이로드 제작 업체들로 세분화 된다. IC 업체들은 저전력 마이크로프로세서, 각종 센서 칩들, 각종 RC 모뎀칩들, WiFi 모뎀칩, GPS 수신기 칩 그리고 각종 Discrete 칩들을 개발하여 파트 제조업체들에게 제공한다.

• 임무장비 제작업체들은 HD급 비디오카메라, 멀티스팩트라 카메라, 적외선 카메라, LiDAR, 초음파센서 및 SAR 등 각종 EO 센서들을 소형화하여 산업용드론 제조업체들에게 공급한다..

• 드론 제조업체들은 비디오카메라가 탑재된 레크리에이션용 소형 드론 제조업체들과 각종 정밀 EO센서들이 탑재된 산업용드론 제조업체들로 구분된다.

– 산업용드론 제조업체들은 특수 목적의 산업용 드론을 제작하여 3D 지도제작, GIS 지도 제작, 토양 분석, 송유관, 유전, 건설현장 등의 산업시설 항공촬영 및 촬영 데이터 분석 서비스를 관련 수요업체들에게 직접 제공한다.

– 드론 소프트웨어 서비스 업체들은 드론 비행계획 수립 및 비행조종 관련 각종 소프트웨어를 제공한다. 즉, 자신들이 직접 제작한 항공지도와 함께 드론 비행을 위한 각종 장비 및 비행허가서를 포함한 각종 관련서류 준비, 비행계획 수립, 비행 중 데이터 로깅(Logging)을 위한 소프트웨어를 제공한다.

3) 새로운 직업과 인재양성

• '수인백년(樹人百年) 수목오십년(樹木五十年)'이란 말이 있다. 나무는 50년을 보고 심지만, 인재는 100년을 내다보고 키워야 한다는 의미다. 그만큼 인재를 양성하는 교육이 중요하다. 특히 과학기술인력은 과학기술의 발달 속도가 워낙 빠를 뿐 아니라 한 분야의 지식만으로는 해결하기 어려운 문제들이 많기 때문에 다양한 분야의 지식과 전

문적 기술이 필요하다.

• 『4차 산업혁명에서 일자리와 교육의 문제를 살펴보자. 우리가 흔히 일(work)이라고 말하는 행위를 재미와 의미라는 요소로 본다면 다음과 같은 세 가지로 분류할 수 있다. 우선 의미가 있는 업(mission)이다. 조직에 소속된 업이 직업이다. 업은 소명이라는 의미를 내포하고 있다. 창조성이 뒷받침되어야 하는 일이다. 다음은 재미가 있는 놀이(play)다. 놀이는 현재의 나를 위한 즐거움을 제공한다. 감성이 뒷받침돼야 하는 일이다. 그런데 재미나 의미도 없는 일이 있다. 바로 노동(labor)이다. 고통과 지루함이 속성인 반복되는 삽질이다. 이런 삽질을 인공지능과 로봇으로 대체하자는 것이 바로 4차 산업혁명이 갖는 의미다. 한스 모라벡은 "인간에게 쉬운 일은 로봇에게 쉽고, 로봇에게 쉬운 일은 인간에게 어렵다"고 했다. 그렇기 때문에 4차 산업혁명 시대는 인간과 로봇이 협력을 통해 함께 일하는 사회가 될 것이다. 반복되는 노동은 로봇이, 창조적 일은 인간이 나눠 공존하는 것이다. 로봇에게 고통스런 노동을 넘겨주고 사람은 의미와 재미가 있는 업과 놀이에 집중하자는 것이다. 4차 산업혁명에서 교육은 투 트랙으로 구성되어야 할 것이다. 하나는 창조성으로 세상을 바꿀 인재 교육이고, 다른 하나는 빠른 속도로 변화하는 일자리의 변화에 대응할 수 있는 일자리 안전망인 지속적 평생 교육 시스템이다. 4차 산업혁명의 본질에서 미래 인재상은 명확해진다. 창조성과 감성을 바탕으로 협력하는 인간상이다. 인간의 창조성이 더욱 강조되고 중요해질 것이다.』[12]

따라서 앞으로의 과학은 새로운 지식, 기술, 산업의 융합에 의해서 생겨날 것이고 그 과학기술의 변화속도가 빨라 대학학기 중에 배웠던 지식이 졸업 시점에 낡은 지식이 된다는 말이 있다. 앞으로는 사람들이 평균적으로 10년마다 경력을 바꾸게 될 것이라고 지적하면서 향후 대학이 실무형 평생교육으로 변화해야 한다고 성급히 예견하는 주장도 있다.

• 인문학과 문화, 예술, 첨단기술을 융합하는 학문으로 'Arts & Technology' 또는 STEAM(Science, Technology, Engineering, Art, Mathematics)교육과정이 부상하는가하면 고등학교 과정에는 문 · 이과 구분이 폐지된다. 이미 급격히 변화하는 과학기술의 덕분에 기존의 삶을 붕괴시키는 기술혁신, 즉 파괴적인 혁신(Disruptive Innovation)이

12 이민화 , 4차산업혁명의 교육방향, 아주경제칼럼, 2017.5.30

일어나고 있다. 그것이 바로 웹을 통해 이뤄지는 거대규모의 교육인 MOOC(Massive Open Online Course)다. 발달된 ICT기술을 응용해 교수와 학생 간 토론까지 이뤄질 수 있는 양방향 학습시스템이다.

2012년 11월 뉴욕 타임즈에서는 MOOC가 교육계에서 가장 혁명적 사건이라고 언급했고, 스탠퍼드대에서 출발한 '코세라(Coursera)'[13]에는 현재 세계 121개 유명대학들이 1100여 개의 강좌를 올려놨으며 수강생이 약 1500만 명에 달하고 있다.

• 2020년까지 총 710만개의 일자리가 사라지고 200만개의 일자리가 창출되어 총 510만개 일자리 감소가 예상된다. 미래 일자리 동향을 산업분야별로 보면 정보통신기술, 전문서비스, 미디어 분야에서 고용성장률이 상향할 것으로 보이고 보건 분야는 원격의료 및 진단 기술이 활성화 될 것으로 보인다.

• 기업은 종사자의 지속적인 직무역량 제고를 위한 기술습득(upskilling) 및 역량개발(reskilling)에 대한 투자 필요성을 인지하게 될 것이다. 기업들은 미래변화 대응을 위한 전략으로 현재 고용인력의 역량개발(65%), 이동수단 제공 및 직업 순환(39%), 협력 및 교육기관 활용(25%), 해외인재 유입(22%) 등을 제시하고 있다. 따라서 향후 10년 후에는 이러한 새로운 일자리에서 일하게 될 인력을 지금부터 양성하여 대비해야 한다.[14] [15] [16]

• 인공지능과 로봇공학 등의 발전이 4차 산업을 주도하며 향후 전 세계 산업구조에 상당한 변화를 가져올 것이다. 현재 초등학교 학생들의 65%가 기존에 존재하지 않았던 새로운 직종에 일하게 될 것으르 전망된다. 따라서 향후 급변하는 일자리 지형에서 미래 고용전반의 변화가 필요한 직무역량을 미리 예측하여 기업, 정부, 대학, 그리고 개인들의 대처가 필요하다.

• 이상과 같이 제4차 산업혁명시대의 도래는 정보통신기술과 인공지능기술이 융•복합한 드론산업의 출현과 함께 앞으로 새로운 직업군으로 나타나게 될 것이다.

• 이런 상황에서 등장할 수 있는 직업이 드론 관련 직업이다. 일단 무인항공기 종류

---

13 코세라(Coursera)는 미국의 교육 및 기술 회사이다. 2012년 2월, 시험 운영을 하였고 당해 4월 공식적으로 운영하였다. 스탠포드 대학교의 컴퓨터 공학 교수 Andrew NG와 Daphne Koller가 비싼 등록금을 내지 못하거나, 교육의 기회를 가질 수 없는 사람들에게 자유로운 온라인 강의 사이트를 설립하였다.

14 The Fourth Industrial Revolution, Klaus Schwab, World Economic Forum, 2016

15 4차 산업혁명, 새로운 미래의 물결, 김인숙, 남유선 지음, 호이테북스, 2016.5.25

16 4차 산업혁명 시대 전문직의 미래, 리처드 서스킨드, 대니얼 서스킨드 지음, 위대선 옮김, 와이즈 베리, 2016, 12. 5

와 성능에 따른 각기 다른 법률을 적용하기 위해서는 무인항공기 분류 전문가와 무인항공기 조종인증전문가가 필요하다. 다양한 무인항공기가 등장하면 조종사 자격증 등 사회 전반에서 사고를 지양하는 인증시스템이 필요하게 되고 이에 따라 등장하게 될 미래 직업이다.

• 드론 관련 사업이 새롭게 대두되면서 더 많은 드론 관련 직업, 드론 표준 전문가, 드론 도킹 설계자 및 엔지니어, 환경오염 최소화 전문가, 드론 교통최적화 전문가, 드론 엔지니어, 드론 악영향 최소화 전문가 등이 등장하게 될 전망이며 그중 드론 관련 법령을 정하기 위한 드론 분류 전문가와 드론 조종인증전문가가 그 직업들의 시발점이라 할 수 있을 것이다.

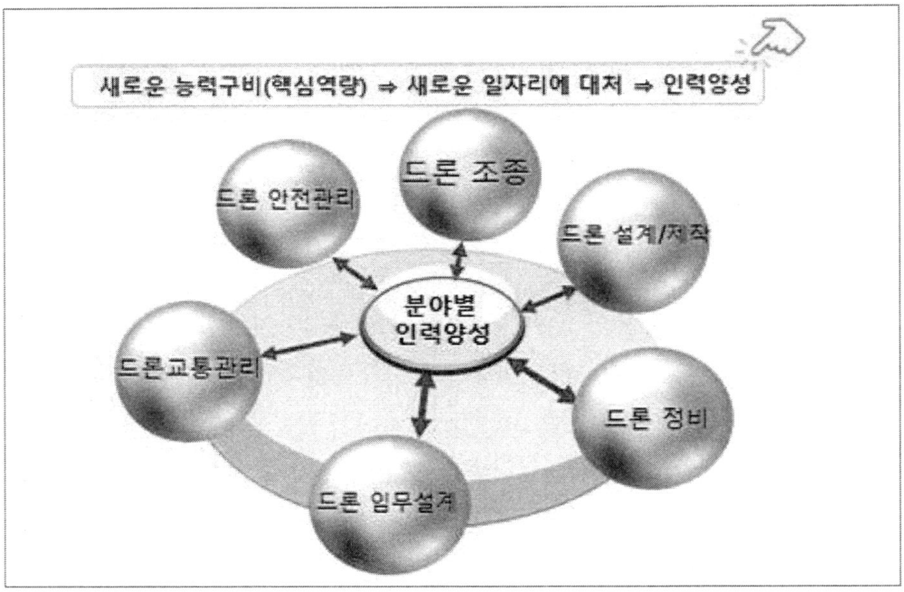

〈드론산업 분야별 인력양성 체계

• 드론 운영 및 조종인증전문가가 되기 위해 필요한 성격 및 자질은 우선 항공기 운항에 대한 기본적인 지식과 드론에 대한 관심과 그와 관련한 기본적인 지식이 필요하다. 또한 새로운 기술에 대한 기준 마련을 위한 직업이니만큼 새로운 것에 대한 도전정신과 정확한 기준 마련을 위한 판단력 등이 필요하다고 할 수 있다.

• 직업성격 유형검사인 홀랜드 검사에서는 탐구적이고 논리적이며 비판과 분석에 능한 성격인 탐구형과 체계적이고 조직적이며 정확한 성격으로 책임감과 인내심이 강한 관습형이 잘 맞는 직업이라 할 수 있다.

– 탐구형은 지적 호기심이 강하고 집중력이 좋아서 새로운 기술인 드론에 대한 탐구가 가능하여 매우 적합한 성격 유형이다.

– 관습형은 질서와 사회적인 관습을 중시하여 기준을 마련하는 데 도움이 되는 성격이라 할 수 있다.

• 미국에서는 이미 드론관련 대학들이 드론산업 잠재수요인력 7만개의 새로운 일자리가 각 분야별로 필요한 것으로 각 직종에 따라 비교적 높은 급여 수준을 제시하고 있다.[17]

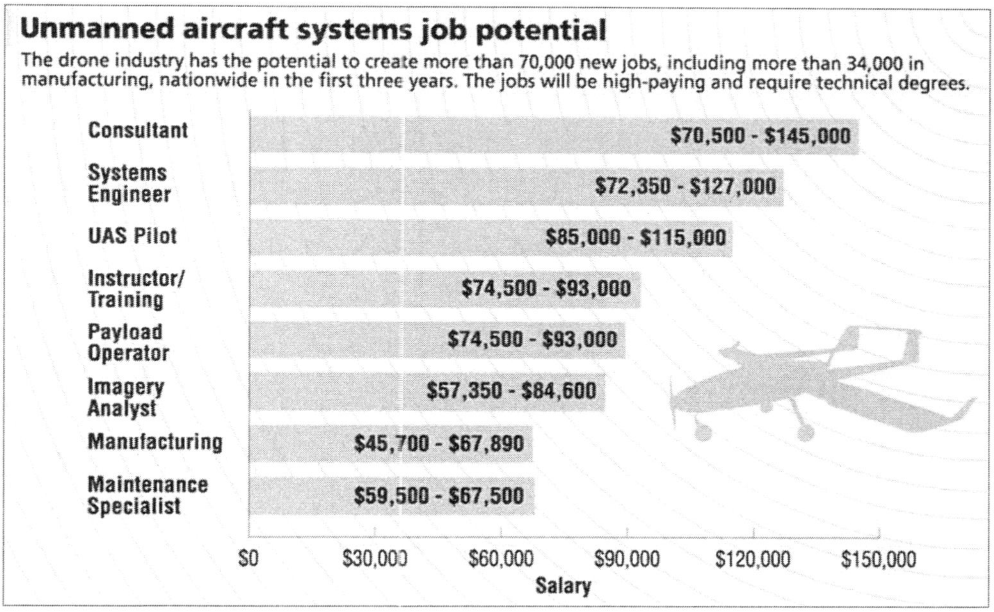

〈드론산업 분야별 드론인력 급여 수준〉

• 드론관련 컨설턴트, 시스템엔지니어, 조종사, 교관, 탑재물 운영자, 영상분석가, 정비사의 직종에 따라 연봉 수준이 크게 차이가 있다.

• 정규 4년제 대학 드론 학과에서 드론전문 인력을 양성할 경우 다음과 같은 드론전

17 https://droneuniversityusa.com/

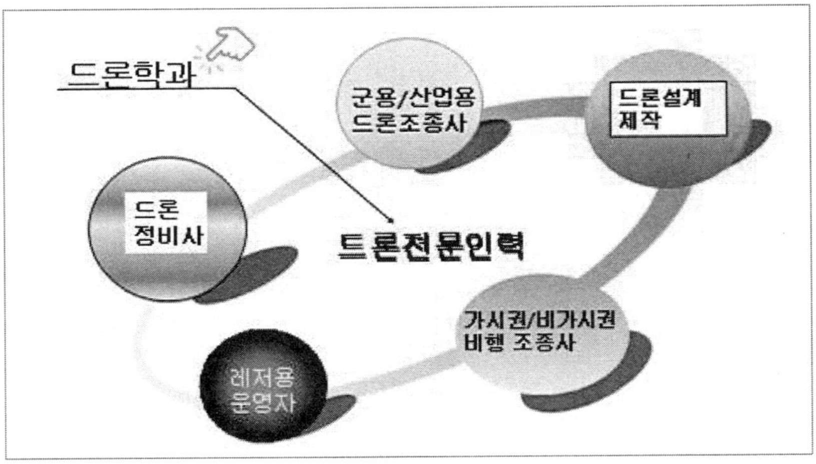

〈드론학과 전문인력 체계〉

문인력 양성이 요구된다.

• 국내 항공안전법은 무인비행장치를 이용한 사업을 '초경량비행장치 사용사업'으로 구분하고 비료나 농약 살포 등의 농업지원, 사진촬영, 육상, 해상의 측량 또는 탐사, 삼림, 공원의 관측 등의 사업에 사용할 수 있도록 정하고 있다.

• 자격증 취득 이외에도 관련 기술에 대한 관심을 가지고 새로운 정보를 많이 획득해야 하며 드론에 대한 끊임없는 관심을 기울여야 할 것이다. 아울러 새롭게 등장하는 기술과 그와 관련된 새로운 시장을 개척하는 직업이니만큼 개척정신과 정확한 판단력을 갖추기 위한 노력을 해야 할 것이다.

4) 드론 산업 전망

• 세계 드론 산업은 2015년 40억불인 시장규모가 10년 후에는 140억 달러로 크게 성장할 것으로 내다보고 있다. 아직 전체 드론시장의 72%를 군사용 드론이 차지하고 있지만 최근 들어 드론산업의 급성장세가 민간부분의 상업용 드론과 공공용 드론분야에서 일고 있는 추세다.[18]

18 Teal Group, Annual Report 2015

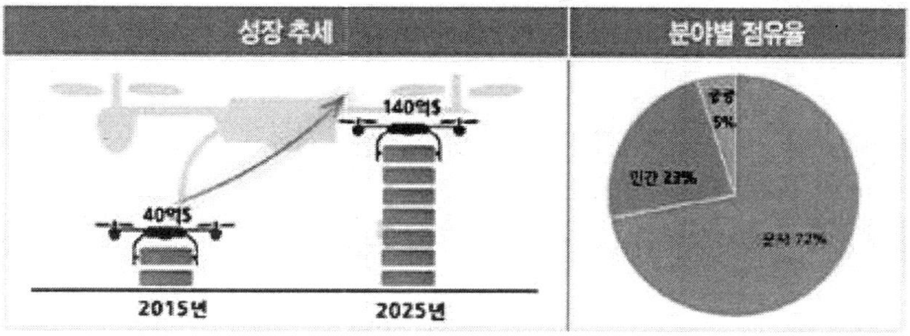

• 미국 연방항공국(FAA)의 보고서에 의하면 2016년 말 민간용 드론이 약 280만대인데 향후 2020년이 되면 700만대에 이를 것으로 내다보고 있다. 이 중 상업용 드론의 증가 속도가 개인용 드론의 4배에 이를 것으로 예상하고 있다.

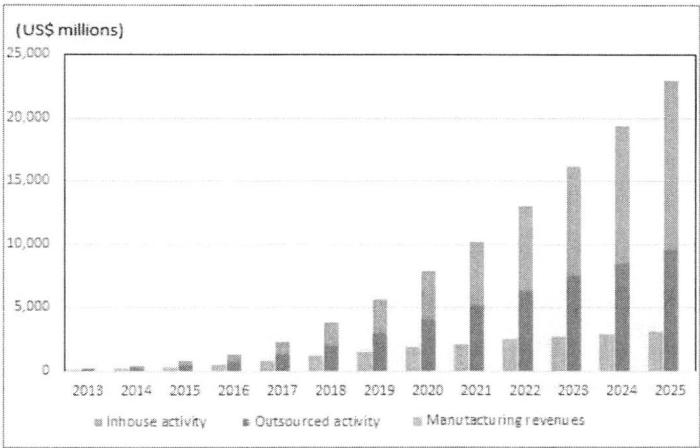

〈드론산업 분야별 시장전망〉

• 민간드론 산업 분야에서 특히 드론활용서비스 사업이 드론기체제작사업 보다 8~11배의 성장 잠재력을 갖고 있는 것으로 예상된다.[19] 지금은 드론산업이 초기 진입단계에 이르고 있으나 향후 가파른 성장세를 거듭하면서 드론활용서비스 수요가 드론제작산업의 활성화를 이끌어 나가게 될 것이다.

19 유로 컨설트 보고서, 2016

• 이러한 맥락에서 2025년이면 드론활용서비스사업의 매출이 약 229억 달러에 비해 드론제작사업의 매출은 약 30억 달러 수준이 될 것으로 전망된다.

• 드론활용을 유형별로 본다면 단연 농업 및 임업분야에서 가장 많이 활용되고, 토목 및 교통, 사회보호 및 재난 대응, 석유산업 및 에너지 분야, 영상 및 영화 , 그리고 기타 순으로 활용도의 증가추세를 보일 것으로 예상된다.

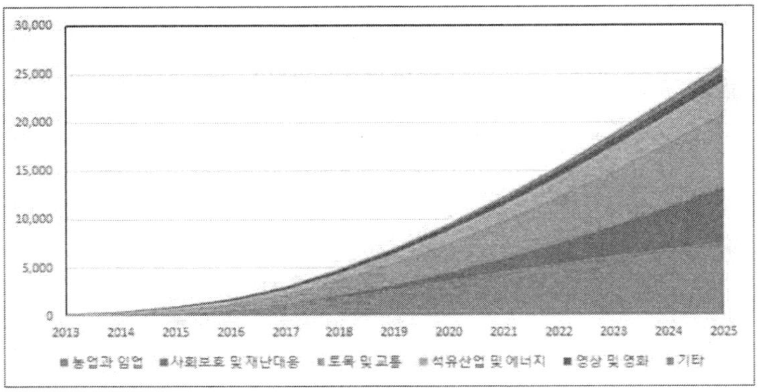

〈드론 활용의 유형별 추세〉

• 한편 우리나라의 드론시장 규모는 현재 약 84억 달러 수준에서 연 13.5%의 성장률을 보일 것으로 예상되며, 이러한 성장추세는 주로 공공용 드론수요에 의해 이끌어 나갈 것으로 본다.

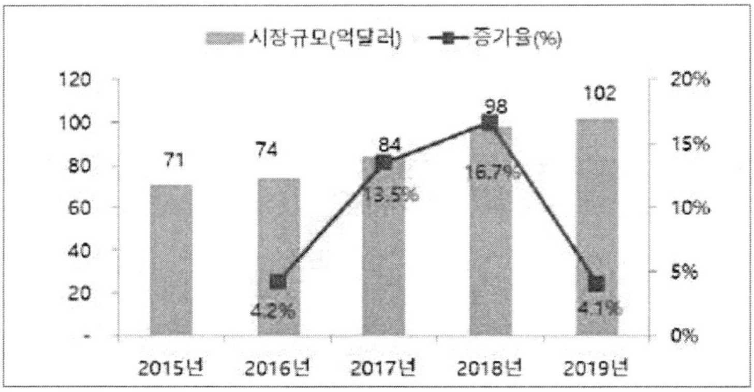

〈드론시장 성장 추세〉

• 국내 드론소요는 해안/산불/환경감시, 재해 · 재난 모니터링, 교통통제/사고수습, 공중촬영, 농업용 등 공공용 드론(소방용 800대, 해경용 370대, 경찰용 1250대, 산림용 30대 등)소요를 중심으로 수요창출이 이루어지고 있으며, 이러한 공공용드론의 수요가 우리나라 드론산업 활성화를 견인할 것으로 예상된다.

〈공공용 드론 및 기타드론 소요예측〉

용 도	시 기	시장규모(억 원)	비 고
해안감시	2018 ~ 2025	5,200	해경
산불감시	2018 ~ 2022	2,000	산림청
환경감시	2020 ~ 2025	1,000	지자체
재해재난모니터링	2018 ~ 2030	2,000	지자체
교통통제/사고수습	2018 ~ 2022	1,000	지자체
공중촬영	2016 ~ 2025	1,500	민간/정부
농업용	2016 ~ 2025	2,000	민간
기타	2016 ~ 2025	1,500	민간
계		**16,200**	

• 드론이 미래 산업으로 각광받으면서 드론조종자 자격증 소지자가 2016년 1,351명이었고 2017년에는 2500명이 넘을 것으로 예상된다. 사용사업 업체수가 2016년 1,030개였으나 2017년 전반기만 해도 벌써 1,235개로 205개 업체가 늘었다. 드론 기체 신고 대수도 2016년 2,172대였던 드론대수가 2017년 전반기까지 집계에 의하면 6개월 만에 728대가 늘었다.[20]

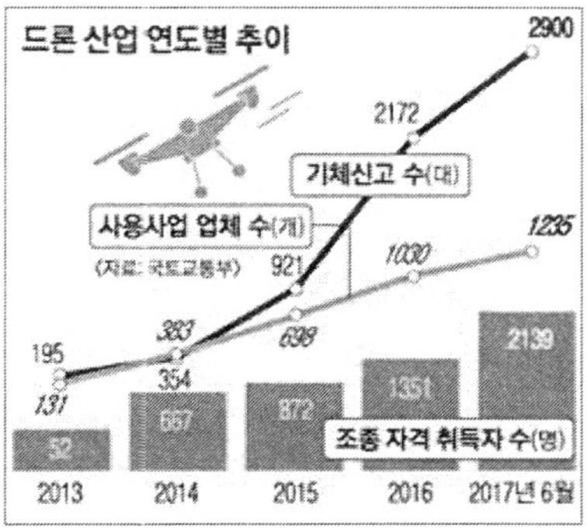

〈국내 드론산업 연도별 추이〉

20 서울신문 보도 자료, '17년. 7월 21일

• 앞으로 드론산업생태계를 형성하면서 드론산업을 주도해 나가는 것은 드론활용 서비스 분야이다. 드론활용의 수요증가는 제4차 산업혁명의 기술력을 바탕으로 드론 제조업이 활성화 되는 선순환 구조를 이루게 될 것이다. 따라서 미래학자 Thomas Frey는 "미래와 함께 소통하기(Communicating with the Future)[21]에서 드론 활용을 24개 분야 192개 아이디어를 제시하였다. 24개 분야는 다음과 같다.

- 조기경보 체계(Early Warning Systems)
- 긴급 서비스 (Emergency Services)
- 뉴스보도 (News Reporting)
- 물품배송(Delivery)
- 사업 활동 모니터링 (Business Activity Monitoring)
- 게임용 드론(Gaming Drones)
- 스포츠용 드론 (Sporting Drones)
- 오락용 드론(Entertainment Drones)
- 마케팅(Marketing)
- 농업용 드론(Farming and Agriculture)
- 목장용 드론(Ranching Drones)
- 경찰용 드론(Police Drones)
- 가정용 드론 (Smart Home Drones)
- 부동산 분야 (Real Estate)
- 도서관 드론 (Library Drones)
- 군사용 드론(Military and Spy Uses)
- 건강관리 드론(Healthcare Drones)
- 교육용 드론 (Educational Drones)
- 과학탐구용 드론(Science & Discovery)
- 여행용 드론 (Travel Drones)
- 로봇용 드론 (Robotic Arm Drones)
- 현실왜곡분야 (Reality Distortion Fields)

21 http://www.futureistspeakeu.com

- 참신한 아이디어 드론 (Novelty drones)
- 신개념 드론(Far Out Concepts drones)

1.2 드론의 이해

1) 드론의 정의

• 드론(drone)[22]은 무인항공기(Unmanned Aerial Vehicle: UAV)를 말한다. 무인항공기는 조종사가 탑승하지 않고 지정된 임무를 수행할 수 있도록 제작한 비행체다. 항공(aviation)이란 말이 새(bird)에서 유래했듯이 무인항공기는 드론이라는 수벌(male bee)에서 유래하였다.

• 드론은 제2차 세계대전 중에 영국과 미국에서 시험적으로 제작된 것이 시초이지만, 본격적으로 사용되기 시작한 것은 1970년대 이후의 베트남전쟁, 중동전쟁 무렵부터이다. 당초 드론은 원격조종에 의해 비행하는 경우가 많았기 때문에 원격조종비행체(RPV: Remotely Piloted Vehicle)라고 불렸지만, 최근에는 자동화의 진행에 따라 조종한다는 의미가 퇴색되어 무인으로 날아가는 비행체, 즉 무인항공기(UAV: Unmanned Aerial Vehicle)[23]라고 불리는 것이 일반적이다. 때론 기체에 사람이 타지 않고 지상에서 원격 조종하는 점을 강조해 드론을 UAV(Uninhabited Aerial Vehicle)라 표현하기도 한다.

• 미 국방성에서는 드론을 조종사 없이 공기의 힘으로 부양하여 자율적으로 비행하며 무기 및 화물 등을 탑재한 동력 비행체라고 군사적으로 정의하기도 한다.

• 우리나라 국립 국어원의 말 다듬기 위원회에서는 "드론"이란 영어표현을 우리말 순화어로 "무인기"라 부르기를 권하고 있다.

• 따라서 엄격하게 말하면 드론이란 학문적 용어가 아니다. 본래 군용기나 고사포,

---

22 수벌(male bee)이란 말로 단조로운 저음으로 윙윙거리고 난다는 뜻을 지니고 있다

23 Uaveasy, "The First Unmanned Aerial Vehicle in the World", UAV Informations, 2015-04-19

대공미사일의 사격연습에 적기 대신에 표적 역할을 수행하기 위해 고안된 것으로 단순한 형태를 띠고 있었다. 그래서 일회성 용도로 사용되는 비행체의 의미를 갖는다. 이것은 마치 수벌이 평소 무위도식하다 여왕벌과 짝지기로 일생을 마치는 운명과 유사하여 붙여진 애칭으로 추정된다.

• 한편 수벌이 여왕벌과 짝짓기 위해 하늘을 치솟아 날아오를 때 윙윙거리며 내는 소리가 작은 무인비행체가 윙윙거리고 날 때의 단조로운 소리와 유사하다고 하여 붙여진 이름으로 해석하기도 한다.

	A drone is a male bee that is the product of an unfertilized egg. Unlike the female worker bee, drones do not have stingers and do not participate in nectar and pollen gathering. A drone's primary role is to mate with a fertile queen.
수벌	드론은 일벌과 달리 벌침도 갖고 있지도 않고 일도 하지 않으며 꿀도 모으지 않는 수벌이다. 오직 여왕벌과 짝짓기 하는 역할 만 한다.

2) 드론의 기원

• 1935년 미국 해군제독 윌리엄 스탠들리(William Standley)이 영국해군을 방문했을 때 '여왕벌(Queen Bee)'이라 부르는 원격조정 무인기를 가상목표물로 띄워 대공포 사격시범을 하는 것을 관람했었다.

〈Queen bee-82-B 발사 장면〉

• 이후 그는 미국에 돌아와 해군연구소 델머 훼르니(Delmer Fahrney) 중령에게 지시해 해군 대공포사격 훈련용으로 여왕벌(Queen Bee)과 유사한 무인항공기를 만들게 했다. 이 때 훼르니 중령은 영국 해군의 여왕벌에 상응하는 이름으로 '수벌(Drone)'이라는 이름을 붙였다고 한다.[24]

• 수벌(Male Bee)[25]은 일벌과 달리 벌침이 없다. 훼르니 중령은 자기가 개발한 무인항공기가 무장을 할 것이라는 것은 상상도 못하고 침이 없는 수벌이라는 이름을 붙였을 것으로 생각된다. 하지만 지금 공대지 미사일을 탑재한 공격용 드론이 아프가니스탄, 중동, 예멘 등지에서 광범위하게 사용되고 있다.

〈최초 표적용 무인항공기 OQ-2 Radioplane〉

• 이후 미국에서는 1940년 OQ-2 무인표적기(target drone)를 월터 라이터가 설계하여 양산한 후 군에 납품하였다.

– 드론 OQ-2 제원 및 성능

· 길이(2.65 m), 날개폭(3.73 m), 총중량(47 kg),

· 엔진(7 마력 1대), 최대속도(137 km/h), 항속시간(1 시간)

---

24 Aaron Mehta, "The Origin of the term Drone", Intercepts, 2013-05-14

25 A drone is a male bee that is the product of an unfertilized egg. Unlike the female worker bee, drones do not have stingers and do not participate in nectar and pollen gathering. A drone's primary role is to mate with a fertile queen

3) 드론의 특성

가. 임무 특성

• 드론은 일반적으로 4D업무를 수행한다. 즉 어렵고(Difficult), 지루하고(Dull), 오염되고(Dirty), 위험한(Dangerous)임무를 수행하는데 활용된다.

첫째, 드론은 조종사의 신체적 한계를 넘는 어려운 임무(Difficult)를 대신한다. 사람이 비행체에 탑승하지 않고 임무를 수행하기에 어려운 일도 과감하게 해 낼 수 있다. 따라서 사람이 투입되어 직접 수행하기에 어려운 고난도 임무수행이 가능하다.

둘째, 지속적인 감시 및 정찰을 요하는 원거리/고고도/장기체공 임무(Dull)는 비행체에 사람이 탑승할 경우 심리적/신체적인 한계로 임무 수행에 많은 제한을 받게 되는데 드론은 이를 극복할 수 있다.

셋째, 오염(Dirty)되고 인체에 해로운 화생방(NBC, Nuclear, Biological, chemical)환경에 노출될 임무에 투입할 경우 매우 효과적이다.

넷째, 위험한 지역(Dangerous)이나 인명 피해가 예상되는 임무에 활용한다.

드론은 조종사가 비행체에 직접 탑승하지 않고 자율(autonomous)비행, 반자율(semi-autonomous)비행, 원격조종(remote control)비행, 또는 이 세 가지를 조합한 조종 방식으로 임무목표를 달성한다. 따라서 인명손실이 예상되는 상황에 투입가능하다. 특히, 군용 드론의 경우 전쟁 초반 및 선도공격에 집중 투입하여 조종사 손실률 대폭 감소시킬 수 있다.

• 이상에서 살펴 본 드론의 4D임무는 기본적으로 적합한 임무 탑재(mission payload)장비를 이용하여 주어진 임무를 대기권 내에서 일정 기간 동안 수행하는 것이다. 따라서 조종사가 탑승하지 않은 비행체이므로 이를 대신할 자율판단능력이 매우 중요시 된다. 이것이 인공지능이다. 그러므로 드론은 자동비행(automatic flight)능력이나 자율비행(autonomous flight)능력을 구비하여야 한다.

– 자동비행이란 미리 설정된 프로그램에 의해서 조작자가 드론을 조종하는 것으로 오토파일럿기능이나 자동목표 추적과 같은 기능을 말한다.

– 자율비행이란 주위의 상황을 인식하고 드론이 스스로 최적의 행동방안을 결정하여 임무를 수행하는 기능이다. 이러한 자율비행은 지형지세나 장애물 등과 조우했을

경우, 이러한 상황을 인식하고 최적의 비행경로를 스스로 설정하여 그에 따라 비행하는 것을 말한다.

나. 설계 성능 특성

• 유인항공기에 비해 무인항공기인 드론은 사람이 탑승하지 않기 때문에 인적요소에 구애됨이 없이 설계과정에서 성능 스펙트럼을 폭넓게 선택할 수 있다.

① 비행고도: 드론은 낮게 날 수도 있고, 높이 날 수도 있다.
② 정지비행(hovering flight)임무가 가능하다.
③ 비행속도범위: 비행속도를 천천히 느리게 날 수 있을 뿐 아니라 빠른 속도로 날 수도 있다.
④ 비행체 크기: 크기가 아주 작고 가볍게 만들 수도 있고, 매우 크게 만들 수도 있다.
⑤ 비행소음: 조용히 은밀하게 날 수 있으며 폭음을 내며 요란하게 날 수도 있다.
⑥ 비행은밀성: 눈에 보이지도 않을 수도 있고, 레이더에 탐지되지 않을 수도 있다.
⑦ 항속시간 및 항속거리: 장시간 오랫동안 비행이 가능하고 멀리 장거리 비행도 가능하다.
⑧ 임무 수행환경: 고고도, 저온, 공기 저밀도, 기압이 낮은 곳에서도 임무가 가능하다.
⑨ 자동 및 자율비행: 주어진 경로에 따라 자동비행과 자율비행이 가능
⑩ 위험한 임무환경 가용성: 위험한 장소나 오염된 곳에서도 임무 수행이 가능하다.
⑪ 임무난이도 극복 가능성: 지루하고 힘든 일도 해낼 수 있다.
⑫ 인명손실 전무: 인명 손실 없이도 일을 해낼 수 있다.
⑬ 아군 및 적군기능 동시 구비: 당신의 가장 친한 친구가 되기도 하고 적이 될 수도 있다.
⑭ 빛, 소리, 카메라, 마이크로폰, 센서, 로봇팔 등과 같은 다양한 임무장비를 탑재할 수 있어 그 활용도가 매우 높다.

다. 활용특성

• 무인항공기인 드론의 활용은 유인항공기에 비해 4E 효과를 기대할 수 있다. 즉, 경제성(Economy) 효율성(Efficiency) 용이성(Easiness), 확장성(Extension)의 활용효과다.

• 첫째는 경제성(Economy)이다. 드론을 활용할 경우 유인항공기나 기타 수단을 이용하여 임무를 수행하는 것보다 경제적일 뿐 아니라 개발비용이 저렴하고 기간 또한 보다 짧다.

• 둘째는 효율성(Efficiency)이다. 인적요인에 크게 의존하지 않고 임무를 수행할 수 있을 뿐 아니라 임무에 따라 효율 도한 크게 제고된다.

• 셋째는 용이성(Easiness)이다. 유인항공기에 비해 드론을 운영하기가 매우 용이하다. 특히 유인항공기에 비해 시스템이 덜 복잡하고 드론을 조종하거나 정비하기가 보다 용이하다. 인적요인에 가장 의존도가 높은 조종사 양성 및 훈련 요구조건이 덜 까다롭고 1명의 숙달된 지상운용요원이 4~6대의 무인기를 동시에 운용할 수 있으며 조종석을 고려하지 않기 때문에 설계 자유도의 증가로 스텔스기능을 부여하기에 용이하다. 특히 전투용 드론은 조종사의 신체적 능력을 초과하는 급기동(high−G)을 할 수 있으며 조종사의 심리적, 육체적 상태와 무관하게 임무수행이 가능하다.

• 넷째 확장성(Extension)을 들 수 있다. 드론은 임무의 확장성이 좋다. 하나의 드론 플렛폼에 다양한 임무장비를 탑재 가능하고 여타의 시스템과 연계하여 임무네트워크를 구축할 수 있다.

라. 운용제한 특성

• 항공기가 이착륙 과정에서 조류와 충돌하는 것을 'bird strike'라고 하듯이 드론과 항공기의 충돌 사고를 'drone strike'라 한다. 드론 활용이 활성화 되면서 유인항공기와 드론의 충돌은 치명적인 사고를 야기 시킬 수 있다.

• 2016년 4월 17일 낮 12시 50분께 스위스 제네바에서 출발한 브리티시항공 A320 여객기가 영국 런던 히스로 공항에 착륙하려다 드론으로 보이는 물체에 앞면을 부딪쳤다고 기장이 신고했다. 이번 사고가 드론과 민항기가 충돌한 첫 사례라고 한다.

• 미 연방항공국(FAA)에 따르면 2015년 미국의 드론관련 사고가 1천200건으로 전

년보다 5배 정도 증가한 것이다. 유인항공기와 비교가 안도될 정도로 사고율이 아직은 매우 높은 실정이다.

• 또한 무인기는 유인항공기에 비해 중량 및 크기가 제한되어 센서, 무장 탑재능력이 미흡하고 자체보호능력 제한으로 대공포 및 적기의 공중요격에 취약하다.

• 현재 기술수준으로 유인기가 수행하는 다양한 임무를 모두 수행할 수 없으며 상황변화 및 긴급 상황에 맞는 자율적 신축 대응능력이 미흡하다.

• 임무 수행을 위해 데이터링크의 LOS(Line Of Sight) 유지가 필수적이나 지상과 공중 간 LOS 유지에 임무고도와 거리상 많은 제한이 따르며 드론과 지상운용 요원간의 통신체계 교란 시 임무수행 제한이 있다.

• 얼마 전 한 사람이 자신이 조종하던 드론이 잘못되어 백악관 잔디밭에 떨어져 충돌하면서 착륙했다. 이 사람은 미국정보기관의 직원으로 친구에게 드론을 과시하기 위해 조종하다가 통제가 잘되지 않아 하필이면 백악관에 떨어진 것이다. 백악관에 드론이 떨어진다는 것은 여간 심각한 문제가 아니기 때문이다.

• 항속성능과 화물 적재량은 드론의 중요한 성능 지표이다. 지상에서 드론이 연료를 가득 채우고 혹은 배터리를 충전하고 비행할 수 있는 항속능력인 항속시간(Endurance)과 항속거리(range)에 있어서 드론은 유인항공기에 비해 많은 제한을 받는다. 드론에 탑재되는 화물용량(Payload Capacity)에 한계가 있다.

• 항속성능을 늘리기 위해 배터리 혹은 연료 탱크의 용량을 키워야하지만, 이는 드론 자체의 무게를 증가시켜 화물 적재량에 제한을 주게 된다. 화물적재량이 증가하면 이에 상응해 비행 시에 모터 혹은 엔진의 추진력을 증가시켜야 하고 이는 곧 배터리 혹은 연료의 소진을 빠르게 한다.

• 높은 항속성능(high endurance and range) 및 큰 화물 적재량(Large Payload Capacity)을 위해 고효율 초소형의 엔진, 모터 및 배터리의 개발이 필수적이다.

• 드론의 또 다른 성능 지표는 비행형상(Flight Signature)이다. 비행형상은 드론의 모터 혹은 엔진의 소음, 드론에서 발생되는 각종 전자파 등을 총칭한다. 민수용 드론의 경우 시끄러운 모터 소음은 주변에 큰 장애가 된다. 군사용 드론에 탑재된 레이더 및 적외선 탐지기를 가동시킬 때 발생하는 전자파는 적에게 탐지되기 쉽다.

1.3 드론의 분류

• 모든 인식의 기본은 분류에서 오듯이 드론을 이해하기 위해서는 우선 드론에 관한 명확한 정의와 분류에서 시작한다. 따라서 모든 드론은 기본적으로 항공기의 범주에 속하기 때문에 항공기의 정의 및 그 분류 체계와 맥을 같이 하므로 먼저 항공기의 정의 및 그 분류체계를 살펴보고 드론의 분류체계를 알아보자.

1) 항공기의 정의

① 세계 민간항공기구(ICAO)[26]에서 항공기(aircraft)란 지표면에 대한 공기의 반작용 뿐 만 아니라 공중에서 공기의 반작용에 의해서 대기 중에 떠 있을 수 있는 일체의 기계장치다.

② 미 연방항공국(FAA)[27]은 항공기란 공중에서 비행하는데 쓰이거나 쓰일 의도를 가진 기계장치를 뜻한다.

③ 국내 항공안전법[28]은 항공기를 비행기(Airplane), 비행선(Airship), 활공기(Glider), 회전익항공기(Rctary wing Aircraft), 그밖에 대통령령으로 정하는 것으로서 항공에 사용할 수 있는 기기(機器)다. 이상에서 정의된 항공기 중 사람이 탑승하지 않은 무인항공기를 드론이라고 한다.

---

26 ICAO(International Civil Aviation Organizatior) Annex
27 FAA(Federal Aviation Administration) FAR Part 1.1
28 항공안전법 제2조1호[시행2017.4.1]

2) 항공기의 분류

• 우주항공 운행체(aerospace vehicle)는 우주비행체(space vehicle)인 우주왕복선(space shuttle)과 우주선(spaceship)이 있고, 항공비행체(air vehicle)인 항공기(aircraft)와 미사일(missile)이 있다.

– 우주비행체는 공기력에 의존하지 않고 대기권이나 대기권 밖을 나는 비행체이고 항공비행체는 공기력에 의존하여 대기권 내에서 만 비행 가능한 비행체를 말한다.

– 특히 항공기와 미사일의 구분은 공기력인 양력에 의해서 난다면 항공기이고 추력에 의해 난다면 미사일이라 한다.

가 항공역학적 분류

• 항공기를 분류할 때 가장 기본적으로 적용하는 원리가 항공기에 작용하는 공기역학적 힘의 발생 원리에 따른다. 즉, 역학(mechanics)을 정역학(statics)과 동역학(dynamics)으로 구분하듯 항공역학(aeromechanics)도 공기정역학(aerostatics)과 공기역학(aerodynamics)[29]으로 구분한다. 일반적으로 공기역학은 공기와 움직이는 물체사이의 상호관계를 다룬다.[30] 그런데 공기 중에 움직이는 물체가 항공기이면 특별히 항공역학이라 부른다.

• 공기정역학(aerostatics)은 공기흐름이 없이 발생하는 힘으로 공기에 의한 부력(buoyancy force)이 비행체를 뜨게 하는 것을 말한다. 이러한 항공기가 공기보다 가벼운(lighter than air aircraft; aerostat)항공기이다. 공기보다 가벼운 항공기(aerostat)는 공기정역학(aerostatics)의 원리에 의해 발생하는 부력(buoyancy force)이 항공기 무게보다 클 때 뜰 수 있다. 항공기의 무게가 항공기 부피에 해당하는 공기의 무게보다 가벼우므로 이를 공기보다 가벼운 항공기(aerostat)라 한다. 이에 해당하는 비행체가 열기구(balloon)나 비행선(airship)이다.

• 공기역학(aerodynamics)은 비행체 주위에 공기 흐름이 있을 때 발생하는 공기역학적 힘(aerodynamic force)인 양력(lift force)에 의해서 나는 비행체가 공기보다 무거운

29 "aerodynamics"을 통상 항공역학 또는 공기역학이라 한다.
30 Aerodynamics deals with the Motion of Air and the way it Interacts with Objects in Motion

(heavier than air; aerodyne)항공기이다.

• 공기보다 무거운 항공기(aerodyne)는 동력장치의 장착 유무에 따라 항공기를 분류한다. 공기보다 무거운 항공기는 동력이나 활공을 통해 날개 주위에 공기가 흘러야 양력이 발생할 수 있기 때문이다.

• 활공역학(aerodonetics)은 자체 동력이 없는 항공기의 비행원리를 제공한다. 활공기(glider)는 고도에 의한 위치에너지를 운동에너지로 바꾸거나 상승기류를 이용하는 이른바 활공역학의 원리가 적용한다. 또한 자체동력이 없기 때문에 상대속도를 얻기 위해 자동차로 끌거나, 다른 항공기에서 떨어뜨리는 방법, 또는 높은 산에서 하강하면서 비행하는 방법 등이 있다. 이러한 무동력 항공기로는 활공기, 행글라이더, 파라글라이더 등이 있다.

• 동력장치를 장착한 항공기는 날개의 회전여부에 따라 회전익 항공기(rotary wing aircraft)와 고정익 항공기(fixed wing aircraft)로 나눈다. 공기역학(aerodynamics)에서는 반드시 비행체(날개)와 공기 사이의 상대속도가 있어야 양력이 발생한다. 이러한 상대속도가 없으면 양력이나 항력은 발생하지 않는다.

• 이 상대 속도를 얻기 위해 날개를 회전시키는 원리를 적용한 것이 회전익 항공기(rotary wing aircraft or rotorcraft)이다. 회전익 항공기는 동력을 가진 회전날개(powered rotor blades)가 양력과 추력을 동시에 제공하는 헬리콥터(helicopter)가 있고, 양력을 위한 회전익(rotor blade)과 추력을 발생하는 프로펠러(propeller)를 별도로 장착한 자이로콥터(gyrocopter, gyroplane, autogyro, autogiro)가 있다.

• 날개를 회전시키지 않고 고정시킨 상태에서 자체동력으로 추진력을 얻어 양력을 발생시키는 동력 고정익 항공기(powered aircraft with fixed wing)를 이른바 비행기(airplane)이라 한다. 따라서 비행기는 고정된 날개와 동력을 가진 항공기를 말한다.

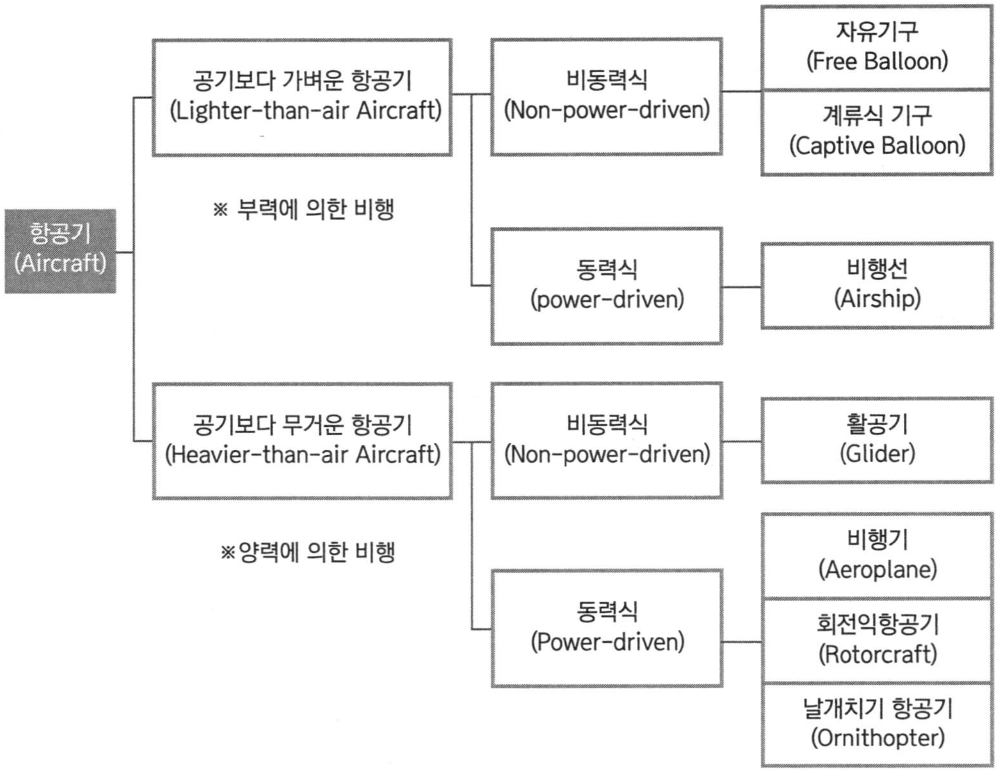

나. 국내 항공법에 따른 분류

• 우리나라 항공법에서는 먼저 항공기를 유무인 항공기로 분류하고 유인항공기의 경우 항공기의 무게와 좌석수를 기준으로 나눈 다음, 다시 협의의 항공기 개념을 적용한 항공기(aircraft)와 경량항공기(light sports aircraft), 그리고 초경량비행장치(ultra light flight vehicle)로 세분하였다.

• 우리나라 항공법은 항공기의 분류체계를 항공기 등록기준에 따라 분류하였기 때문에 국제민간항공기구에서 분류하는 체계와 다소 다르다.[31]

• 유인 항공기의 경우는 항공기 / 경량항공기 / 초경량비행장치를 무게기준 및 좌석 수에 따라 분류하면 다음과 같다.

31 항공법시행규칙 제71조(자격증명의 한정) 제2항

구 분	항공기	경량항공기	초경량비행장치
무게기준	최대이륙중량 600kg 초과	최대이륙중량 600㎏ 이하	자체중량 115㎏이하
좌석 수	제한 없음	2인승 이하	1인승

• 한편, 무인항공기(unmanned aerial vehicle)의 경우 단지 무게를 기준으로 연료를 제외한 자체 중량이 150kg을 초과하면 무인항공기(unmanned aircraft), 그 이하이면 무인비행장치(unmanned flight device)이다. 단, 비행선(airship)형태는 180kg을 기준으로 무인항공기와 무인비행장치로 구분한다.

구 분	무인항공기	무인비행장치
무게기준	150kg 초과	150kg 이하
좌석 수	비행선 형태는 180kg을 기준하여 무인항공기와 무인비행장치로 구분	

• 무인비행장치 급이 우리 주변에서 흔히 볼 수 있는 드론으로 무인동력비행장치(unmanned flight device)와 무인비행선(unmanned airship)이 있으며, 무인동력비행장치는 다시 무인비행기(unmanned airplane), 무인헬리콥터(unmanned helicopter), 그리고 무인멀티콥터(unmanned multicopter)로 분류한다.

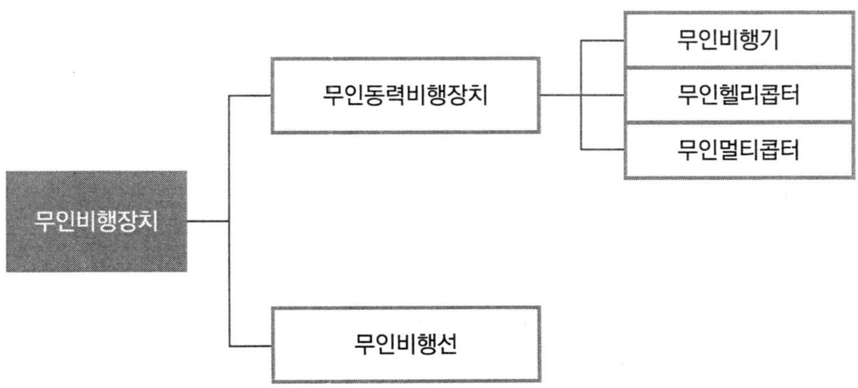

• 이상에서 기술한 국내항공법에 의한 유무인항공기의 분류를 정리하면 다음 표와 같다.

<table>
<tr><th>무게</th><th>∞</th><th>600 kg</th><th>180 kg</th><th>150 kg</th><th>115 kg</th></tr>
<tr><td>유인항공기</td><td>항공기
• 비행기
• 회전익항공기</td><td colspan="3">경량항공기
• 경량헬리콥터
• 동력패러슈트
• 체중이동형비행기
• 타면조종형비행기</td><td>초경량비행장치
• 동력비행장치
• 동력패러글라이더
• 행글라이더 및
• 패러글라이더
• 기구류
(유인 · 무인자유기구, 계류식 기구)
• 낙하산류</td></tr>
<tr><td rowspan="2">무인항공기</td><td colspan="3">무인항공기
• 비행기
• 회전익항공기</td><td colspan="2">초경량비행장치
(무인비행장치)</td></tr>
<tr><td colspan="2">무인항공기
(비행선)</td><td colspan="3">초경량비행장치
(무인비행선)</td></tr>
</table>

다. 동력장치에 의한 분류

▶ 추진기관의 추력원리에 따른 분류

<table>
<tr><td rowspan="4">• 축동력 기관</td><td colspan="2">왕복 기관(reciprocating engine)</td></tr>
<tr><td colspan="2">로터리 기관(Wankel engine)</td></tr>
<tr><td>터보축 기관(turboshaft engine)</td><td rowspan="4">가스터빈 기관
(gas turbine engine)</td></tr>
<tr><td>터보프롭 기관(turboprop engine)</td></tr>
<tr><td rowspan="5">• 분기추진 기관</td><td>터보제트 기관(turbojet engine)</td></tr>
<tr><td>터보팬 기관(turbofan engine)</td></tr>
<tr><td colspan="2">램제트 기관(ramjet engine)</td></tr>
<tr><td colspan="2">펄스제트 기관(pulsejet engine)</td></tr>
<tr><td colspan="2">로켓 기관(rocket engine)</td></tr>
</table>

(1) 축동력기관 : 축동력(shaft power)에 의해 프로펠러나 로터를 회전

① 왕복기관(reciprocating engine): 축동력으로 프로펠러를 회전

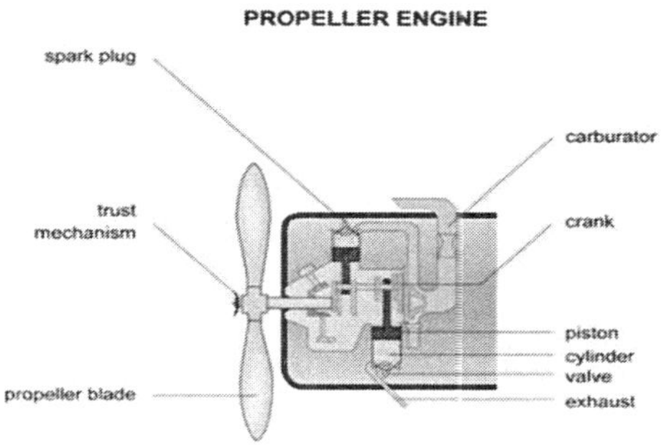

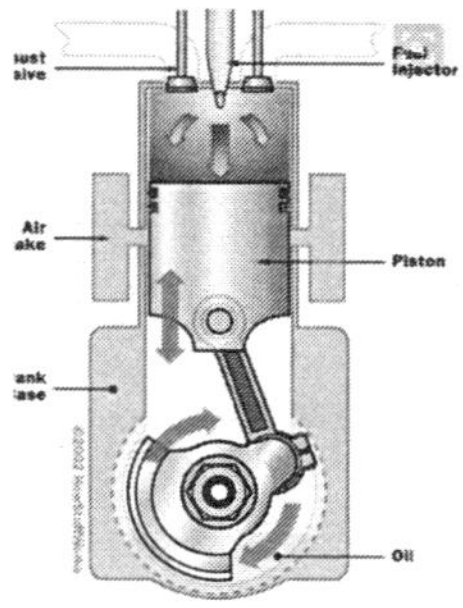

(4행정기관)

② 로터리 기관(Wankel engine): 축동력으로 프로펠러를 회전

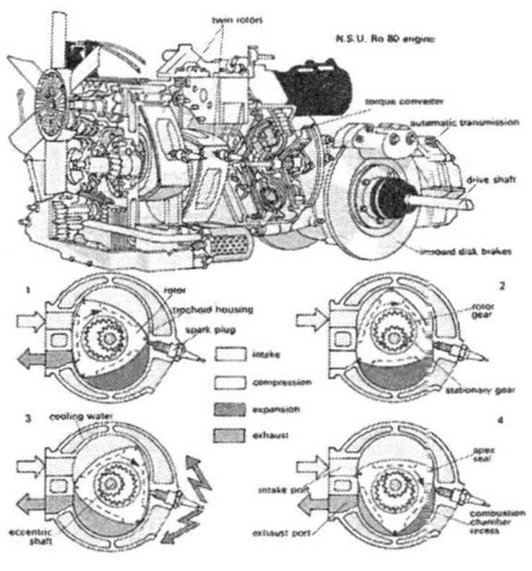

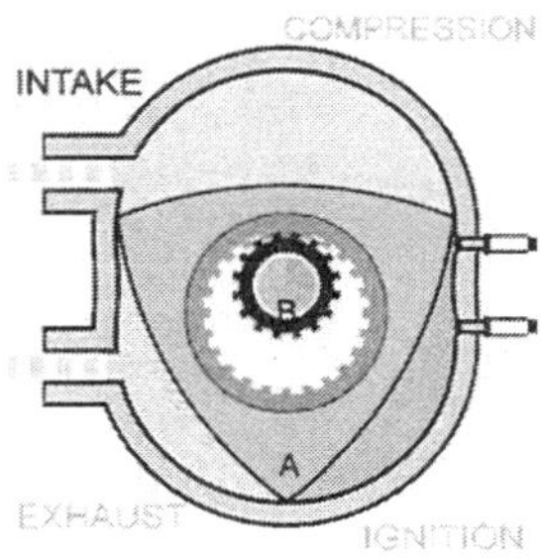

(2행정기관)

③ 터보프롭 기관(turboprop engine) : 축동력으로 프로펠러를 회전

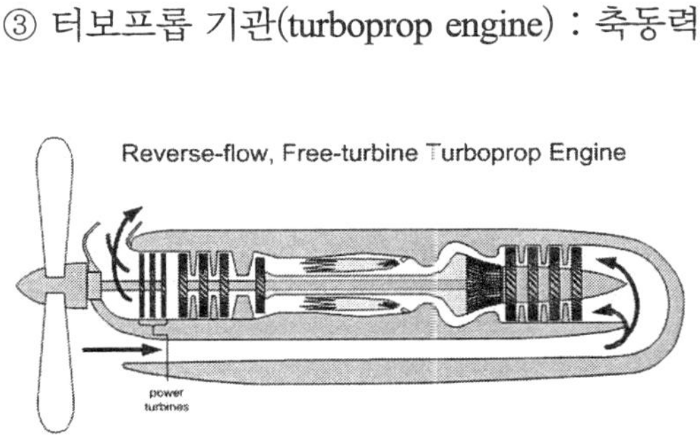

④ 터보축 기관(turboshaft engine) : 축동력으로 로터를 회전

(2) 분사추진기관(jet propulsion engine) : 가스분사에 의한 추력발생

① 터보제트 기관(turbojet engine)

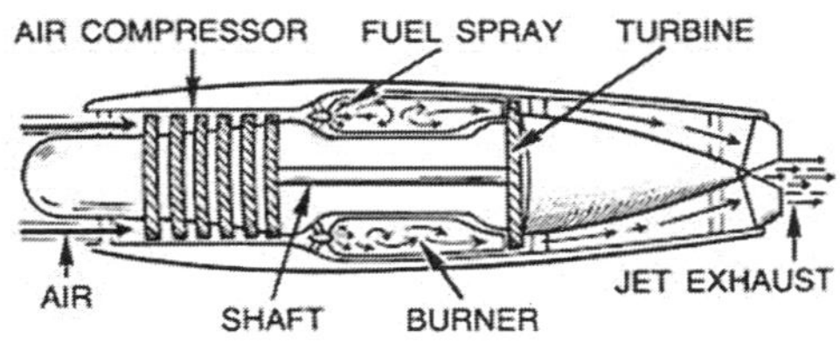

② 터보팬 기관(turbofan engine): high/low bypass engine

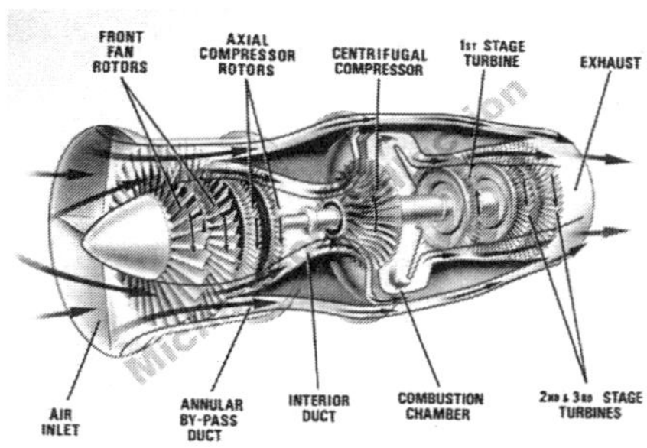

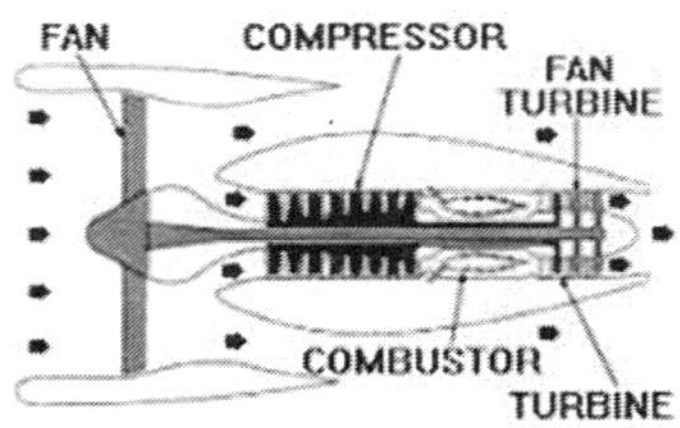

③ 램제트 기관(ramjet engine)

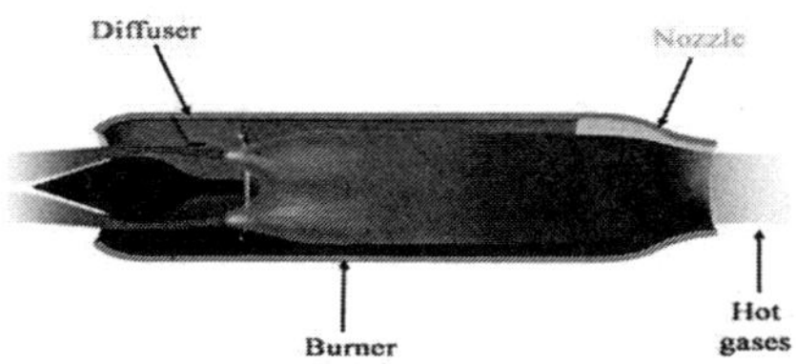

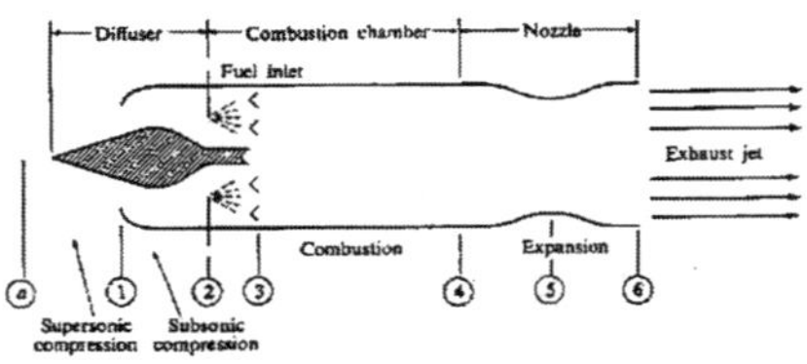

④ 펄스제트 기관(pulsejet engine)

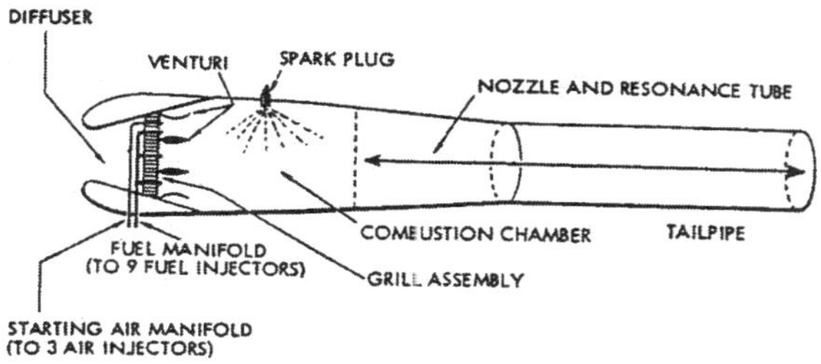

⑤ 로켓 기관(rocket engine)

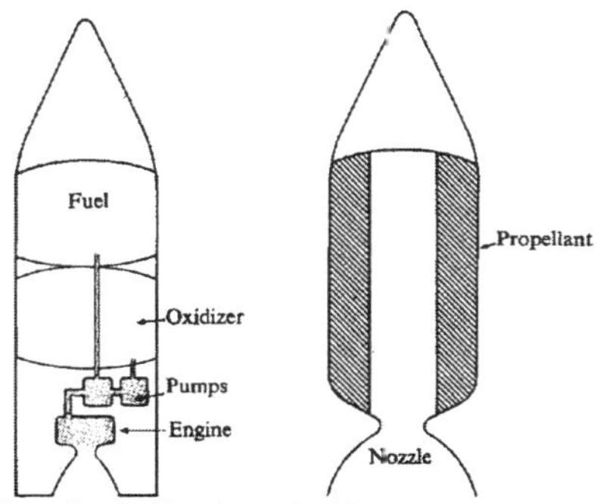

(a) Bipropellant liquid rocket (b) Solid-propellant rocket

(3) 가스터빈기관 : 압축기(compressor)와 터빈(turbine)을 가진 엔진

① 터보축 기관(turboshaft engine)

② 터보프롭 기관(turboprop engine)

③ 터보제트 기관(turbojet engine)

④ 터보팬 기관(turbofan engine) : high/low bypass engine

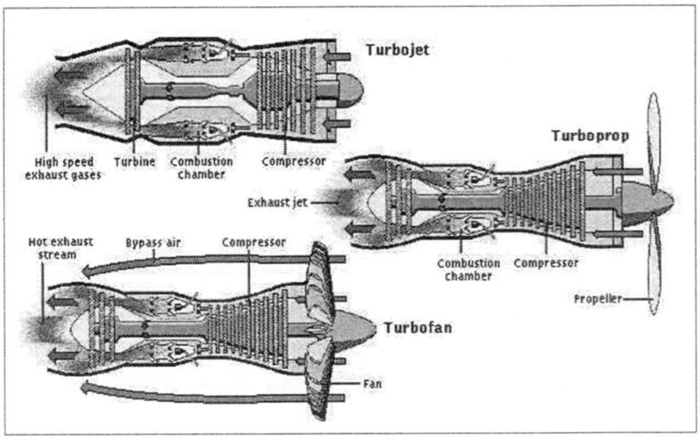

(4) 전기동력 기관(electrical power engine)

① 교류모터(AC, Alternating Current motor)

② 직류모터(DC, Direct Current motor) : 드론에 주로 사용

- 브러시(brush) 모터
- 브러시리스(brushless) 모터

※ 소형 드론에는 주로 브러시리스 직류(BLDC, Brushless Direct Current)모터를 사용한다.

▶ **엔진개수에 의한 분류: 단발기, 쌍발기, 다발기**

라. 날개형태에 의한 분류

- 날개 위치 : (a) 저익(low wing) 항공기
  (b) 중익(middle wing) 항공기
  (c) 고익(high wing) 항공기
- 날개의 접힌 형태 :
  (a) 뒤집힌 갈매기형 날개(inverted gull wing)
  (b) 갈매기형 날개(gull wing)
  (c) 상반각 날개(dihedral wing)
  (d) 하반각 날개(anhedral wing)

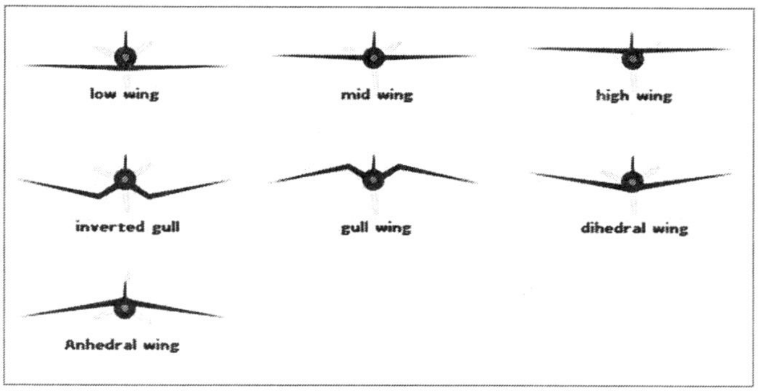

• 날개평면 모양 : (a) 타원형 날개 (b) 사각형 날개 (c) 테이퍼형 날개
(d) 뒤처짐형 날개 (e) 삼각형 날개

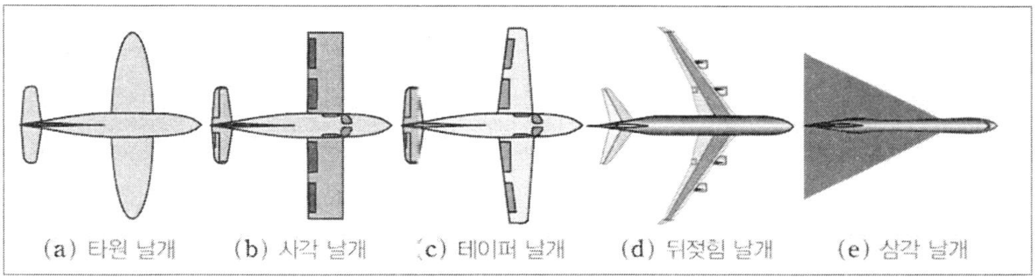

마. 거리/속도에 의한 분류

• 항속거리 : 단거리 항공기, 중거리 항공기, 장거리 항공기
• 속도 : 아음속기, 고아음속기, 초음속기, 극초음속기

바. 이착륙장소에 의한 분류

• 육상기 : 지면에서 이착륙하는 항공기
• 수상기 : 수면에서 이착수하는 항공기

3) 드론의 분류

• 드론은 운용목적, 기체 중량, 구동형태, 운용고도, 기체 형식에 따라 다양하게 분류할 수 있다.

가. 날개의 고정 유무에 따른 분류

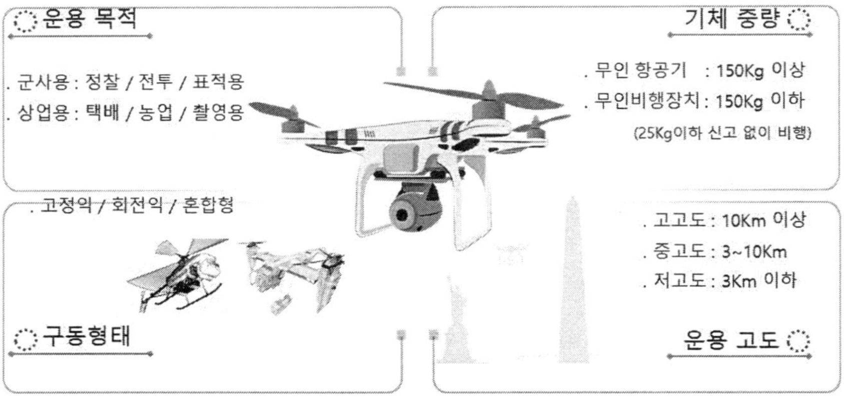

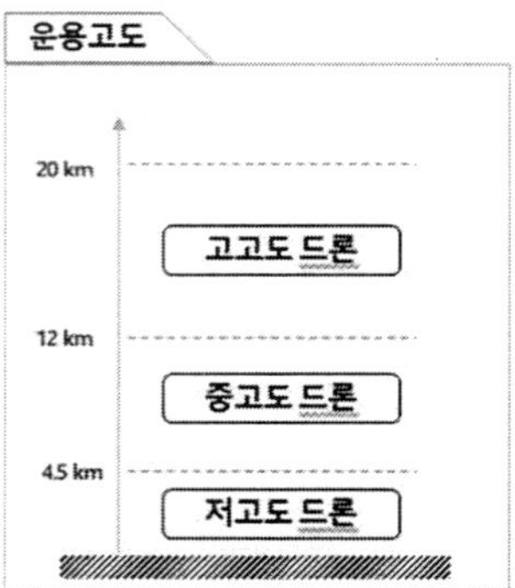

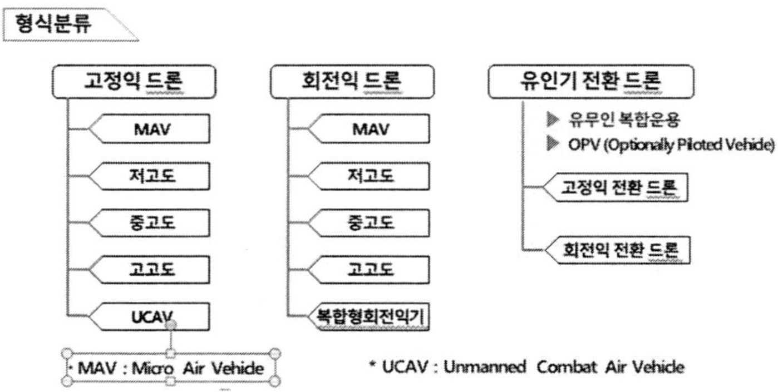

DRONE SURVIVAL GUIDE
X47C
Sentinel
nEUROn
X45C
Meter
Feet
Soaring Dragon
Mantis
Global Hawk
Avenger
Eitan
Reaper
Barracuda
Predator
Herti
Hummingbird
Fire Scout
Heron
Hermes
Shadow
Rustom I
WASP III
Scan Eagle
Harpy
Killer Bee
Raven
Air robot
Aeryon Scout
AR Parrot

〈고정익 드론 형태〉

(1) 고정익 드론

• 고정익 드론(fixed wing drone)은 조종사와 조정석이 없다는 것을 제외하고는 일반 비행기와 구조적으로 동일하다. 일반 비행기처럼 방향키, 승강키 및 선회키 들을 이용해 비행을 조종한다. 장거리 비행을 요하는 군사 분야와 산업시설 점검, 국경 감시 등의 분야에 사용된다.

• 고정익 드론은 모터 구동엔진보다 왕복엔진이나 터보프롭, 분사추진엔진 등을 장착할 수 있어서 비행속도가 빠르며 날씨 변화에 영향을 적게 받고 적재화물 무게에 제한이 적다는 장점이 있다.

• 단점은 이착륙을 위해 활주로가 필요하고 빠른 속도로 비행하기 때문에 정지 비행(hovering) 기능이나 저고도 좁은 공간에서의 임무 또는 느린 속도에서의 임무비행에 제한을 받는다.

(2) 회전익 드론

• 회전익 드론(rotary wing drone)은 모터와 회전날개(rotor blade)가 수평으로 장착돼 있어 상하좌우 어느 방향으로도 비행할 수 있으며 좁은 공간에서 정교한 비행이 가능하다. 수직 이착륙이 가능하고 공중에서 정지비행(Hovering)이 가능하기 때문에 활주로가 별도로 필요 없어 임무 공간에 크게 영향을 받지 않는다. 따라서 수색 및 구조, 산불 감시, 소형 물품 배달, 동영상 촬영 등 중저속으로 단거리 비행을 요하는 각종 산업 및 레저 분야에 주로 이용된다.

• 회전익 드론 중 헬리콥터(helicopter drone)처럼 단일 로터나 동축 로터의 헬리콥터 드론은 한 두 개의 엔진을 장착하기 때문에 유인 헬리콥터처럼 왕복엔진이나 터보샤프트 엔진을 사용한다.

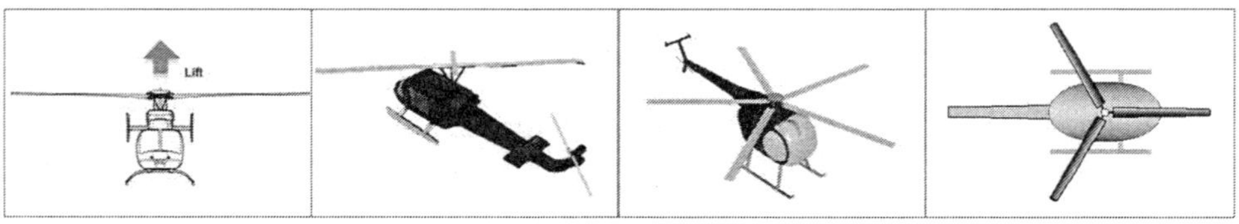

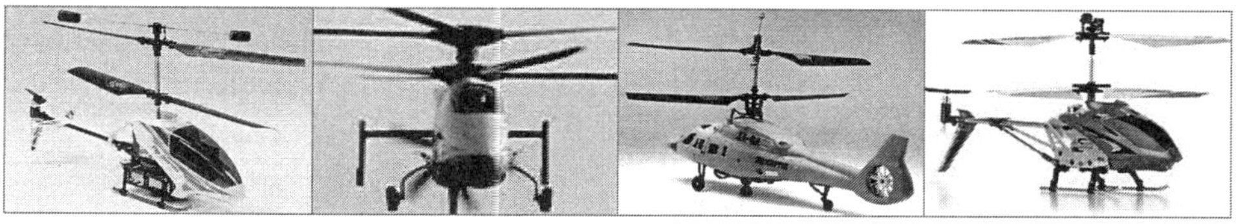

〈단일로터 및 동축로터〉

• 한편 회전익 드론 중 멀티콥터(multicopter)드론은 자중을 이기고 충분한 양력을 얻어 안정적으로 비행하기 위해서는 여러 개의 모터가 필요하다. 여러 개의 회전날개를 구동해야 하므로 엔진제어와 무게 효율 등을 고려하여 전기모터를 사용한다. 축전기로 전원을 공급하기 때문에 항속시간(endurance)이나 거리(range)에 많은 제한을 받는다.

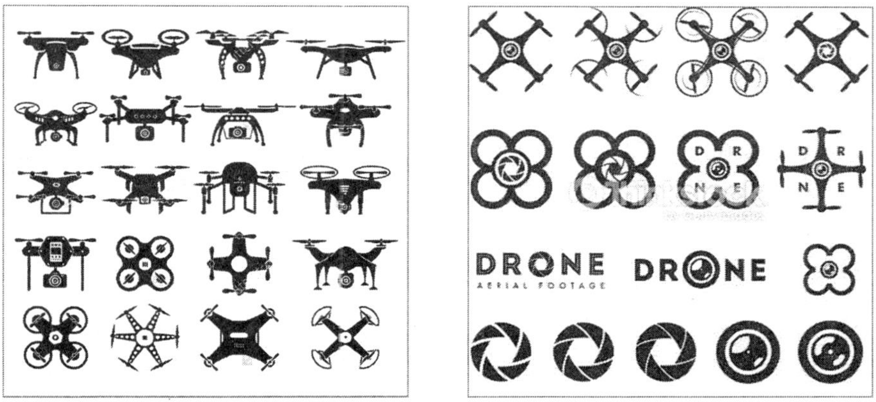

〈다양한 형태의 멀티콥터 드론〉

• 회전날개의 개수의 위치에 따라 다음과 같이 분류하기도 한다.[32]

① single−copter ② dual−copter ③ twin−copter
④ tri−copter ⑤ quad−copter ⑥ X−copter
⑦ Y4−copter ⑧ Hexa−copter ⑨ Y6−copter ⑩ H6−copter

32 blog.multicopterofpv.com

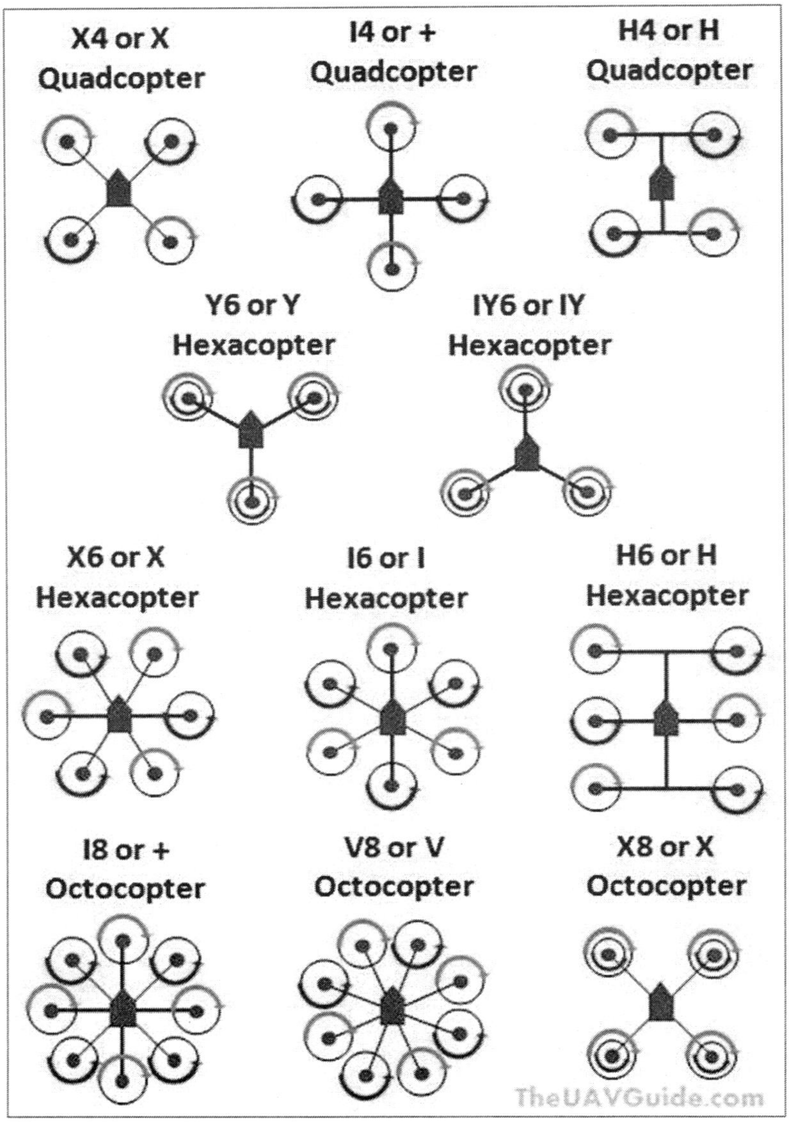

〈멀티콥터의 여러 형태〉

• 회전날개와 연동된 회전모터의 숫자와 위치 그리고 회전 방향에 따른 분류는 다음과 같다.[33]

---

33 in2drones.org

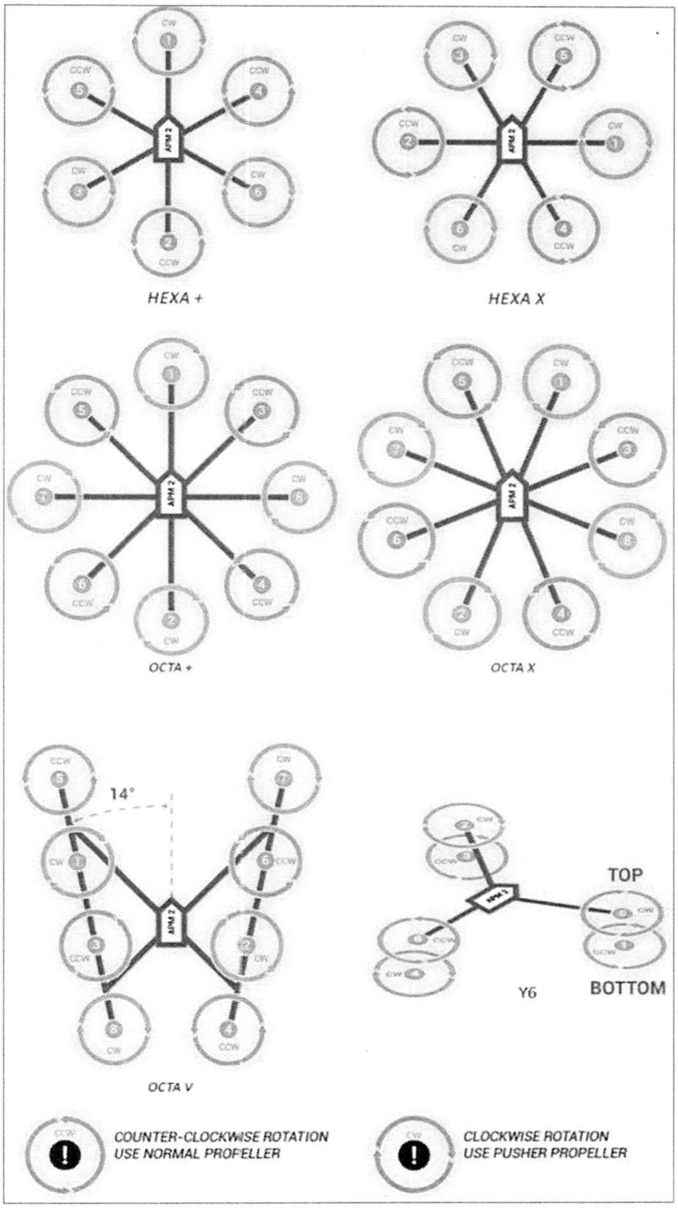

• 복합 드론은 고정익 드론과 회전익 드론의 장점을 살리고 단점을 보완한 드론으로 tilt rotor나 VTOL(Vertical Take−Off & Landing) 드론 등이 있다.

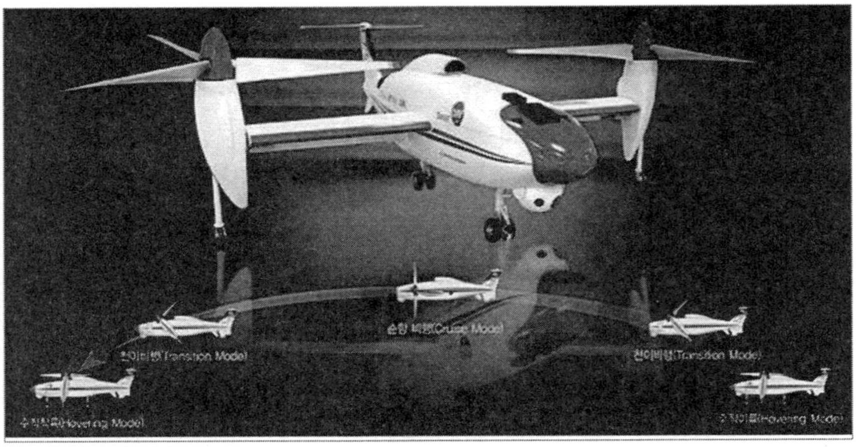

〈틸트로터 드론〉

나. 운용고도에 의한 분류

분 류	상승 한도(km)
저고도 무인 비행체	0.15
중고도 무인 비행체	14
고고도 무인 비행체	20
성층권 무인 비행체	50

다. 크기에 의한 분류

• 초소형(0.3m이하) / 소형(0.3−10m) / 중형(10−20m) / 대형(20m이상)

라. 체공시간에 따른 분류

• 단기체공(1시간이하) / 중기체공(1−12시간) / 장기체공(12시간이상)

마. 항속거리에 따른 분류

• 근거리(50km이하) / 단거리(50−200km) / 중거리(200−500km) /장거리(500km 이상)

바. 기능별 분류

• 관측 / 탐사, 정찰 / 감시, 전투 / 표적/영상촬영/농약살포 등

사. 최대 이륙중량에 의한 분류

<table>
<tr><th>분 류</th><th>세 분 류</th><th>최대 이륙중량</th></tr>
<tr><td>무인 항공기
(Large UAV)</td><td>-</td><td>600 kg 초과</td></tr>
<tr><td>무인 경량 항공기
(Medium UAV)</td><td>-</td><td>150 kg 초과
600 kg 이하</td></tr>
<tr><td rowspan="4">무인 동력 비행장치</td><td>중소형 무인 동력 비행장치
(light UAV)</td><td>25 kg 초과
150 kg(자체중량) 이하</td></tr>
<tr><td>소형 무인 동력 비행장치
(small UAV)</td><td>2 kg 초과
25 kg 이하</td></tr>
<tr><td>초소형 무인 동력 비행장치
(micro UAV)</td><td>2 kg 이하</td></tr>
<tr><td>극초소형 무인 동력 비행장치
(nano UAV)</td><td>0.025 kg 이하</td></tr>
</table>

아. 조종 방식에 의한 분류

분 류	세 분류
직접전파 조종 무인 비행체	육안조종
	자율조종
통신망 조종 무인 비행체	육안조종
	자율조종
인공위성 통신 조종 무인 비행체	육안조종
	자율조종
유선 조종 무인 비행체	육안조종
	자율조종

자. 이착륙 방식에 의한 분류

분 류	형상 예
수직 이착륙 무인 비행체	회전익 무인 비행체 틸트로터 무인 비행체 꼬리이착륙 무인 비행체
활주 이착륙 무인 비행체	고정익 무인 비행체 틸트로터 무인 비행체
보조장치 이착륙 무인 비행체	발사대 이륙 또는 손으로 던지는 방식의 고정익 무인 비행체

차. 에너지원에 의한 분류

분 류	사용 엔진
화석연료 무인 비행체	왕복기관, 터빈기관
축전지 무인 비행체	전기모터
수소연료 무인 비행체	왕복기관 또는 전기모터
하이브리드 무인 비행체	내연기관과 전기모터
태양광 무인 비행체	태양전지

하. 운동에너지에 의한 분류

• 무인 비행체가 계획을 변경하여 불시하강하거나 조종불능 상태에서 추락할 때 야기되는 항공기사고가 지상에 미치는 위험성 정도에 따라 분류한다. 최대이륙질량을 기준으로 불시착은 무인 비행체 의 실속속도에 안전계수 1.3을 곱하고, 조종불능은 최대속도에 안전계수 1.4를 곱하여 운동에너지 기준을 정한다.[34 35]

〈운동에너지에 의한 분류〉

표	수식 정의
① 불시하강 운동에너지	$E_{UD}=\frac{1}{2}m_{MTO}(V_S SF)^2$, SF=1.3
② 조종불능 운동에너지	$E_{LC}=\frac{1}{2}m_{MTO}(V_{max} SF)^2$, SF=1.4

여기서 m_{MTO} : 최대이륙질량[kg]

V_8 : 실속속도, V_{max} : 최대속도, SF: 안전계수(Safety Factor)

① 불시착 운동에너지 식

– 실속속도는 고정익 무인 비행체의 경우 날개하중과 최대양력계수관계

34 Jeggrey M. Maddalon, Kelly J. Hayhurst, Daniel M. Koppen, Jason M. Upchurch, and A. Terry Morris, "perspectives on Unmanned Aircraft Classification for Civil Airworthness Standards", NASA/TM–2013–217969

35 F. Glatzl, G. Lippitsch, H. Fleuhr, "Proposal of a Cetification Specification for a Light Unmanned Aerial System(CS–LUAS, DeutscherLuft und Raumfahrtkongress 2012, DocumentID: 281359

그림에서 구한다.

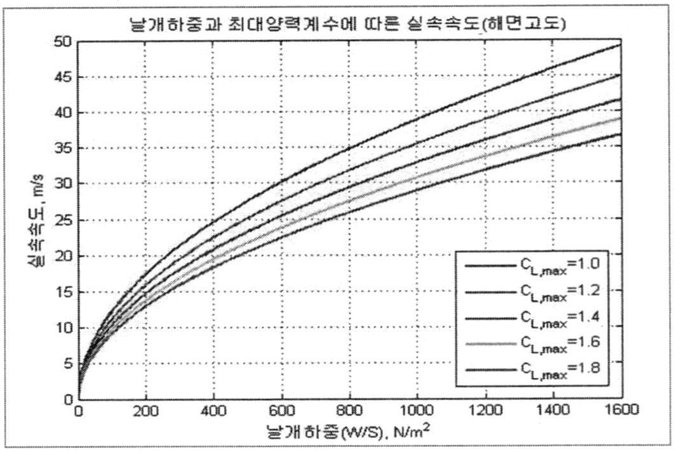

- 최대양력계수는 별도의 고양력장치가 설치되지 않았으면 1.0을 적용하고, 고양력장치를 사용한다면 그 종류에 따라 선택한다.
- 회전익 무인 비행체의 경우 날개하중과 같은 물리적 의미를 가진 회전면하중으로 대체하고 최대양력계수는 1.0을 적용한다.

② 조종불능 운동에너지 식

- 최대속도는 고정익 무인 비행체의 경우 동력하중과 날개하중에 따라 최대속도관계 그림에서 구한다.
- 회전익 무인 비행체의 경우 날개하중은 회전면하중으로 대체하고 회전면 면적은 수직력을 발생하는 모든 프로펠러나 로터 면적의 합으로 한다.

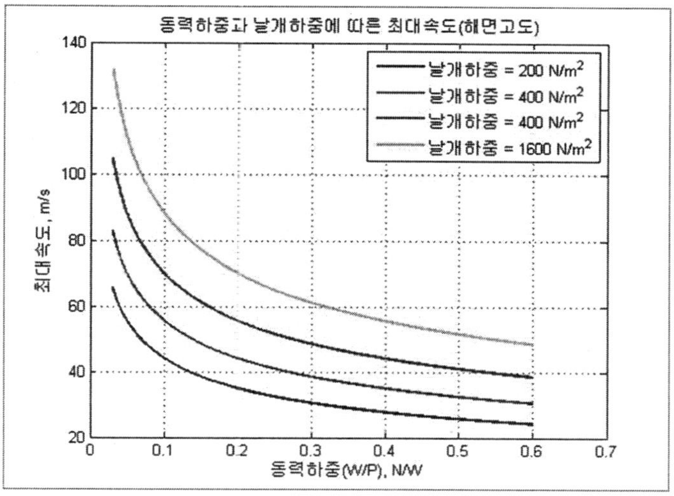

☞ 불시착 운동에너지와 조종불능 운동에너지 중에서 더 큰 운동에너지를 기준으로 등급을 결정한다.

〈두 운동에너지 중 더 큰 에너지 급수로 분류〉

분 류	불시착 운동에너지	조종불능 운동에너지
제1종 무인 비행체	60kJ 초과	500kJ 초과
제2종 무인 비행체	10kJ 초과 60kJ 이하	50kJ 초과 500kJ 이하
제3종 무인 비행체	400J 초과 10kJ 이하	5kJ 초과 50kJ 이하
제4종 무인 비행체	20J 초과 400J 이하	200J 초과 5kJ 이하
제5종 무인 비행체	20J 이하	200J 이하

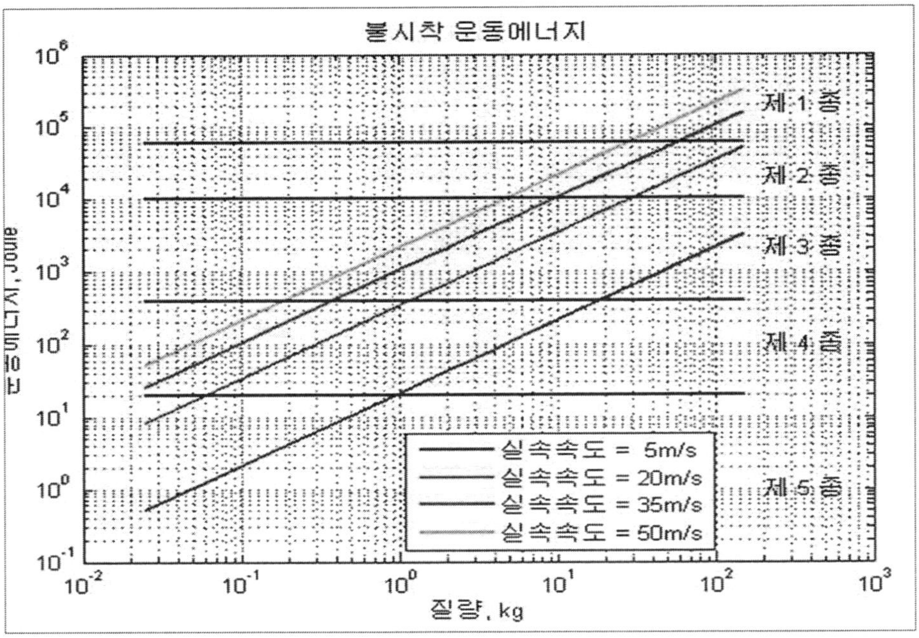
불시착 운동에너지
운동에너지, Joule
질량, kg
제 1 종
제 2 종
제 3 종
제 4 종
제 5 종
실속속도 = 5m/s
실속속도 = 20m/s
실속속도 = 35m/s
실속속도 = 50m/s

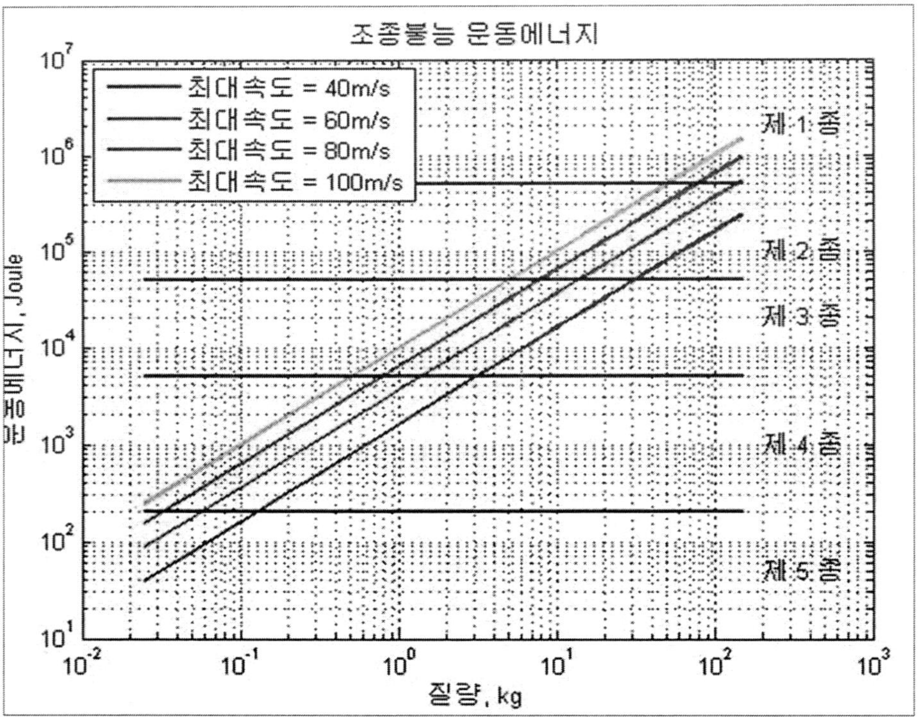
조종불능 운동에너지
운동에너지, Joule
질량, kg
최대속도 = 40m/s
최대속도 = 60m/s
최대속도 = 80m/s
최대속도 = 100m/s
제 1 종
제 2 종
제 3 종
제 4 종
제 5 종

4) 여러 가지 드론 종류[36]

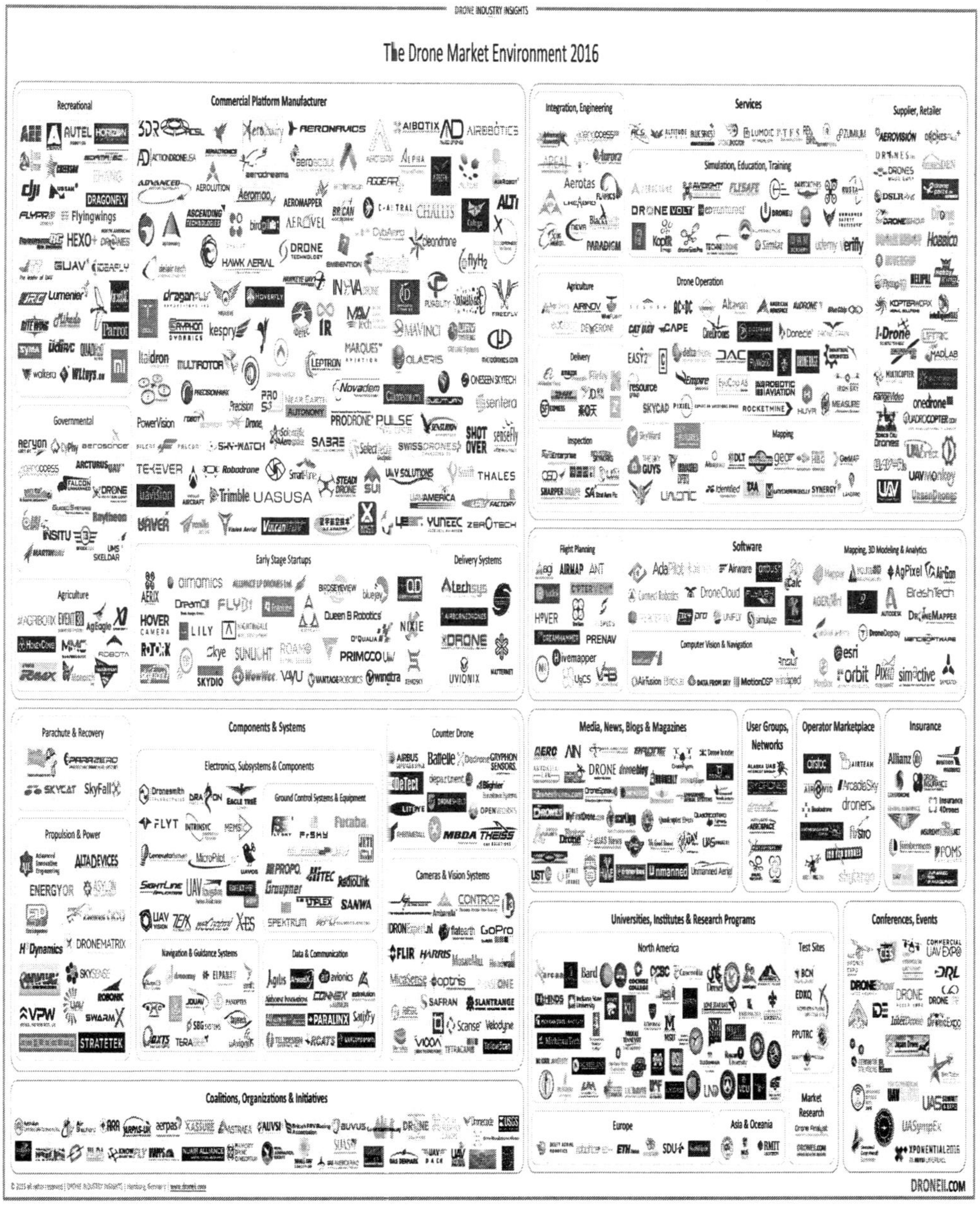

36 http://www.dronestarting.com

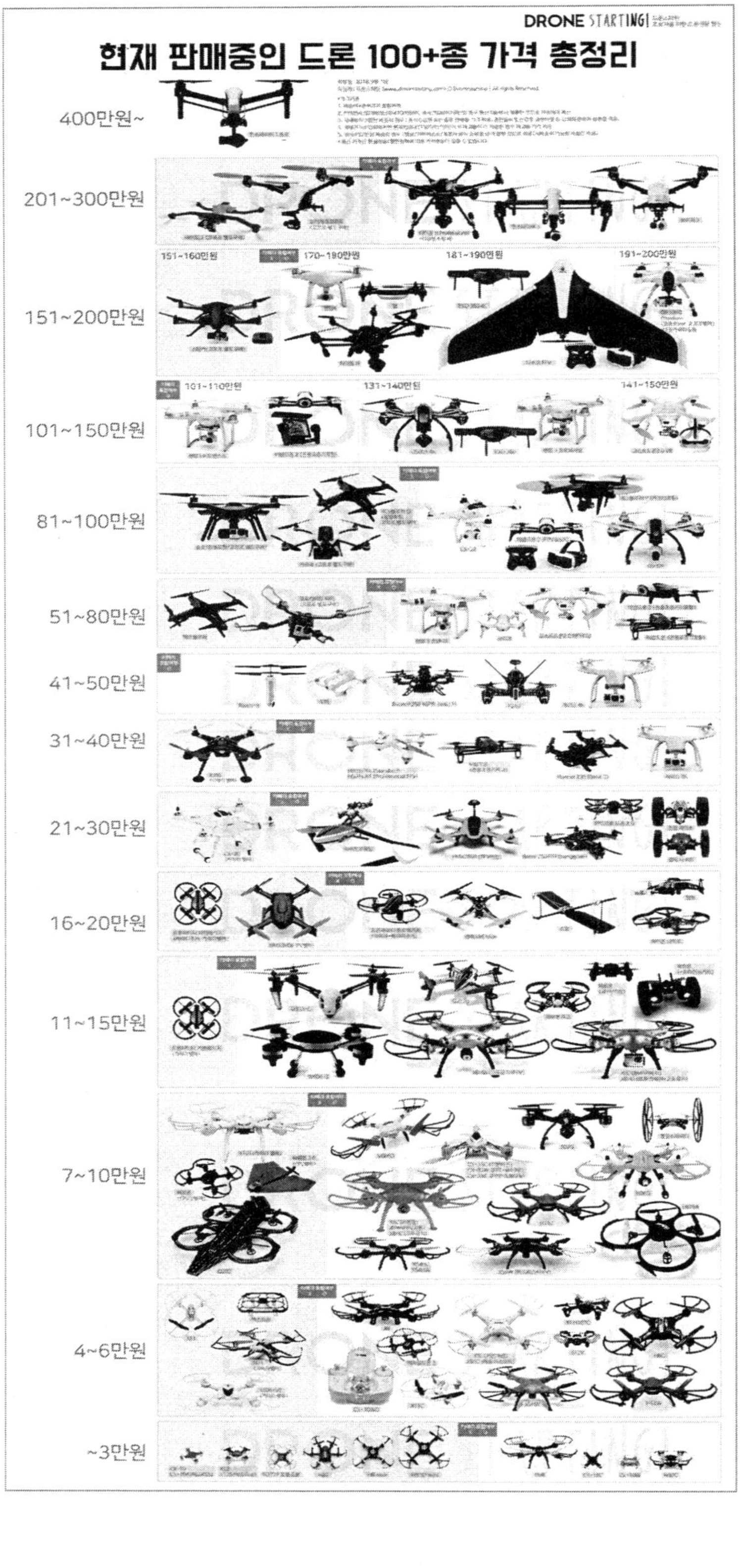
DRONE STARTING!
현재 판매중인 드론 100+종 가격 총정리
400만원~
201~300만원
151~200만원
151~160만원
170~180만원
181~190만원
191~200만원
101~150만원
101~110만원
131~140만원
141~150만원
81~100만원
51~80만원
41~50만원
31~40만원
21~30만원
16~20만원
11~15만원
7~10만원
4~6만원
~3만원

1.4 드론 시스템

1) 드론시스템의 구성

• 드론을 중심으로 구성하고 있는 운영체계를 드론시스템(Drone System)이라 한다. 즉, 무인항공기 시스템(UAVS; Unmanned Aerial Vehicle System)은 일반적으로 비행체(Platform), 임무탑재장비(Payload), 지상통제 통제장비(Ground Control Station), 그리고 지상지원체계(Ground Supporting System)로 구성되어 있다.

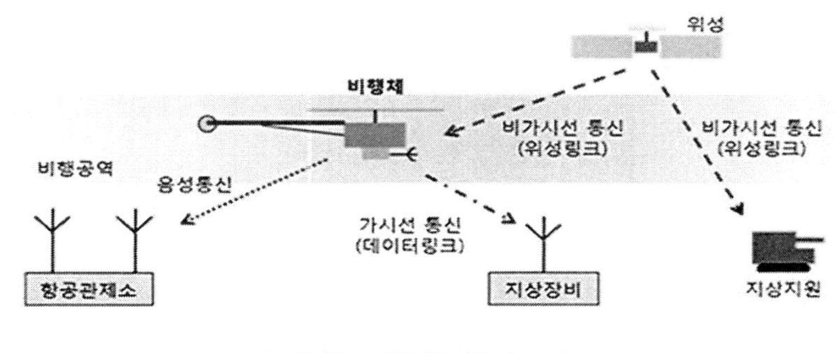

〈무인 항공기 운영 시스템의 구성요소〉

(1) 비행체(Platform): 기체(Airframe), 엔진(Engine), 항공전자(Avionics)

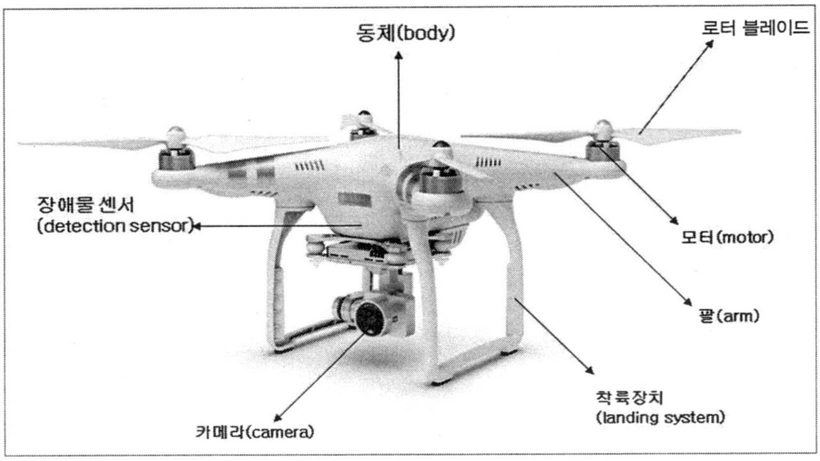

(2) 임무탑재장비(Payload): 드론 임무 수행에 필요한 장비

(3) 지상통제 통제장비(Ground Control Station) : 항공관제소, 데이터 링크를 통한 비행체 임무통제, 원격전송(Telemetry) 등으로 구성

(4) 지원체계(Supporting System): 데이터 획득 분석 및 임무 지원 임무

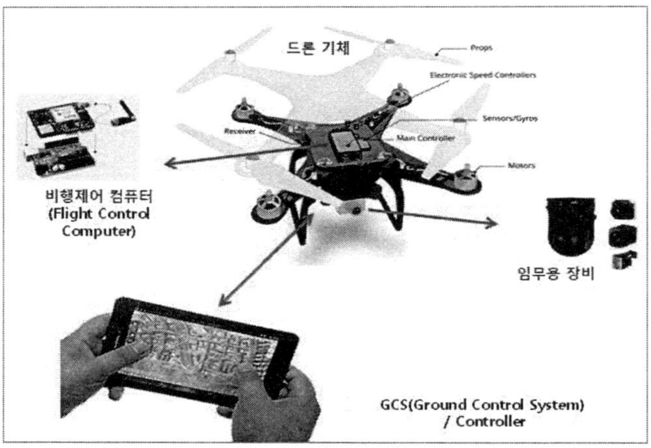

2) 드론 시스템의 구조

• 드론시스템의 구조는 드론이 지상의 원격조종자와 각종 데이터를 주고받는 '통신부', 드론의 비행을 조종하는 '제어부', 드론을 날아가게 구동시키는 '구동부', 그리고 카메라 등 각종 탑재 장비들로 구성된 '페이로드'의 네 부분으로 나눈다.

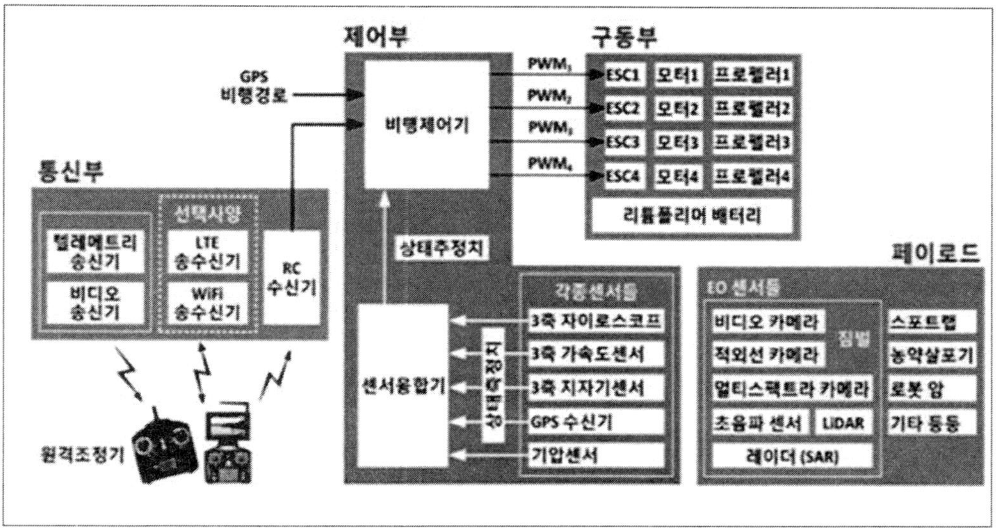

(1) 통신부

• '통신부'는 지상의 원격조종기(Remote Controller)로부터 비행명령어를 수신하는 원격조종수신기, 촬영한 사진이나 비디오를 지상으로 송신하는 비디오 송신기, 그리고 위치, 속도, 배터리 잔량 등의 비행정보를 지상으로 송신하는 텔레메트리 송신기로 구성된다.

• 텔레메트리 정보는 비디오 데이터와 함께 비디오 송신기를 통해 지상으로 보내진다. 최근에는 드론에 WiFi 혹은 LTE 송수신기를 탑재하여 원격조종 비행명령어 및 비디오 데이터를 송수신하고 있다.

(2) 제어부

• '제어부'는 비행제어기, 센서융합기 및 각종 센서들로 구성돼 있다. 드론이 안정적

으로 비행하기 위해서는 드론에 장착된 각종 센서들을 이용해 자신의 비행상태를 측정해야 한다.

• 드론의 비행상태는 회전운동상태(Rotational States)와 병진운동상태(Translational States)로 정의된다. 회전운동상태는 '요(Yaw)', '피치 (Pitch)', '롤 (Roll)'을 의미하며, 병진운동상태는 경도, 위도, 고도, 속도를 의미한다.

• 회전운동상태를 측정하기 위해 3축 자이로센서(Gyroscopes), 3축 가속도센서(Accelerometers), 3축 지자기센서(Magnetometers)를 이용하고, 병진운동상태를 측정하기 위해 GPS수신기와 기압센서(Barometric Pressure Sensor)를 이용한다.

• 드론이 각종 센서들을 이용해 측정한 회전운동상태와 병진운동상태를 상태측정치(State Measurements)라 부르는데, 이 상태측정치에는 여러 종류의 오차가 포함되어 있다. 센서융합기는 각종 센서들이 측정한 상태측정치들을 적절히 융합해 오차를 최소화 한 상태추정치(State Estimates)를 계산하여 비행제어기로 전달한다.

• 드론은 지상에서 원격조종기(RC: Remote Controller)를 이용해 비행을 조종하거나, 드론이 사전에 입력된 GPS 비행경로를 자기의 현재 비행위치(GPS 수신기를 통해 확인)와 비교하면서 스스로 비행한다.

• 비행제어기는 RC 수신기로부터 전달받은 원격 비행명령어(혹은 GPS 경로비행을 할 경우, GPS 비행경로)를 센서 융합기에서 보내온 상태추정치와 비교, 그 차이 값을 이용해 모터들의 회전속도를 계산하고, 계산된 결과들을 PWM(Pulse Width Modulation) 신호로 변환해 구동부로 전달해 준다.

(3) 구동부

• '구동부'는 드론을 구동시키는 부품들로 BLDC 모터, 프로펠러, 모터변속기(Electronic Speed Controller) 및 리튬폴리머 배터리 등을 포함한다.

• 모터변속기는 비행제어기로부터 PWM 신호들을 받아 모터들을 구동시키고, 배터리의 직류 전원을 교류로 바꾸어서 모터로 공급해 준다. 각각의 모터들은 별도의 모터변속기로 구동된다.

(4) 페이로드

• '페이로드'는 드론의 사용 목적에 따라서 임무장비가 탑재된다. 항공 촬영을 위하여서는 비디오 카메라, 멀티스팩트라 카메라, 하이퍼스팩트라 카메라, 적외선 카메라, 스팩트로미터, 초음파 센서, LiDAR(light detection and ranging), SAR(Synthetic Aperture Radar)등 각종 EO(Electro-Optical) 센서들이 탑재될 수 있다. EO 센서들은 촬영 중 초점이 흔들리지 않게 해 즈는 짐벌에 고정돼 있다.

3) 드론기체구조(Anatomy of a Drone)

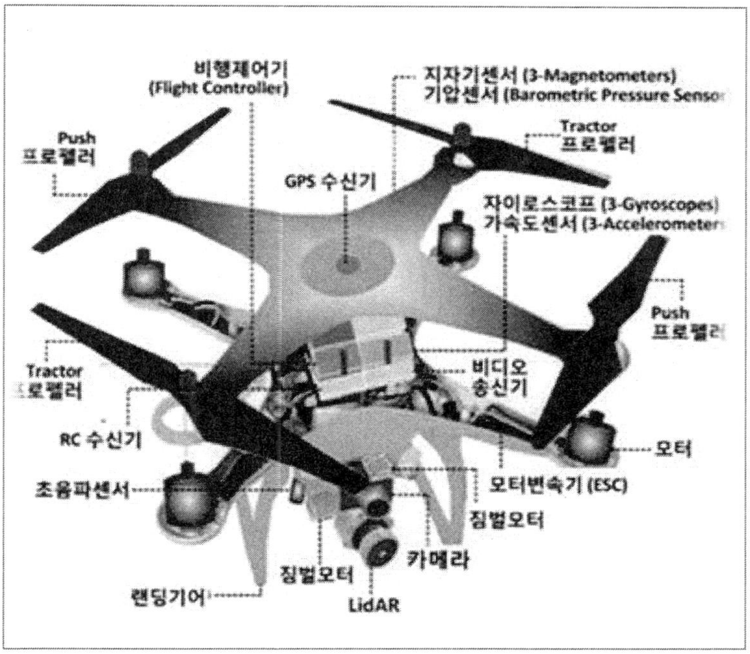

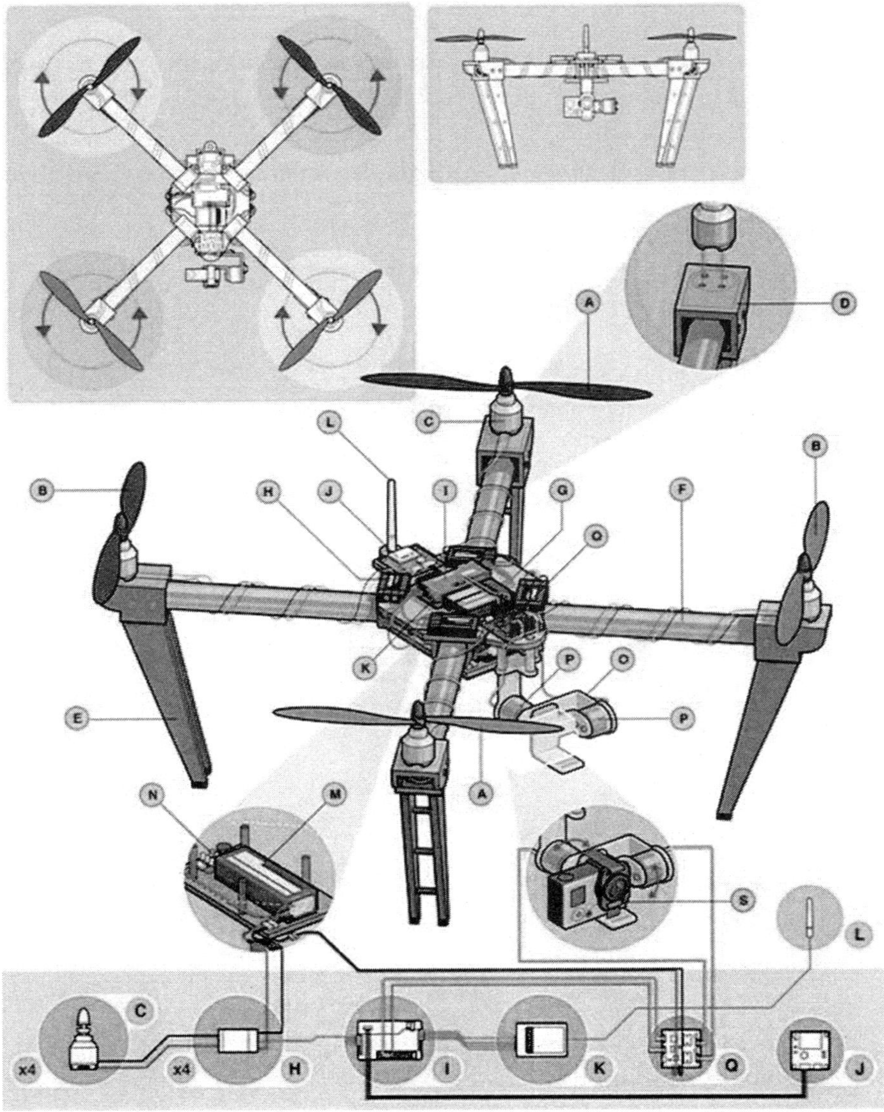

A. 끌기형(표준)프로펠러	B. 밀기형 프로펠러	C. 모터
D. 모터 마운트	E. 착륙장치	F. 지지대
G. 몸통	H. 전자속도 제어기(ESC)	I. 비행조종기
J. GPS 모듈	K.수신기	L. 안테나
M. 건전지	N. 전원 모니터	O. 짐벌
P. 짐벌 모터	Q. 짐벌 제어기	R. 카메라

연습 문제

01 "ICT 및 전자기술 등 디지털 산업혁명에기반하여 물리적 공간, 전자적 공간 및 생물 공학 공간의 경계가 희석되는 기술 융합의 시대는?

① 제1차 산업혁명시대　② 제2차 산업혁명시대　③ 제3차 산업혁명시대
④ 제4차 산업혁명시대　⑤ 제5차 산업혁명시대　⑥ 제6차 산업혁명시대

02 다음 중 제4차 산업혁명의 3대기술 분야에 들지 않는 기술은?

① 화학기술　② 물리학 기술
③ 전자 기술　⑤ 생물학 기술

03 제4차 산업혁명의 물리학 기술에 속하지 않는 기술은?

① 드론을 포함한 자율 주행차 기술　② 3차원 프린팅 기술
③ 첨단로봇 공학기술　④ 제4차 산업혁명시대
⑤ 압전 세라믹 기술　⑥ 사물인터넷(Internet of Things)기술

04 드론생태계(drone ecosystem)를 구성하는 항목이 아닌 것은?

① 드론 수요회사　② 드론 소프트웨어 개발회사　③ 드론 서비스 제공사
④ 드론 제조사　⑤ 드론부품 제조사

해답

01. 4　**02.** 1　**03.** 6　**04.** 2

05 제4차 산업시대 인재 상에 가장 요구되는 덕목은?

① 창조성을 구비한 인재 ② 과학기술실력을 구비한 인재
③ 지식과 지능이 뛰어 난 인재 ④ 예능과 기능을 구비한 인재

06 항공(aviation)이란 말의 어원은?

① 수벌(male bee) ② 날개(wing) ③ 공기(air)
④ 하늘(sky) ⑤ 새(bird) ⑥ 드론(drone)

07 드론(drone)이란 말의 어원은?

① 여왕벌(queen bee) ② 수벌(male bee)
③ 일벌(working bee) ④ 꿀벌(honey bee)

08 드론(drone)은 우리말 사전에서 어떤 순화어로 권장하고 있는가?

① 무인항공기 ② 무인비행기 ③ 초경량비행기
④ 무인비행체 ⑤ 무인기 ⑥ 초경량비행장치

09 괄호안의 영어표현이 적절하지 않은 것은?

① 무인항공기(Unmanned Aircraft) ② 무인비행체(Unmanned Aerial Vehicle)
③ 무인비행체계(Unmanned Aerial System) ④ 무인비행기(unmanned airplane)
⑤ 무인비행선(unmanned airship) ⑥ 무인초경량비행장치(Unmanned device)

10 공기보다 가벼운 항공기(lighter-than-air aircraft)는?

① helicopter ② airship
③ airplane ④ drone

해답

05. 1 06. 5 07. 2 08. 5 09. 6 10. 2

11 공기보다 가벼운 항공기(lighter-than-air aircraft)를 뜨게 하는 힘은?

① 양력(lift force) ② 추력(thrust)
③ 부력(buoyancy force) ④ 항력(drag force)

12 공기보다 무거운 항공기(heavier-than-air aircraft)를 뜨게 하는 힘은?

① 양력(lift force) ② 추력(thrust)
③ 부력(buoyancy force) ④ 항력(drag force)

13 동력이 있는 고정익 항공기(Powered fixed wing aircraft)는?

① 헬리콥터(helicopter) ② 비행기(airplane)
③ 열기구(balloon) ④ 비행선(airship)

14 공기가 없는 곳에서 드론비행은?

① 날 수 있다. ② 날 수 없다.
③ 드론의 종류에 따라 다르다. ④ 공간 크기에 따라 다르다.

15 드론에 관한 설명이다. 잘 못된 것은?

① 세계 최초의 드론은 영국의 Queen Bee이다.
② 세계 최초의 드론은 target drone이었다.
③ 세계 최초의 드론은 미국의 OQ target drone이다.
④ 세계 최초의 드론은 대부분 군사용이었다.
⑤ 드론(drone)은 항공기(aircraft)이다.

16 운행체(vehicle)의 종류를 잘못 설명한 항은?

① 우주비행체(space vehicle)는 우주왕복선(space shuttle), 우주선(spaceship)이 있다.

해답

11. 3 12. 1 13. 2 14. 2 15. 3 16. 3

② 항공비행체(air vehicle)에는 항공기(aircraft)와 미사일(missile)이 있다.

③ 항공기와 미사일은 모두 양력에 의해서 비행한다.

④ 지표면 운행체(surface vehicle)에는 자동차(automobile)와 선박(ship)이 있다.

17 드론을 개발자는 유인항공기에 비행 보다 폭넓은 선택사항을 갖는다. 다음과 중 설계의 특성에 적당하지 않은 항은?

① 낮게 또는 높이 날 수도 있도록 비행고도의 선택폭이 넓다.

② 정지 비행이 가능하도록 설계할 수 있다.

③ 느리게 또는 빠르게 날 수 있도록 속도범위의 폭이 넓다.

④ 비행체의 크기를 자유롭게 선택가능하다.

⑤ 조용히 은밀하게 날 수 있으며 폭음을 내며 요란하게 날 수도 있도록 설계 가능하다.

⑥ 눈에 잘 보이지 않고, 레이더에 탐지되지 않을 수도 있게 설계가능하다.

⑦ 장시간 오랫동안 비행이 가능하고 멀리 장거리 비행도 가능하다.

⑧ 고고도, 저온, 공기 저밀도, 기압이 낮은 곳에서도 임무가 가능하다.

⑨ 주어진 경로에 따라 자동비행과 자율비행이 가능하다.

⑩ 위험한 장소나 오염된 곳에서도 임무 수행이 가능하다.

⑪ 지루하고 힘든 임무도 가능하다.

⑫ 임무 중 인명 손실이 없다.

⑬ 가장 친한 친구가 되기도 하고 적이 될 수도 있다.

⑭ 빛, 소리, 카메라, 마이크로폰, 센서, 로봇 팔 등과 같은 다양한 임무장비를 탑재에 따라 그 활용도가 무궁무진하다.

⑮ 규제에 자유롭다(Regulation free).

18 드론은 일반적으로 4D업무를 수행한다. 다음 중 아닌 것은?

① 어려운 임무(Difficult mission)　② 지루한 임무(Dull mission)

③ 오염되기 쉬운 임무(Dirty mission)　④ 무능한 임무(Disable mission)

⑤ 위험한 임무(Dangerous mission)

해답

17. 15　**18.** 4

19 항공역학적으로 드론을 분류했을 때 가장 거리가 멀다고 생각되는 것은?

① helicopter ② tilt rotor aircraft
③ airplane ④ tilt wing aircraft

20 드론에 관련해서 잘못설명하고 있는 항은?

① 무인 비행체(UAV, unmanned aerial vehicle)는 통제체계와 지원 장비를 제외한 비행하는 물체를 말한다.
② 무인 항공기시스템(UAS, unmanned aircraft system)은 무인 비행체, 통제체계, 그리고 지원 장비를 포함하는 시스템을 말한다.
③ 무인 항공기시스템, 무인 경량 항공기시스템, 무인 동력비행장치 시스템으로 나눈다.
④ 자체중량이 115kg인 드론은 무인 동력비행 장치다.

21 Multicopter의 분류 중 거리가 먼 것은??

① helicopter ② multicopter ③ hexacoper
④ quadcopter ⑤ octacopter ⑥ Tri-rotor

22 다음 그림과 같은 드론의 명칭은?

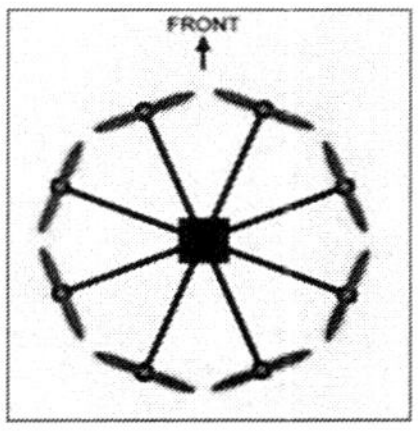

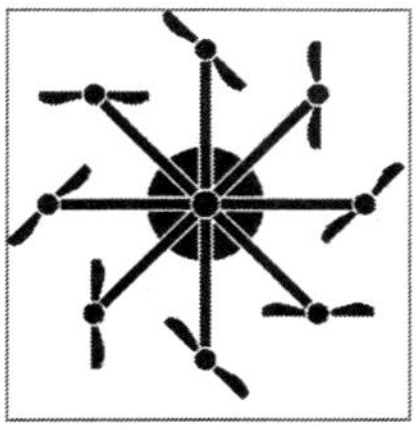

① Tri-copter(+) drone ② Quad-copter(+) drone ③ Hexa-copter(+) drone
④ Octa-copter(v) drone ⑤ Quad-copter(x) drone ⑥ Hexa-copter(x) drone
⑦ Tri-copter(x) drone ⑧ Octa-copter(y) drone

해답

19. 3 **20.** 4 **21.** 1 **22.** 4

23 다음 그림과 같은 드론의 명칭은?

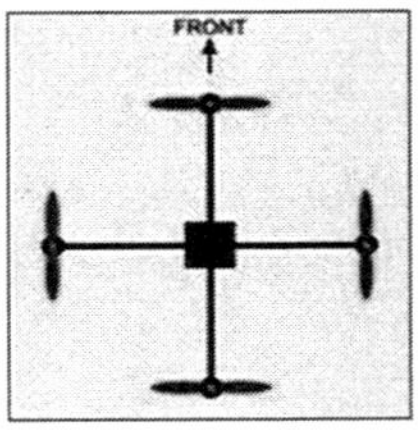

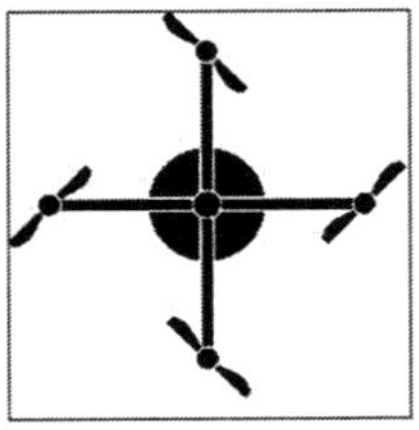

① Tri-copter(+) drone ② Quad-copter(+) drone ③ Hexa-copter(+) drone
④ Octa-copter(+) drone ⑤ Quad-copter(x) drone ⑥ Hexa-copter(x) drone
⑦ Tri-copter(x) drone ⑧ Octa-copter(x) drone

24 다음 그림과 같은 드론의 명칭은?

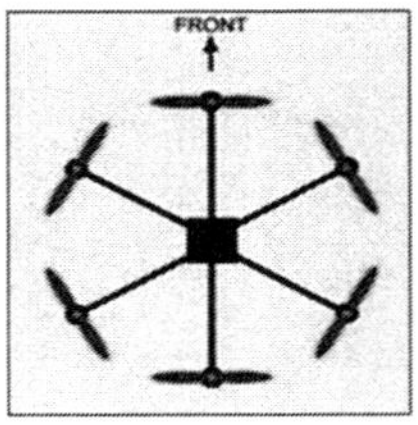

① Tri-copter(+) drone ② Quad-copter(+) drone ③ Hexa-copter(+) drone
④ Octa-copter(+) drone ⑤ Quad-copter(x) drone ⑥ Hexa-copter(x) drone
⑦ Tri-copter(x) drone ⑧ Octa-copter(x) drone

25 다음 그림과 같은 드론의 명칭은?

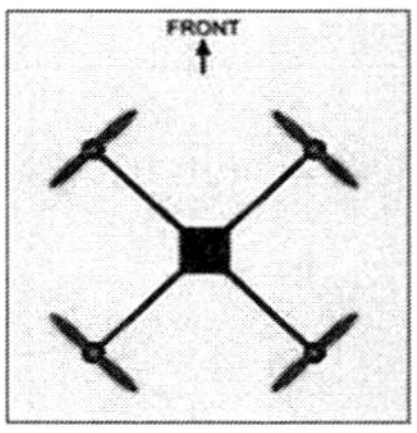

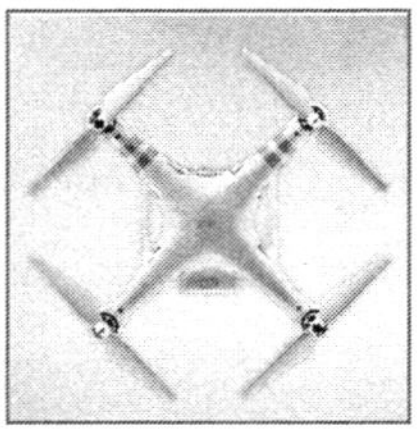

해답

23. 2 **24.** 3 **25.** 5

① Tri-copter(+) drone ② Quad-copter(+) drone ③ Hexa-copter(+) drone
④ Octa-copter(+) drone ⑤ Quad-copter(x) drone ⑥ Hexa-copter(x) drone
⑦ Tri-copter(x) drone ⑧ Octa-copter(x) drone

26 다음 그림과 같은 드론의 명칭은?

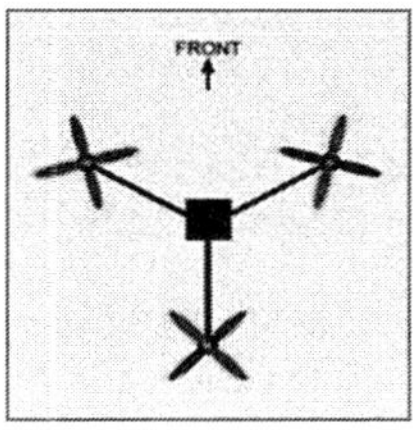

① Tri-copter(+) drone ② Quad-copter(+) drone ③ Hexa-copter(+) drone
④ Octa-copter(v) drone ⑤ Quad-copter(x) drone ⑥ Hexa-copter(y6) drone
⑦ Tri-copter(x) drone ⑧ Octa-copter(y) drone

27 다음 그림과 같은 드론의 명칭은?

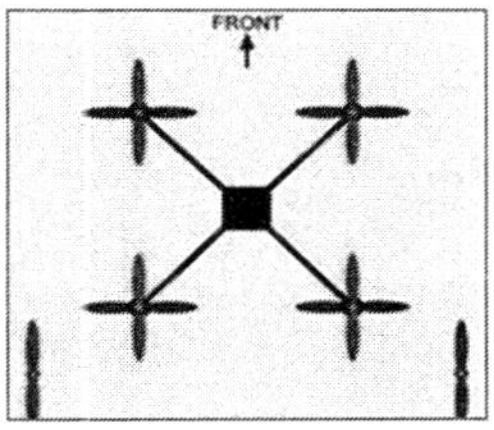

① Tri-copter(+) drone ② Quad-copter(+) drone ③ Hexa-copter(+) drone
④ Octa-copter(v) drone ⑤ Quad-copter(x) drone ⑥ Hexa-copter(y6) drone
⑦ Octa-copter(X8) drone ⑧ Octa-copter(y) drone

28 "항공기"를 영어로 무엇이라고 하는가?

① aircraft ② air craft ③ airplane ④ air plane

해답

26. 6 **27.** 7 **28.** 1

29 회전익 항공기(rotary wing aircraft)는?

① 헬리콥터　　② 비행기　　③ 열기구　　④ 비행선

30 드론에 관한 설명이다. 잘 못된 것은?

① 세계 최초의 드론은 영국의 Queen Bee이다.
② 세계 최초의 드론은 target drone이었다.
③ 세계 최초의 드론은 미국의 OQ target drone이다.
④ 비행체의 크기를 자유롭게 선택가능하다.
⑤ 드론(drone)은 항공기(aircraft)이다.

31 비행기(airplane)와 항공기(aircraft)에 대해 잘 설명하고 있는 항은?

① 항공기(aircraft)는 넓은 개념으로 사용되며, 비행기(airplane)는 동력을 가진 고정익 항공기(fixed wing)라는 좁은 의미를 뜻한다.
② 비행기(airplane)는 회전익 항공기(rotary wing aircraft)를 말한다.
③ Drone은 사람이 탑승하지 않은 비행기의 총칭이다.
④ 미사일(missile)은 항공기(aircraft)이며, 크루즈 미사일(cruise missile)은 비행기이다.

32 항공기를 잘 못 정의하고 있는 것은?

① 항공기란 공중에서 비행을 위해 활용되거나 활용할 의도가 있는 기기(機器)다.
② 항공기란 지구표면에 대한 반작용보다는 공기의 반작용으로부터 대기 중에 지지 될 수 있도록 고안된 기기다.
③ 항공기란 미사일을 포함한 공기 중을 나는 일체의 기기다.
④ 항공기란 비행기, 비행선, 활공기, 회전익기, 그밖에 대통령령으로 정하는 것으로서 항공에 사용할 수 있는 기기다,

해답

29. 1　**30.** 3　**31.** 1　**32.** 3

33 항공역학(aeromechanics)과 비교적 관계가 가장 먼 항은?

① 항공공학(aeronautics) ② 항공기(aircraft) ③ 새(bird)
④ 비행기(airplane) ⑤ 우주역학(astronautics) ⑥ 공기(air)
⑦ 대기권(atmosphere) ⑧ 항공역학(aerodynamics)

34 “공기보다 가벼운 항공기(Lighter-than-air aircraft)”와 관련이 없는 항은?

① aerostat ② aerodyne ③ balloon
④ aerostatics ⑤ airship ⑥ buoyancy

34 “공기보다 무거운 항공기(heavier-than-air aircraft)”와 관계없는 항은?

① aerodynamics ② aerostat ③ airplane
④ glider ⑤ helicopter ⑥ aerodyne

36 다음 항공기를 크기에 따라 잘 못 분류한 것은?

① 대형기 ② 중형기 ③ 소형기
④ 경항공기 ⑤ 경량항공기 ⑥ 초경량비행장치

37 초경량비행장치에 관한 설명이 잘못된 항은?

① 초경량비행장치란 항공기와 경량항공기 외에 비행할 수 있는 장치로서 국토교통부령으로 정하는 동력비행장치, 기구류 및 무인비행장치 등을 말한다.
② 항공법에는 초경량 항공기(ultra light aircraft)로 분류한다.
③ 초경량비행장치는 조종자격은 "초경량비행장치 조종자 증명"을 받아야 한다.
④ 자체 무게가 115kg 이하이어야 한다.

해답

33. 5 **34.** 2 **35.** 2 **36.** 4 **37.** 2

38 드론의 운용고도에 의한 분류에서 저고도 무인비행체의 상승한도는?

고도에 따른 분류	상승 한도(km)
저고도 무인 비행체	?
중고도 무인 비행체	14
고고도 무인 비행체	20
성층권 무인 비행체	50

① 0.1 km ② 0.15 km ③ 2.0 km ④ 2.5 km

39 무인항공기(unmanned aerial vehicle)의 경우 단지 무게를 기준으로 연료를 제외한 자체 중량이 150kg을 초과하면 무인항공기(unmanned aircraft), 그 이하이면 무인비행장치(unmanned flight device)이다. 다음 중 무인동력비행장치가 아닌 것은?

① 무인비행기 ② 무인헬리콥터 ③ 무인멀티콥터 ④ 무인비행선

40 다음 중 축동력기관이 아닌 것은?

① 왕복기관(reciprocating engine) ② 터보제트 기관(turbojet engine)
③ 터보프롭 기관(turboprop engine) ④ 터보축 기관(turboshaft engine)

41 다음 중 터빈기관이 아닌 것은?

① 터보축 기관(turboshaft engine) ② 터보프롭 기관(turboprop engine)
③ 터보제트 기관(turbojet engine) ④ 터보팬 기관(turbofan engine)
⑤ 왕복기관(reciprocating engine)

해답

38. 2 **39.** 4 **40.** 2 **41.** 5

42 분사추진기관(jet propulsion engine)이 아닌 것은?

① 터보제트 기관(turbojet engine)　② 터보팬 기관(turbofan engine)
③ 램제트 기관(ramjet engine)　④ 터보 축 기관(turboshaft engine
⑤ 로켓 기관(rocket engine)

43 무인항공기 시스템으로 구분이 잘 못 된 것은?

① 비행체(Platform)
② 임무탑재장비(Payload)
③ 지상통제 통제장비(Ground Control Station)
④ 지상지원체계(Ground Supporting System)
⑤ 통신부(communication group)

44 드론시스템의 구조는 드론을 날게 하고, 각종데이터를 주고받고, 드론을 조종하고, 주어진 임무를 수행하는 위한 장비를 탑재하는 부분으로 나눌 수 있는데 다음 중 아닌 것은?

① 통신부　② 비행부　③ 제어부　④ 구동부　⑤ 페이로드

해답

42. 4　**43.** 5　**44.** 2

45 다음 보기(

① GPS Receiver ② propeller ③ Video transmitter
④ Electric speed controller ⑤ Propeller motor ⑥ Camera
⑦ 3axes gimbal ⑧ Landing gear ⑨ Flight controller

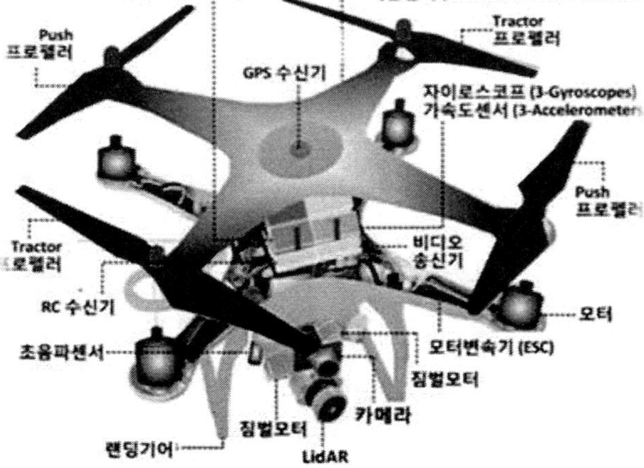

46 다음 보기에서 아래 드론의 부분명칭을 써라.

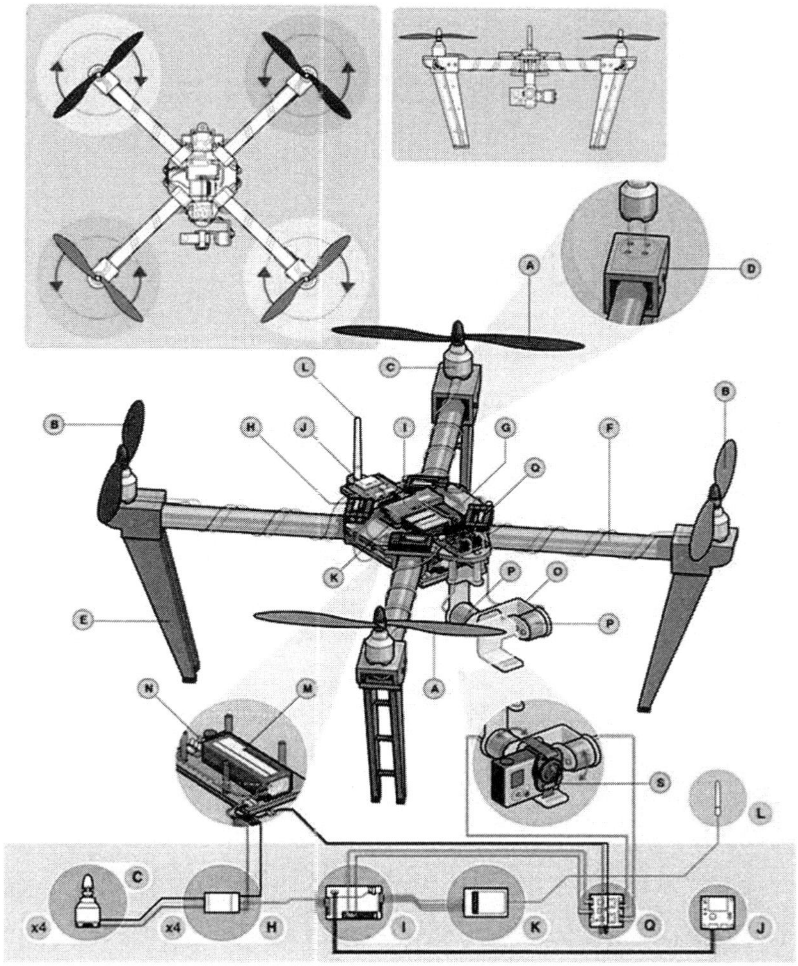

A. 끌기형(표준)프로펠러
B. 밀기형 프로펠러
C. 모터
D. 모터 마운트
E. 착륙장치
F. 지지대
G. 몸통
H. 전자속도 제어기(ESC)
I. 비행조종기
J. GPS 모듈
K. 수신기
L. 안테나
M. 건전지
N. 전원 모니터
O. 짐벌
P. 짐벌 모터
Q. 짐벌 제어기
R. 카메라

※ 다음은 고정익 드론의 평면 형태를 보여 주고 있다. 물음에 답하라.

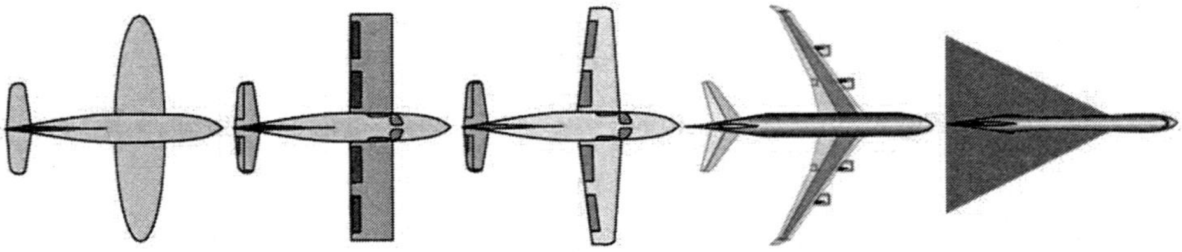

(a) 타원 날개 (b) 사각 날개 (c) 테이퍼 날개 (d) 뒤젖힘 날개 (e) 삼각 날개

47 초음속 비행(supersonic flight)에 적합한 날개 형태는?

① 타원 날개 ② 사각 날개 ③ 테이퍼 날개
④ 뒤젖힘 날개 ⑤ 삼각 날개

48 천음속 비행(transonic flight)에 적합한 날개 형태는?

① 타원 날개 ② 사각 날개 ③ 테이퍼 날개
④ 뒤젖힘 날개 ⑤ 삼각 날개

49 드론을 이착륙 방식에 의해 분류할 때 잘못 된 것은?

① 수직 이착륙 무인 비행체는 회전익 무인 비행체와 틸트로터 무인 비행체 등이다.
② 활주 이착륙 무인 비행체는 주로 고정익 무인 비행체다.
③ 활주이착륙 무인비행체는 주로 로터 블래이드를 구동하는 무인비행체다.
④ 보조장치 이착륙 무인 비행체는 발사대 이륙 또는 손으로 던지는 방식의 고정익 무인 비행체다.

50 다음은 드론을 에너지원에 의한 분류다. 잘못 된 것은?

① 화석연료 무인 비행체-왕복기관, 터빈기관
② 축전지 무인 비행체-전기모터 ③ 수소연료 무인 비행체-왕복기관 또는 전기모터
④ 하이브리드 무인 비행체-내연기관과 전기모터 ⑤ 태양광 무인 비행체-외연기관

해답

47. 5 **48.** 4 **49.** 3 **50.** 5

제2장

드론 물리량

2.1 물리량의 단위

• 드론공학에서는 드론의 물리량을 정성적 또는 정량적으로 나타내는 기본적인 차원과 단위를 이해하고, 각 물리량을 정확하게 나타내는 것이 필요하다.

• 물리량(physical quantity)이란 물리현상을 양적으로 기술하기 위하여 사용되는 숫자다. 예를 들면 자신을 양적으로 나타내는 물리량은 몸무게인 체중과 신장인 길이인 것처럼 드론에 대해서도 물리량이 필요한데 이러한 표준이 바로 기본단위(basic unit)다.

1) 차원과 단위

• 물리량을 정성적(定性的)으로 나타내는 것이 차원(次元:dimension)이라면 정량적(定量的)으로 나타내는 것이 단위(單位:unit)이다. 따라서 차원적으로 일치해야 하는 물리량에는 반드시 일관된 단위를 사용해야 한다.

• 역학에서는 통상 기본 차원으로써 길이(L: length), 시간(T: time), 그리고 질량(m: mass)을 사용한다. 이러한 기본 차원을 이용하면 여러 가지 다른 물리량들을 나타낼 수 있다. 즉 힘(F: force)은 $[mLT^{-2}]$로 가속도(a: acceleration)는 $[LT^{-2}]$이다.

• 차원을 나타내는 단위계로는 절대 단위계(absolute system of units)와 중력 단위계(gravitational system of units)가 있다.

– 절대 단위계는 힘의 단위가 표준 질량의 위치에 무관하다는 의미이고 중력 단위계는 표준 질량이 지구 중력장의 세기가 지구 위치에 따라 변하므로 표준 질량이 받는 힘의 크기는 그 위치에 따라 변하는 것을 고려한 단위계이다.

• 기본차원을 나타내는 단위체계에는 절대 단위계 개념을 도입한 국제표준단위(International system of units)인 SI(system International)단위계와 중력 단위계를 사용하는 영국 단위계(British unit)가 있다.

차원	SI 단위계	영국 단위계
질량(mass: m)	kg	slug 또는 lb_m
길이(length: L)	m	ft
시간(time: t)	s	s

· 계량의 기준이 되는 단위는 국제표준단위가 법정계량단위이다.

– 법정계량단위는 기본단위, 유도단위, 보조단위, 특수단위로 구분한다.

– 기본단위는 국가표준기본법 제10조에서 규정한 다음의 7개 단위이다.[1]

· 국제단위계(SI)는 국제적으로 확립된 길이, 무게, 부피 등에 대한 단위체계로 "m(미터; 길이), kg(킬로그램; 질량), s(초; 시간), K(켈빈; 온도), cd(칸델라; 광도), A(암페어; 전류), mol(몰; 물질량)" 등 7개 단위를 기본으로 한다.[2]

또한, 기본단위 등의 조합으로 이루어진 유도단위 57개와 십진배수나 분수 등을 나타내는 보조단위 31개 및 특수한 용도에 사용이 허용된 특수단위 47개를 계량에 관한 법률에서 규정하고 있다.[3]

1 국가표준기본법 제10조

2 www.bipm.org/en/si/base_units/

3 www.kasto.or.kr

구 분	내 용	비 고
기본단위	기본이 되는 7개의 단위	m, kg, s, A, K, mol, cd
유도단위	기본단위의 조합으로 이루어진 단위	㎡(넓이), m/s(속도), kg/㎥(밀도), mol/㎥(농도)
보조단위	기본단위 및 유도단위를 십진배수 또는 분수로 표시한 단위	m(밀리10-3), μ(마이크로10-6), k(킬로103), M(메가106) 등
특수단위	특수용도에 사용이 허용된 단위	해리(1,852 m), ha(헥타아르104 ㎡) 등

• 세계 물리학자와 공학자가 공식적으로 사용하는 단위계는 미터단위계인 국제시스템(International System) 혹은 SI(system International)단위다. SI 단위의 시초는 1790년 프랑스에서 발명된 십진미터법이 그 시효다. 1874년 과학 분야에서 CGS(cm-g-s)단위계를 도입하였고 이후 1901년 MKS(m-kg-s)단위계가 채택되었다

• 하지만 드론 분야에서 여러 가지 물리량을 정의할 때는 이상과 같은 기본차원의 두 단위계를 겸용하도록 한다. 왜냐하면 계량에 관한 법률에서는 수출물품 또는 수출을 위하여 수입하는 물품, 선박 · 항공기 또는 군용물품, 연구 · 개발에 이용되는 물품의 계량에는 비법정 계량단위를 사용할 수 있도록 예외 조항을 두었기 때문이다.

• 아직도 항공산업 현장이나 많은 공학서적들이 이 두 단위계를 혼용하고 있기 때문에 우리 스스로 이러한 단위계에 적응력을 키워 나가야 하기 때문이다. 따라서 서로 다른 단위 간의 환산을 다음과 같다.

구 분	법정단위	비법정단위	환산단위
길이	• 미터(m) • 센티미터(cm) • 킬로미터(km)	• 자(尺),마,리(里) • 피트, 인치 • 마일, 야드	1 자 ≒ 30.303 cm 1 피트 = 0.304 8 m 1 인치 = 25.4 mm 1 마일 = 1.609344 km 1 야드 = 0.914 4 m
길이	• 제곱미터(m2) • 제곱킬로미터(km2) • 헥타아르(ha)	• 평(坪), 마지기 • 정보 및 단보 • 에이커	1 평 ≒ 3.3058 m2 1 정보 = 9917 m2 1 에이커 = 4046 m2

부피	• 세제곱미터(m^3) • 세제곱센티미터(cm^3) • 리터(L 또는 l)	• 홉, 되, 말 • 석(섬), 가마 • 갈론	1 되 = 1.8 L 1 말 = 18 L = 18 039 ㎤ 1 갈론 = 3.785 L
무게	• 그램(g) • 킬로그램(kg) • 톤(t)	• 근(斤), 관(貫) • 파운드, 온스 • 돈, 냥	1 근 = 600 g = 0.6 kg 1 관 = 3 750 g = 3.75 kg 1 파운드 = 453 g = 0.453 kg 1 온스 = 28.349 g = 0.028 kg 1 돈 = 3.75 g (1 냥 = 10 돈)

2) 단위 표기법

• 단위기호는 국제적으로 공통이며 같은 방법으로 표기한다.

– 본문의 활자체와는 관계없이 단위기호는 로마체(직립체)로 양의 기호는 이탤릭체(사체)로 쓴다. 일반적으로 소문자로 쓰나 명칭이 고유명사에서 유래된 것이면 기호의 첫 글자는 대문자이다.

보기 양 : m (질량), t (시간) 등

단위 : kg, s, K, Pa, GHz, 등

– 단위기호는 복수의 경우에도 변하지 않으며, 마침표 등 다른 기호나 다른 문자를 첨가해서는 안 된다.

다만 문장의 끝에 오는 마침표는 예외다.

보기 – kg 이며 Kg 이 아님

– 5 s 이며 5 sec. 5 sec, 또는 5 secs가 아님

– gauge 압력을 표시할 때는 600 kPa (gauge)이며 600 kPag로 쓰지 않는다.

– 어떤 양을 수치와 단위기호로 나타낼 때 그 사이를 한 칸 띄어야 한다. 다만, 평면각의 도, 분, 초의 기호와 수치 사이는 띄지 않는다.

보기 – 35 mm 이며 35mm가 아님

– 32 ℃ 이며 32℃가 아님

– 25°, 25°23′, 25°23′27″ 등은 옳음

잠깐!

노트(knot)란?

1 노트는 1 시간에 1 해리, 즉 1,852 m를 가는 속도를 말한다.
(1,852 m / 3,600 s = 0.51 m/s)
1 해리는 1,852 m로 지구 자오선 위도 1 '의 평균거리를 의미한다.
위도는 적도를 0도로 하여 남과 북으로 각각 90 도로 나뉘는데 1 도
사이의 거리가 평균 111 km다. 이를 60 등분한 거리가 1 '인 1,852 m다. 이는 원래 배가 항해할 때 쓰는 단위다. 배의 속도를 재기 위해 끈에 일정 간격으로 매듭(knot)을 짓고 일정시간 동안 풀려 나간 끈의 매듭수를 세어 배의 속도를 측정한 데서 유래했으나 오늘날 항공용어로 많이 사용된다.

잠깐!

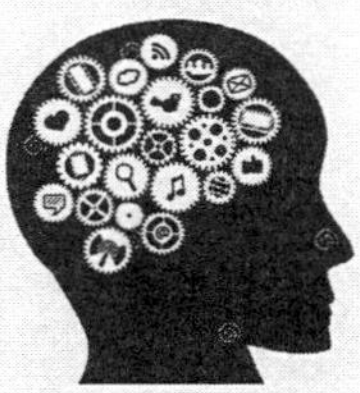

단위를 잘 못 사용하여 일어 난 사고사례들을 살펴보자.

• 미국의 도량형과 관련된 가장 충격적이고도 상징적인 사건은 Mar Climate Orbiter 사건이다. 1999년 9월 화성궤도를 돌다가 화성에 착륙할 예정이었던, 미국의 우주선 Mars Climate Orbiter는 최저고도를 잘 못 설정하여 추락하였다. 1억2천5백만 달러가 한순간에 우주먼지가 된 것이다. 미 항공우주국(NASA)의 개발팀들 중 일부는 미터법을, 일부는 feet-mile 단위를 사용했던 탓에 생긴 단위착오에 의한 사고로 밝혀졌다.

• 우리나라의 K항공사 화물기가 중국 공항에 착륙을 시도하다 추락한 사고가 발생했다. 사고원인은 부조종사가 중국의 고도단위는 미터인데 본인이 익숙한 피트로 고도를 순간적으로 착각한 상태에서 무리하게 하강을 시도하다 사고가 났었다.

• 미국과 캐나다 국경 지역에서는 자동차 사고가 종종 발생한다. 그 원인들을 분석해 보면 미국은 속도제한표시가 마일(mile)이고, 캐나다는 킬로미터(km)로 표시되어 있다. 국경을 넘은 운전자가 단위를 마일과 미터를 서로 착각해 과속하다 사고가 발생하고 생명을 잃는 경우가 있다.

• 크기를 나타내는 접두어는 다음과 같다.

SI접두어	기 호	크 기	어 원
exa	E	10^{18}	6 (기리시아어, hex)
peta	P	10^{15}	5 (" , pente)
tera	T	10^{12}	이상한 것 (" , teras)
giga	G	10^{9}	거인 (" , gigas)
mega	M	10^{6}	크다 (" , megas)
kilo	k	10^{3}	1000 (" , knilio)
hecto	h	10^{2}	100 (" , hekaton)
deca	da	10^{1}	10 (" , deka)
deci	d	10^{-1}	10 (라틴어, decem)
centi	c	10^{-2}	100 (" , centum)
mili	m	10^{-3}	1000 (" , mile)
micro		10^{-6}	미소 (" , micron)
nano	n	10^{-9}	소인 (" , nannos)
pico	p	10^{-12}	소량 (" , picus)
femto	f	10^{-15}	15 (스칸디나비아어, femten)
atto	a	10^{-18}	18 (" , atten)

일상의 세계: 1m(10^{-2}cm), 1 나노메터(nm)는 10억 분의 1m
미시의 세계: 세포(10^{-4}), 바이러스(10^{-6}), 단백질(10^{-7}), 분자(10^{-9}), 원자(10^{-10})
양자의 세계: 원자핵(10^{-14}), 양성자나 중성자(10^{-15} 펨토미터), 전자(10^{-18}), 쿼크(10^{-19})

2.2 물리량 알아보기

1) 물리량의 분류

가. 크기와 방향에 따른 분류

• 물리량에는 크기만 있는 스칼라 물리량과 크기와 방향을 갖는 벡터 물리량이 있다.

• 스칼라(scalar)물리량은 단위를 가진 크기만 있는 물리량으로 온도(temperature), 압력(pressure), 밀도(density), 열(heat), 체적(volume), 속력(speed), 칼로리(calorie), 일(work), 에너지(energy), 거리(distance) 등이 있다.

• 벡터(vector)물리량은 크기뿐만 아니라 방향에 의하여 결정되는 물리량으로 속도(velocity), 가속도(acceleration), 힘(force), 운동량(momentum), 중력(gravity), 자기장의 세기(magnetic fieldintensity), 그리고 변위(displacement)등이 있다.

• 따라서 스칼라 물리량을 계산할 때와 벡터 물리량을 계산할 때 그 셈법도 달라야 한다.

나. 역학의 분류

• 역학(力學, mechanics)이란 물체(material)사이에 작용하는 힘(force)과 운동(motion)의 관계를 연구하는 학문을 말한다. 따라서 역학의 핵심요소는 물체, 힘, 그리고 운동이다. 드론역학은 드론이라는 물체에 힘이 가해졌을 때 드론이 어떻게 비행하느냐를 해석하는 것이 드론역학이다.

• 자연계에서 일어나는 운동은 여러 물체들 사이의 힘의 상호 작용에 의해 일어난다. 그래서 역학(mechanics)을 우선 정역학(statics)과 동역학(dynamics)으로 나눈다.

• 정역학은 힘을 받은 물체가 정지하고 있을 경우다. 힘을 받은 물체가 정지해 있거나 변형하는 것은 운동의 특별한 경우에 해당한다.

• 동역학은 힘을 받은 물체가 움직이고 있을 경우다. 동역학은 운동학(kinematics)과 운동역학(kinetics)으로 분류한다. 전자는 운동의 원인보다 운동자체를 기술하고, 후자는 물체에 작용하는 힘의 원인과 이로 인한 운동관계를 기술한다.

다. 역학 요소들의 분류

• 역학의 주요 3요소인 힘(force), 물체(material), 그리고 운동(motion)을 보다 세부적으로 분류하면 다음과 같다.

▶ **힘(force)의 분류**

• 힘에는 체적력(body force)과 표면력(surface force)이 있다.

① 체적력: 중력(gravity force)과 자력(magnetic force)

② 표면력: 전단력(shear force), 수직력(normal force), 표면장력(surface tension force)

▶ **물체(material)의 분류**

• 물체 또는 재료(material)에는 고체(solid), 또는 유체(fluid)가 있다.

· 고체와 유체의 구분은 전단력(shear force)이 작용할 때 만 변하는 것은 고체이고, 전단력이 작용했을 때 지속적으로 변형이 일어나면 유체라 한다.

▷ **고체(solid)**

① 강체(rigid body): 외력에 의한 질점 간 거리의 변화가 없는 것

② 변형체(deformation body): 탄성변형체와 소성변형체

– 탄성변형체(elasticity body): 변형을 일으키는 외력이 사라졌을 때 변형전의 상태로 돌아가는 물체

– 소성변형체(plasticity body): 변형을 일으키는 외력이 사라져도 변형전의 상태로 돌아가지 않는 물체

▷ **유체(fluid)**

① 유체는 물질이 존재하는 물리적 형태의 상(phase)에 따라 액체(liquid)와 기체

(gas)구분된다.

② 전단력과 변형률의 속도에 따라 뉴턴 유체(Newtonian fluid)와 비뉴턴 유체(non newtonian fluid)로 나눈다.

- 뉴턴 유체(Newtonian fluid) : 물과 공기처럼 전단력과 변형률의 속도가 선형적인 물체
- 비뉴턴 유체(non newtonian fluid): 화공약품과 같이 전단력과 변형률의 속도가 비선형적인 물체

③ 유체역학은 유체정역학(fluid statics)과 유체동역학(fluid dynamics)으로 구분한다.

④ 흐름의 물리적 특성에 따라 압축성 흐름(compressible flow)과 비압축성 흐름(incompressible flow), 그리고 점성흐름(viscous flow)과 비점성흐름(inviscid flow)으로 분류한다.

⑤ 유체흐름의 경로에 따라 내부흐름(internal flow)과 외부흐름(external flow)으로 구분한다.

⑥ 공학적 응용에 따라 공기역학(aerodynamics), 기상학(metrology), 수력학(hydraulics), 수리학(hydrography) 등이 있다.

▶ 운동(motion)의 분류

- 어떤 물체의 운동(motion) 또는 변위(displacement)는 강체운동(rigid body motion)과 변형운동(deformation)으로 구분한다.

① 강체운동(rigid body motion): 모든 질점의 평균운동

- 선형운동(linear motion)
- 각 운동(angular motion)

② 변형운동(deformation): 질점간의 상대운동

- 탄성변형(elasticity deformation): 힘을 제거했을 때 원상복구
- 소성변형(plasticity deformation): 힘을 제거했을 때 영구변형

2) 여러 물리량

• 드론에 작용하는 가장 중요한 네 가지 힘(force)은 양력(lift), 항력(drag), 중력(gravity), 그리고 추력(thrust)이다. 이러한 힘들에 의해서 드론이 움직였다면 드론은 운동(motion)과 일(work)을 하게 되고 또한 드론이 일을 할 수 있는 잠재능력을 가졌다면 그것은 에너지(energy)로 나타내어지고, 단위시간 당 한 일은 일률(rate of work), 즉 동력(power)이다. 동력이란 힘에다 속도(velocity)를 곱한 값이 된다. 또한 단위면적 당 작용하는 힘은 압력(pressure)이다. 따라서 드론 물리량에서 힘과 이와 관련한 물리량을 이해하는 것은 드론공학에 있어서 아주 기본적이기는 하나 매우 중요하다.

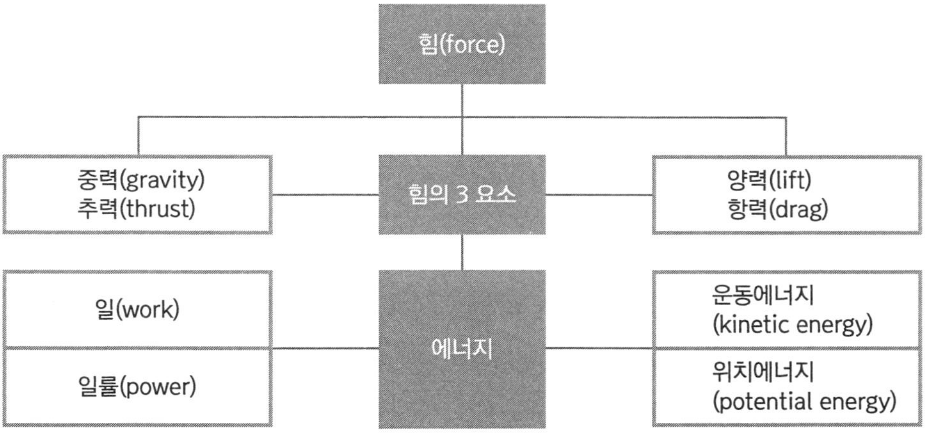

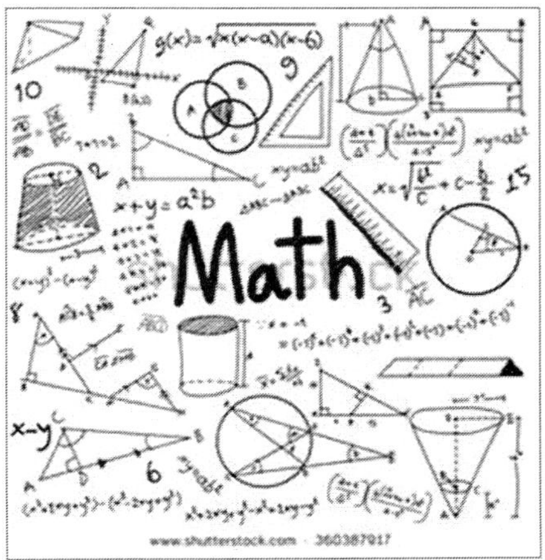

▶ 힘(force)

- 힘은 물체의 운동 상태나 모양을 변형시켜 주는 원인이 된다.
- 힘의 3요소는 크기와 방향과 작용점이다.
  - 물체에 힘이 주어질 때 이 세 요소를 다 알아야 한다.
  - 크기가 같고 방향이 반대인 나란한 두 힘의 작용선이 일치하면 두 힘은 평형을 이룬다. 그러나 작용선이 일치하지 않으면 짝힘이 생기고 물체는 회전하는 효과가 나타난다.
  - 드론의 경우 양력과 항력의 작용점은 공력 중심(aerodynamic center)이고, 중력의 작용점은 무게중심(center of gravity)이다.
  - 항공기에 작용하는 힘들이 평형이냐 짝힘이냐에 따라 비행이 달라진다.
- 물체(m)에 힘(F)이 작용하면 그 물체에는 힘의 방향으로 가속도(a)가 발생한다.

– 뉴턴의 운동 제2법칙: F=ma

- 힘의 단위는 N(뉴턴) 또는 kgf(킬로그램 힘)이다.
  - 1 N은 질량 1 kg의 물체가 마찰이 없는 수평면에서 1 m/s^2의 가속도운동을 하게 하는 힘이다. 1 N=1 kg × 1 m/s^2
  - 1 kgf은 지구상에서 질량이 1 kg인 물체에 작용하는 중력의 크기 또는 들어올리는데 필요한 힘으로 그 물체의 무게와 같으며 9.8 N에 해당한다.

▶ 질량(mass)과 무게(weight)

- 질량(mass)은 장소에 따라 변하지 않는 물체 고유의 양으로 단위는 kg이다.
- 무게(weight)는 지구 중력에 의해 당겨지는 힘이다.
- 만약 1 kg의 드론이 9.8 m/s^2의 가속도를 가지고 떨어진다면 이 드론을 들어올리기 위한 최소한의 힘은 F=mg=(1 kg)(9.8 m/s^2)=9.8 N이다.
- 드론이 아래로 가속하게 하는 힘은 지구중력에 의해 당기는 중력인 드론의 무게다.

〈질량과 무게의 비교〉

물리량	식	단위	의미
질량(mass)	m	kg	물체의 고유한 양 (불변)
무게(weight) 또는 중력(gravity)	w=mg	kg_f N	만유인력(장소에 따라 변화)

▶ 거리와 변위

- 거리(distance)는 물체가 실제로 이동한 경로의 길이이다
- 변위(displacement)는 물체의 위치변화를 나타내는 물리량으로 출발점에서 최종 위치를 잇는 직선이다. 경로에는 무관하다.

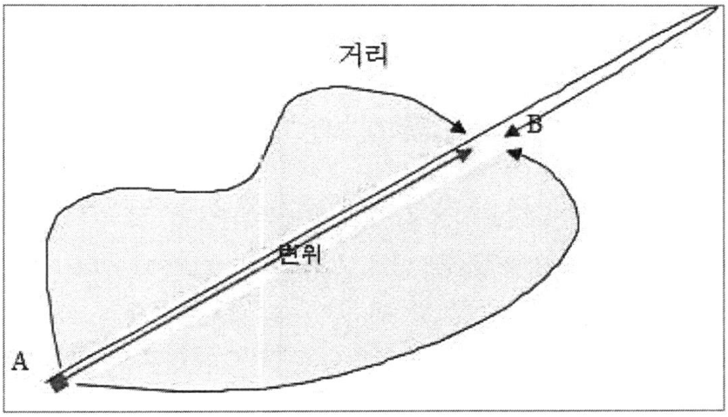

〈거리와 변위〉

▶ 속력과 속도

- 속력(speed)은 단위시간(1초)동안에 물체가 이동한 거리로 빠르기를 말한다.

$$\text{속력}(v) = \frac{\text{거리}(s)}{\text{시간}(t)} \quad (\text{m/s})$$

- 속도(velocity)는 단위시간에 일어난 물체의 변위로 속력과 방향을 함께 생각한 양이다.

$$속력(\overrightarrow{v}) = \frac{변위(\overrightarrow{s})}{시간(t)} \ (m/s)$$

속도의 (−)값은 반대 방향을 의미한다. 즉, 동쪽 10 ㎧ 속도가 v=+10 ㎧ 이면, 서쪽 10 ㎧ 속도는 v=−10 ㎧ 으로 표기된다.

- 예를 들면 드론이 비행을 할 경우 얼마나 빠르게 비행을 해야 하느냐를 말할 때는 스칼라 물리량인 속력(speed)이지만 어떤 방향으로 얼마나 빨리 움직이는가를 말해야 할 때는 속도다.

잠깐!

- 수학에서 방정식은 함수관계로 표현하는데 **함수(function)**란 두 집합 x, y에서 x의 각 원소에 y의 원소가 하나씩 만 대응하는 관계들을 말한다. 집합 x를 함수 f의 정의역이라 하고, 집합 y를 함수 f의 공역이라 하여 y=f(x)로 나타낸다. 이러한 함수에는 크게 나누어 **스칼라함수**와 **벡터함수**가 있고 그 종류에는 삼각함수, 쌍곡선함수, 지수함수, 로그함수 등이 있다.
- **미분(differential)**이란 어떤 함수(스칼라 함수, 또는 벡터함수)의 순간 변화율을 의미하고, 기하학적으로는 곡선이나 곡면에 접하는 기울기를 나타낸다. 그래서 어떤 함수를 미분한다는 것은 물리적으로 순간변화율(rate of change), 즉 변화의 량을 구하는 것이고 수학적으로 미분계수(derivative) 또는 도함수를 구한다고 한다.

예: 속도(velocity) = $\frac{위치변화량}{걸린시간}$

□ 평균속도: $V_{ave} = \frac{x_2 - x_1}{t_2 - t_1} = \frac{\Delta x}{\Delta t}$

□ 순간속도: $V = \lim_{\Delta \to 0} \frac{\Delta x}{\Delta t} = \frac{dx}{dt}$

* 평균가속도($\frac{\Delta V}{\Delta t}$)와 순간가속도($\frac{dv}{dt}$) 여기에서 $\frac{dx}{dt}$, $\frac{dv}{dt}$ 을 미분항,

또는 도함수라 한다. 만약, 변수를 x로 함수를 y로 할 경우 $\frac{dy}{dx}$, 즉 y'으로 나타낸다.

▶ 가속도

• 가속도(acceleration)는 단위시간 동안의 속도 변화량이다.

$$\text{가속도}(a) = \frac{\text{속도변화}}{\text{시간변화}} = \frac{\Delta V}{\Delta t} = \frac{V-V_0}{t-t_0}\ (\mathrm{m/s^2})$$

• 가속도 운동의 예

① 속도의 크기만 변할 때

② 속도의 방향만 변할 때

③ 속도의 크기와 방향이 변할 때

• 가속도(a)가 일정할 경우 속도와 시간, 그리고 거리관계식 $a = \frac{V-V_0}{t-t_0}$

– t_0=0에서 시작한다면 $V=V_0+\mathrm{a}\ \mathrm{t}$이다. 시간(t)에 움직인 거리를 S라 하면 $S=V_{au}$ t 이다.

여기에서 평균속도는 $V_{av} = \frac{V+V_0}{2}$, 시간은 $t = \frac{V-V_0}{a}$ 이므로

$S = \frac{V^2 - V_{02\ a}^2}{}$, $S = V_0 t + \frac{1}{2}at^2$

예제 10 ㎧의 속도로 활주로에 착륙하여 40초 후 정지하는 고정익 드론이 있다.

① 이 드론의 가속도를 구하라.

처음속도 V_0=10 ㎧ ,나중속도 v = 0 (정지), t = 40 s

$a = \frac{v-v_0}{t} = \frac{0-10}{40} = -\ 0.25\ \mathrm{m/s^2}$

② 착륙에 필요한 최소 활주로길이를 구하라.

$S = v_0 t + \frac{1}{2}at^2 = 10m/s \times 40s + \frac{1}{2}(-0.25m/s^2) \times (40s)^2$

= 200m

③ 착륙 후 5 m/s의 속도가 될 때까지 이동한 거리를 구하라.

$v^2 - v_0^2 = 2as \rightarrow (5m/s)^2 - (10m/s)^2 = 2(-0.25m/s^2)s$

→ s = 150m

예제 고정익 드론이 이륙하기 위해서 평균가속도 상태에서 10초 동안 활주하였다. 활주거리는 얼마인가?

풀이 $S = v_0 t + \frac{1}{2} a t^2$

$S = 0 + \frac{1}{2} \times 4m/s^2 \times (10\ s)^2 = 200m$

▶ 일(Work)

- 일이란 물체에 힘(F)이 작용하여 물체가 힘이 주어진 방향으로 거리 (s)만큼 이동했을 때, "이 힘은 일을 했다"고 한다.
- 일 = 힘 × 힘의 방향으로 이동한 거리 ⇨ W = F s (J)
- 일의 단위는 J (Joule, 줄)이며, 1 J = 1 N.m 이다. 즉, 1 뉴턴의 힘을 가하여 1 m 이동하였다면 1 줄의 일을 했다고 한다.

▶ 에너지(Energy)

- 에너지(Energy)란 일을 할 수 있는 능력으로, 물체가 갖는 에너지의 양은 그 물체가 다른 물체에 할 수 있는 양으로 측정된다.

에너지 = 일

- 에너지 단위는 일의 단위와 같이 J(Joule)을 사용한다.
- 에너지(E)는 여러 종류의 에너지가 있으나 여기에서는 대표적인 에너지인 운동에너지(E_1)와 위치에너지(E_2)에 대해서만 학습한다.

$$E = E_1 + E_2$$

- 운동에너지(E_1); 정지한 질량m인 물체에 힘 F를 주어 s만큼 이동시켰을 때 속도를 v 라고 하면, 뉴턴의 제 2 법칙으로부터 $F=ma$이다. 질량 m에 힘 F를 주어서 미소 면적 ds만큼 이동한 거리를 적분하여 한 일을 구한다.

$$\int F\,ds = \int ma\,ds\ ,\ F\,s = m\int \frac{dv}{dt}\,ds$$

$$E_1 = m\int \frac{ds}{dt}\,dv\ ,\ E_1 = m\int v\,dv$$

$$E_1 = \frac{1}{2} m v^2$$

• 위치에너지(E_2) : 질량 m인 물체가 중력가속도 g로 높이 h만큼에 위치하고 있다면 이 물체의 위치에너지는 E_2 = mgh이다.

▶ **일률 (Power)**

• 일률(rate of work)이란 단위시간(1초)에 한 일의 양으로 동력(power)이라고도 한다.

• 시간 t 초 동안에 W의 일을 하였다면 일률(P)은 다음과 같다.

$$일률(P) = \frac{일(W)}{시간(t)} \quad \text{(Watt)}$$

– 일률 단위는 1 초 동안 1 J의 일을 했을 때 1 W(Watt)다.

– 1 W(Watt) = J/s

• 일률과 속도는 다음과 같이 고쳐 쓸 수 있다.

$$일률(P) = \frac{일(W)}{t} = \frac{힘(F) \cdot 거리(s)}{t} = Fv$$

$$P = Fv \quad \text{(F : 힘 , v : 속도)}$$

• 일률의 실용단위로 마력(HP, horse power)을 사용하기도 한다.

· 1 마력(HP)은 한 마리의 말이 하는 일률로 1초 동안에 75 ㎏의 중량을 1 m 움직일 수 있는 동력(75 ㎏.m/s) 단위다.

잠깐!

자유낙하(free falling)하는 총알의 속도는?

공중에 위협 사격한 총알이 다시 떨어질 때 이 낙하하는 총알에 맞으면 어찌될까? 자유 낙하하는 물체는 중력 때문에 점점 속도가 빨라진다. 지상 200m 에서 떨어지는 물체가 지표에 닿을 때 속도는 63 m/s다. 이는 진공 속에서 낙하할 때의 낙하속도다. 하지만 공기 중에서는 공기에 의한 항력(drag force)이 작용한다. 공기에 의한 항력은 낙하속도의 자승에 비례해서 증가하는데, 낙하속도가 점차 빨라져 공기에 의한 항력이 중력과 같아지면 물체는 그때부터 더 이상 빨라지지 않고 등속운동을 하게 된다.

이를 '종단속도'(Terminal Velocity) 라고 한다. 빗방울의 경우 종단속도는 약 0.3 m/s, 높은 곳에서 자유 낙하하는 농구공은 20 m/s다. 팔다리를 활짝 펴고 떨어지는 사람은 60 m/s인데 낙하산을 펴면 5 m/s가 된다. 진공에서는 새털이나 쇠공이나 똑같이 떨어지지만, 현실 세계에선 이처럼 달라진다.

M-16 자동소총 총알의 경우 탄두 무게는 10원짜리 동전과 비슷한 약 4g이다. 하늘을 향해 수직으로 발사했을 때 탄두가 총구를 떠나는 속도는 700 m/s, 즉 마하 2 정도다. 공기 마찰이 없다면 고도 24㎞까지 상승할 수 있지만, 실제로는 500 ~ 1,000m 정도에서 자유낙하를 시작한다. 자유낙하 하는 총알은 점점 가속 되다가 100m쯤 내려오면 종단속도에 이르게 되어 45 m/s에 도달하고, 이후 같은 속도로 낙하한다.

3) 회전운동

• 드론은 회전운동(回轉運動:rotational motion)을 하는 경우가 많아 회전운동에 관련된 물리량을 살펴보자. 먼저 드론에 장착된 프로펠러나 로터블레이드의 회전수는 분당회전수(RPM: Revolution Per Minute)로 나타낸다.

• 회전 운동은 원심력과 구심력이 작용한다. 원심력(遠心力)은 회전물체의 질량에 구심가속도 $\frac{v^2}{R}$ 를 곱한 것이다.

$$F_c = m\frac{v^2}{R}$$

• 예를 들어 길이가 1 m인 실(R=1 *m*)에 돌을 매달아 1초에 1바퀴씩 돌린다고 하자. 매달린 돌은 1초에 6.28 m ($2_\pi \cdot 1$ *m*)만큼 돌아가므로 중심에 대한 가속도는 다음과 같다.

$$\frac{v^2}{R} = \frac{(6.28m/s)^2}{1m} = 39.4\ m/s^2$$

• 이 값은 중력가속도의 거의 4배에 해당된다(4g). 이것이 의미하는 것은 돌아가는 돌의 속도는 자유낙하 하는 돌의 속도보다 4배의 가속도를 갖고 있다는 의미다. 그러면 4 g의 가속도를 발생시키기 위해 얼마나 많은 구심력이 요구될까? (돌의 질량)(4 g)가 되므로 만약 돌의 질량이 0.5 kg이라면 구심력은 0.5 kg×4 g = 2 kg×9.8 m/s² = 19.62 N 이다. 결국 0.5 kg의 돌이 4 g의 가속도를 가지고 돌기 위해서는 19.62 N의 힘을 지탱할 수 있는 장력을 가진 실이 준비되어야 한다.

▶ 라디안

• 회전축을 기술함에 있어 각 를 측정하는 가장 자연스러운 방법은 도(degree)가 아니고 라디안(radian)이다. 1 라디안은 원의 반지름과 같은 길이의 호를 원의 중심에서 마주 보는 각을 괄한다. 각 θ는 반경 r의 원에서 길이 s의 호를 마주 보는 각이다. 라디안의 단위로 표현한 값은 s를 r로 나눈 것과 같다.

$$\theta = \frac{s}{r} \quad \text{또는} \quad s = r\theta$$

• 라디안으로 표현된 각은 두 길이의 비율이므로 차원이 없는 순수한 숫자이다. 만약 s=3.0 m이고 r=2.0 m이면 도나 회전수로 측정한 각과 구별하기 위해 자주 1.5 rad이라고 쓴다. 완전한 한 회전(360°)은 2_π라디안에 해당한다. 따라서 $1rad = \frac{360^0}{2\pi} = 57.3^0$ 이다. 같은 방법으로 $180^0 = \pi\ rad$, $90^0 = \frac{\pi}{2}$ rad이다.

▶ 각속도

• 물체의 평균 각속도(average angular velocity) ω_{av}를 각 변위 $\Delta\theta = \theta_2 - \theta_1$와 Δt의 비율로 정의한다.

$$\omega_{av} = \frac{\theta_2 - \theta_1}{t_2 - t_1} = \frac{\Delta\theta}{\Delta t}$$

- 순간 각속도(instantaneous angular velocity) 는 Δt가 0으로 접근할 때 의 극한값 곧 t에 대한 의 미분도함수로 각속도를 다음과 같이 정의 한다.

$$\omega=\lim_{\Delta t\to 0}\frac{\Delta\theta}{dt}=\frac{d\theta}{dt}$$

- 통상 각속도라고 하면 평균 각속도가 아니고 순간 각속도를 말한다.
- 만약 θ가 증가하는 방향으로 회전하면 각속도는 양이고 θ가 감소하는 방향으로 회전하면 각속도는 음이다. 또한 각 θ가 라디안이면 각속도의 단위는 초당 라디안(rad/s)이다. 분당 회전수(rev/min 또는 RPM)와 같은 다른 단위들도 종종 사용된다. 두 가지 유용한 변환 식은

  $1\ rev/s=2\pi\ rad/s$ 는 $1\ rev/\mathrm{min}=1\ rpm=\frac{2\pi}{60}rad/s$ 이다.

  즉 1 rad/s는 약 10 rpm이다.
- 고정 축을 중심으로 회전하는 강체의 각속도(ω)와 그 강체 위에 있는 특정한 점의 선형 속도(V) 사이의 관계는 다음과 같다.

$$V=r\omega$$

단위는 순간 각속도의 크기인 rad/s이다. 점이 축으로부터 멀리 떨어질수록 선형 속력은 더 커짐을 알 수 있다.

▶ 각가속도

- 강체의 각속도가 변하게 되면 각가속도(angular acceleration)를 가지게 된다. 시각 t_1과 t_2에서 순간 각속도를 ω_1과 ω_2라고 하면 평균 각가속도(average angular acceleration) a_{av}는 시간 간격 $\Delta t=t_2-t_1$ 동안의 각속도 변화로 정의한다.

$$a_{av}=\frac{\omega_2-\omega_1}{t_2-t_1}=\frac{\Delta\omega}{\Delta t}$$

- 순간 각가속도(instantaneous angular acceleration) a는 Δt가 0으로 접근할 때 a_{av}의 극한값으로 각가속도를 정의 한다.

$$a=\lim_{\Delta t\to 0}\frac{\Delta\omega}{dt}=\frac{d\omega}{dt}$$

  각속도이므로 순간 각가속도는 다음과 같다.

  $a=\frac{d}{dt}\frac{d\theta}{dt}=\frac{d^2\theta}{dt^2}$ 이 각가속도의 일반적 단위는 rad/s^2이다.

2.3 대기의 주요 물리량

• 드론이 나는 3차원 공간을 지구 대기권(atmosphere)이라 한다. 지구를 둘러싸고 있는 대기는 고도 1,000km까지 대기를 구성하는 성분이 질소 78%, 산소 21%, 그리고 기타의 기체 1%를 함유하고 있으며 분자량도 거의 일정하다. 따라서 이 범위가 균질권(homosphere)이다.

• 그런데 드론이 비행할 때 발생하는 공기역학적인 힘들은 기단(氣團:air mass)의 특성에 의해서 주로 영향을 받게 된다. 이 기단의 가장 중요한 특성이 바로 압력(壓力:pressure), 온도(溫度: temperature), 밀도(密度:density), 그리고 점성(粘性:viscosity)이다.

1) 압력

• 기체의 압력(pressure)은 단위면적에 수직으로 작용하는 힘을 말한다. 작용하는 힘을 F, 면적을 S라 하면 기체의 압력 P는 다음과 같다.

$$P=\frac{F}{S}$$

• 압력은 단지 한 점과 또 다른 점에서 서로 다른 값을 갖는 어떤 점에서 정의된다. 그리고 어떤 점에 대해 가해지는 압력을 양(+), 점에 대해 바깥쪽으로 가해지면 음(−)의 값을 갖는다.

• 압력의 단위는 N/m^2, 혹은 $1b/ft^2$이다. 특별히 기체의 압력단위는 일상생활에서

많이 쓰는 파스칼(Pa), 헥토파스칼(hPa), 기압(atm)이 있다. 이들 사이에는 다음과 같은 관계가 있다.

$$1\ \text{Pa} = 1\ \text{N/m}^2,\ 1\ \text{hPa} = 10^2\ \text{Pa}$$

$$1\ \text{atm} = 1.013\ \text{hPa} = 1.013\times10^5\ \text{Pa} = 1.013\times10^5\ \text{N/m}^2$$

• 압력의 종류에는 대기압력, 계기압력, 절대압력이 있다. 우리 주위를 둘러싸고 있는 대기에 의한 압력을 대기압(atmosphere pressure)이라 한다. 이러한 대기압력 상태에 놓여 있을 때 대부분의 압력계기(pressure gage)는 0을 지시하고, 통상 대기압보다 높을 때 유체의 압력을 측정하게 되는데 이때의 압력이 계기압력(gage pressure)이다. 그리고 절대압력 (absolute pressure)은 계기압력과 대기압을 합한 압력을 말한다.

2) 온도

• 물체의 차고 더운 정도를 수량적으로 객관화하여 나타낸 것을 온도(temperature)라 한다. 우리가 가장 일반적으로 사용하는 온도는 섭씨온도(Celsius, ℃)다. 즉 1기압에서 순수한 물의 어는점을 0℃, 끓는점을 100℃로 하여 그 사이를 100등분하고 한 눈금을 1℃로 표시한 것이다.

• 반면 과학자들은 온도의 척도로 절대온도(absolute temperature)단위인 K(Kelvin)를 사용한다. 켈빈온도는 물체가 열을 받아 온도가 올라갈수록 분자운동이 활발해지고 내려갈수록 둔해지는데 물체의 분자운동이 어느 순간 멈추는 상태를 0 K로 정했다. 이 온도가 섭씨온도로 ℃에 해당한다. 절대온도의 눈금간격은 섭씨온도와 같으며, 섭씨온도와 절대온도 사이에는 다음과 같은 관계가 성립한다.

$$\text{K} = {}^\circ\text{C} + 237\ {}^\circ\text{C}$$

즉, 1기압에서 물은 절대온도 273 K에서 얼고 373 K에서 끓는다.

• 화씨온도(Fahrenheit, ℉)에서의 절대온도 단위는 Rankine(°R)이다. −460°을 분자운동이 정지하는 순간으로 하는 관계식은 다음과 같다.

$$^\circ\text{R} = {}^\circ\text{F} + 460\ {}^\circ\text{F}$$

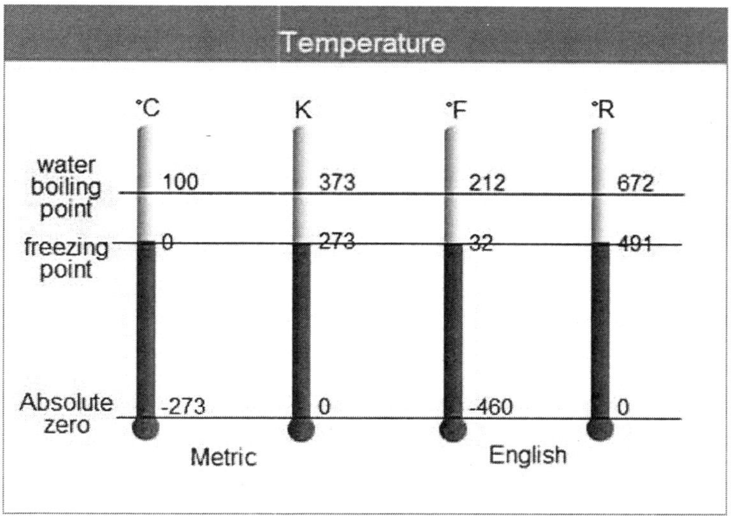

• 다음은 섭씨온도와 화씨온도의 변환 식이다.

$$°C=\frac{5}{9}(°F-32) \qquad °F=\frac{9}{5}(°C)+32$$

예제 68℉는 몇 ℃이고 절대온도 °R와 K으로는 각각 얼마인가?

풀이 $°C=\frac{5}{9}(68-32)=20$, K = 20 + 273 =293,
°R = 68 + 460 = 528, 참고로 528/293 =1.8, 즉 9/5 이다.

예제 표준대기온도 15℃는 화씨온도(℉)로는 얼마일까?

풀이 ℉=9/5(15) + 32 = 59

예제 화씨온도계와 섭씨온도계가 같은 값을 갖게 되는 온도는 얼마일까?

풀이 $°C=\frac{5}{9}(°F-32)$에서 ℃ = ℉ 라 놓으면
$°F=\frac{9}{5}(°F)+32, \quad °F=-40$

따라서 섭씨온도계와 화씨온도계는 영하 40도에서 같은 온도를 갖는다.

3) 밀도

• 드론이 날 수 있는 것은 공기의 밀도(density)가 존재하므로 가능하다. 공기의 밀도가 희박한 곳에서는 양력을 얻기에 충분하지 않기 때문에 드론의 비행은 불가능하다. 이처럼 밀도는 드론이 공기력을 얻는데 매우 중요한 요소 중의 하나이다.

• 밀도(density,p)는 단위체적(v) 당 함유하고 있는 물질의 질량(m)이다.

$$\rho = \frac{m}{V}$$, 밀도(ρ : rho), 질량(m) : kg, 체적(V) : m^3

• 국제 표준단위로는 $\rho = \frac{\text{kg}}{\text{m}^3}$, 영국 단위로는 $\rho = \frac{\text{slug}}{\text{ft}^3}$ 또는 $\frac{1\text{b}_m}{\text{ft}^3}$ 이다.

• 밀도의 역수는 비체적(specific volume:)으로 단위질량이 갖는 체적 (m^3/kg)이다.

• 비중량(specific weight)은 단위 체적이 갖는 유체의 무게이고, 비중(specific gravity)은 4℃인 순수한 물의 비중량을 기준으로 한 어느 유체의 비중량을 말한다.

4) 온도, 압력, 부피관계

• 온도가 일정할 때 기체의 부피(v)는 압력(P)에 반비례한다. 이것이 보일(Boyle)의 법칙이다. Pv = 일정

• 한편 기체의 부피는 온도에 비례한다. 이것이 샤를(Charles)의 법칙이다. 압력을 일정하게 유지시킨 상태에서 기체의 온도(T)가 1℃ 상승할 때마다 0℃일 때 기체부피(v_0)의 $\frac{1}{273}$ 씩 증가하였다.

$$v = v_0\left(1 + \frac{1}{273}T\right)$$

보일법칙과 샤를 법칙을 종합하면 기체의 부피는 절대온도에 비례하고 압력에 반비례한다. 기체의 부피 v, 압력 P, 그리고 절대온도 T

사이에는 다음과 같은 관계가 있다.

$$\frac{Pv}{T} = R \quad \text{또는} \quad P = \rho RT$$

• 이를 보일-샤를 법칙이라 한다. 보일-샤를법칙에 의하면 절대 온도 0K에서 모든 기체의 부피는 0이 되어야 한다. 그러나 기체분자는 유한한 크기가 있고, 충분히 가까운 거리에서 서로 힘이 작용하므로 부피가 0이 되지 않는다. 그래서 보일-샤를의 법칙이 온전하게 성립하는 기체를 이상기체(perfect gas)라 정의하였다. 그러므로 이 식을 이상기체의 상태 방정식(equation of state)이라 한다.

잠깐!

비행기도 더위를 타나요?

한여름 공항 활주로의 노면은 주변보다 5 ~ 10℃ 온도가 높다. 높은 기온은 공기 밀도를 낮추기 때문에 비행기 이륙에 필요한 양력을 떨어뜨린다. 이 때문에 비행기는 충분한 양력을 얻기 위해 활주로를 더 달려야 한다. 점보 여객기의 경우 평소에는 1,500 ~ 1,700 m의 활주로를 달리면 되지만, 40℃에 가까운 날씨에는 3,000m 이상을 달려야 된다. 이에 따라 이륙에 필요한 연료도 평소의 2배 이상을 소모하게 된다.

비행기 이륙 중량도 줄여야 하기 때문에 어쩔 수 없이 화물을 덜 싣게 된다. 30도 이상의 날씨에서는 기온이 2도 상승할 때마다 화물 탑재량을 2.5 ~ 3t씩 감량한다.

5) 점성

• 점성(粘性:viscosity)이란 유체의 끈끈한 정도를 말한다. 유체흐름을 방해하는 유체입자들에 의해서 생기는 유체의 내부마찰을 유발한다. 특히 공기의 점성은 공기 중을 비행하는 항공기 표면에 접하는 곳에서 매우 중요한 역할을 한다.

• 액체인 경우 온도가 증가하면 점도가 낮아지지만 공기의 경우는 온도가 상승하면 공기의 점도는 증가한다. 이러한 현상은 기체의 주된 점성원이 분자상호 간의 운동인데 비해 액체는 분자 간 응집력이 점성을 크게 좌우하기 때문이다.

• 공기역학에서는 밀도와 점도를 동시에 고려하여 점성의 정도를 나타내는 계수로써 절대 점성계수(absolute viscosity:)와 점성측정의 일반적인 형태로 사용되는 동점성

계수(kinematic viscosity:)가 있다. 두 점성계수 간의 관계식은 다음과 같다.

$$\text{동점성계수}(\nu) = \frac{\text{절대점성계수}(\mu)}{\text{시간}(\rho)}$$

• 실제비행에서 드론의 고도가 상승하면 공기의 절대 점성계수는 감소한다. 하지만 공기의 밀도가 더 빠른 비율로 감소하기 때문에 실제로 동점성계수는 고도상승에 따라 증가한다.

국제표준단위계 절대점성계수: $\mu = \frac{\mathrm{N/m^2}}{\mathrm{m}/(s \cdot \mathrm{m})} = \frac{\mathrm{N} \cdot s}{\mathrm{m^2}}$

동점성계수: $\nu = \frac{(\mathrm{N/m^2}) \cdot s}{(\mathrm{kg/m^3})}$ 또는 $\nu = \frac{\mathrm{m^2}}{s}$ $(\because 1\mathrm{N} = 1\mathrm{kg} \cdot \mathrm{m/s^2})$

영국단위계에서 절대점성계수: $\nu = \frac{1\mathrm{b}_f \cdot s/\mathrm{ft^2}}{(\mathrm{slug/ft^3})} = \frac{1\mathrm{b}_f \cdot s}{\mathrm{ft^2}}$

동점성계수: $\nu = \frac{1\mathrm{b}_f \cdot s/\mathrm{ft^2}}{(\mathrm{slug/ft^3})}$ 또는 $\nu = \mathrm{ft^2/s}$ $(\because 1\mathrm{lb}_f = 1\mathrm{slug} \cdot \mathrm{ft/s^2})$

2.4 대기권의 구분

• 태양계 위성 중의 하나인 지구를 중심으로 지구표면에 가장 가까운 층이 대기권(atmosphere)이다. 대기권은 공기가 있는 곳으로 추정되는 약 1,000 km 상공까지이고, 이 대기권 밖은 공기가 없는 외계다.

• 대기권(atmosphere)의 구분은 지상에서 상공 11 km까지를 대류권(troposphere), 11 km에서 50 km까지를 성층권(stratosphere)이라 하고, 대류권과 성층권 사이를 대류권계면(tropopause)이라 한다. 고도 50 km에서 80 km까지는 중간권(mesosphere), 성층권과 중간권 사이는 성층권계면(stratopause)이라 한다.

• 고도 80 km에서 300 km까지는 열권(thermosphere), 중간권과 열권 사이에는 중간권계면(mesopause)이 있다. 열권 그 이상의 고도는 외기권(exosphere)이라하고, 열권계면(thermopause)은 열권과 외기권 사이에 있다.

• 드론이 비행 가능한 고도는 통상 대류권과 성층권이다. 따라서 이 고도에 해당되는 대기에 관한 물리량은 국제민간항공기구(ICAO:International Civil Aviation Organization)에서 정하는 국제표준대기(ISA:International Standard Atmosphere)자료를 사용한다.

1) 대류권(對流圈 : troposphere)

• 지상에서부터 약 11 km까지의 높이로 공기의 대류현상에 의해 복잡한 기상변화가 일어나는 것이 특징이다. 이 고도에서 대부분의 드론이 날기 때문에 구름의 형성이나 눈이나 비가 오고 바람이 부는 데 많은 관심을 갖는다. 특히 고도상승에 따라 기온,

기압, 그리고 공기밀도가 낮아진다.

특히 고도상승에 따른 온도체감률은 −6.5℃/km이다.

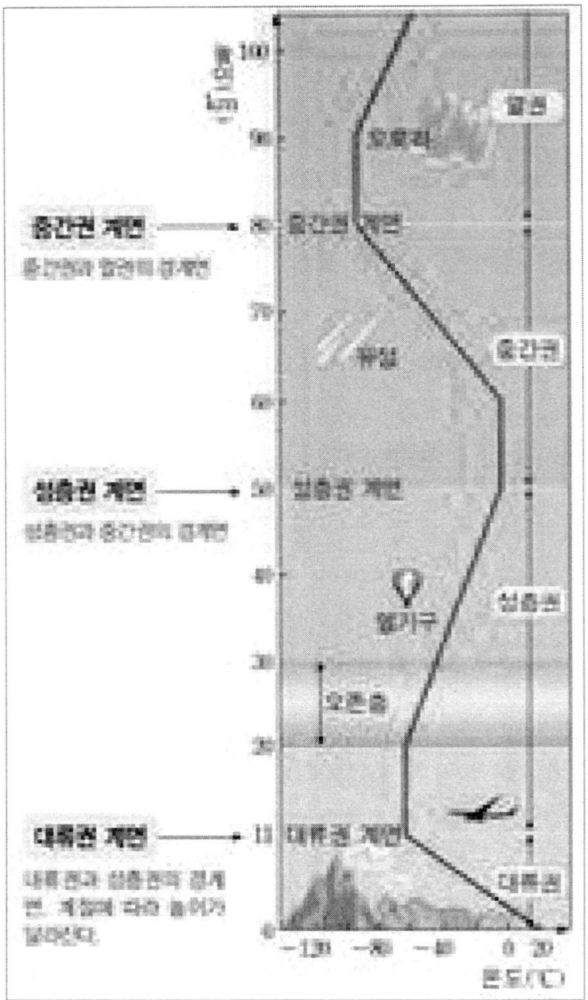

〈대기권의 구분〉

2) 성층권(成層圈 : stratosphere)

- 성층권은 지상으로부터 약 11 km에서 50 km 높이까지를 말하며, 고도상승에 따

라 기온변화가 거의 없고 비교적 기류가 안정된 층이다.

• 성층권은 하부성층권과 상부성층권으로 나뉘는데 하부성층권은 11 km에서 25 km까지로 공기의 대류현상도 거의 없다. 이 층의 기온은 섭씨 영하 50도 정도이며 기상변화가 거의 없기 때문에 국제선 여객기가 비교적 많이 비행하는 고도다. 지금까지 개발된 대부분 항공기의 비행고도는 하부성층권까지다.

• 상부성층권은 고도가 25 km에서 50 km에 이르는 층으로 섭씨 영하 50도의 기온이 다시 고도상승에 따라 증가하여 해면고도 상태의 기온까지 회복된다. 이 상부성층권은 오존(ozone)의 농도가 높아 오존권이라고도 하는데 고도가 높을수록 오존의 농도도 희박해진다. 상부성층권 위의 권계면(圈界面)을 성층권계면(成層圈界面: stratopause)이라 한다.

3) 중간권(中間圈 : mesosphere)

• 지상에서부터 약 50 km에서 80 km까지의 영역을 말하며 이 층에서는 상부성층권에서 해면 고도의 온도까지 거의 회복되었던 기온이 다시 고도 상승에 따라 기온이 감소하여 섭씨 영하 100도까지 감소하는 특징을 갖고 있다. 중간권의 상층부를 중간권계면(mesopause)이라고 부른다.

4) 열권(熱圈 : thermosphere)

• 열권은 고도 80 km에서 약 300 km까지의 공간이다. 중간권 권계면에서 영하 100도까지 낮아진 기온이 고도 상승과 더불어 올라가기 시작하여 지상 약 100 km되는 고도에서는 섭씨 영하 50도까지 회복된다.

• 열권의 특징은 기체가 이온화되어 전리현상(電離現象)이 일어나므로 이 층을 전리층이라고도 한다. 지상에서의 단파전파는 이 층에서 반사되므로 대기층을 통과할 수 있는 전파는 반드시 초단파나 극초단파여야 한다. 열권의 최고 상층부를 열권계면(thermopause)라고 한다.

5) 극외권(極外圈 : exosphere)

• 대기권의 최고 상층부를 말하는 것으로 지상에서부터 약 300 km 이상의 고도를 말한다. 공기입자가 아주 희박하여 공기입자의 평균자유운동 거리가 커지므로 공기입자간의 충돌도 없으며 대기권 외(outer space)의 진공상태로 흡수되는 층이다.

• 열권인 전리층보다 높은 곳에 있는 대전입자들이 지구자기장의 영향을 받아 운동하는 공간인 자기권이 형성되는데 태양 쪽은 태양풍의 영향으로 지구반지름의 약 10배 크기의 공간과 태양반대쪽은 지구반지름의 약 100배 정도의 크기의 공간이다.

• 또한 여기에는 지구자기장의 영향으로 대전입자들이 도넛 모양인 밴앨런대(Van Allen Belt)가 존재한다. 밴앨런대란 대전 입자들이 도넛 모양으로 밀집되어 있는 벨트로 우주에서 날아오는 태양풍(wind solar)의 고에너지 입자를 흡수하여 지구 생명체를 보호하는 역할을 한다.

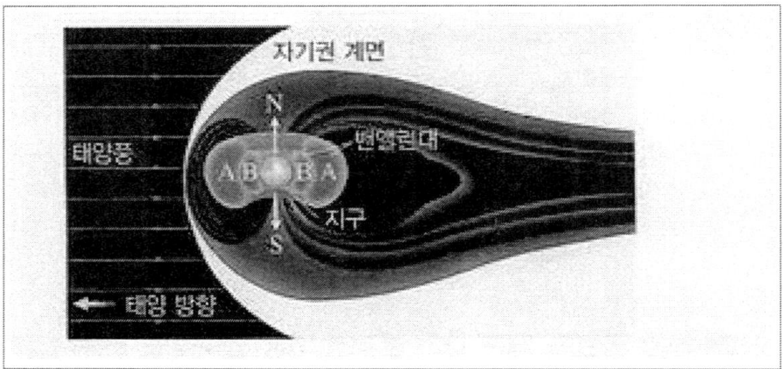

〈자기권과 밴앨런벨트〉

• 밴앨런대(Van Allen Belt)는 양성자가 주로 분포되어 있는 내대(Inner Van Allen Belt)와 전자가 주로 분포되어 되어있는 외대(Outer Van Allen Belt)의 2개 층으로 이루어져 있다.

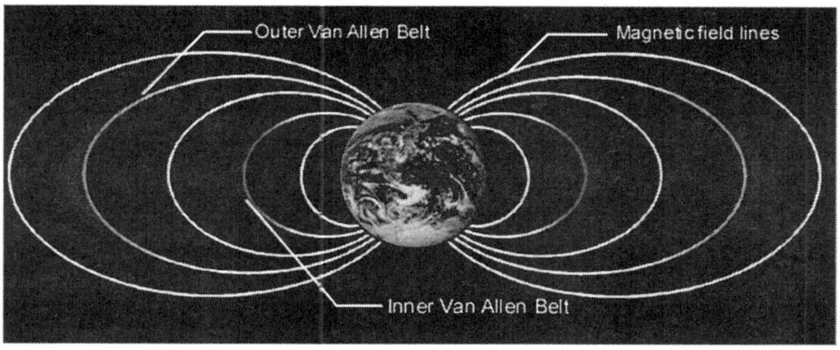

〈자기권과 밴앨런벨트〉

6) 표준대기

가) 해면고도에서의 표준대기

• 대기권은 그 구분에 따라 온도, 압력, 그리고 밀도의 변화가 달라진다. 대부분의 항공기가 비행하는 대류권의 경우 고도상승에 따른 온도체감률(溫度遞減率, temperature lapse rate)이 −6.5 ℃/km이다. 이러한 경향은 지표에서 약 10 km 높이까지 계속되는데 지표면에서 기온이 15 ℃일 경우 고도 10 km는 −50 ℃가 된다.

고도 상승에 따라 공기의 밀도 또한 지속적으로 감소하게 되어 공기가 희박한 상태에 이르게 된다. 이러한 결과로 공기력은 떨어지고 항공기의 성능저하로 이어져 비행에 제한을 받는다. 또한 고도 상승에 따라 기압이 낮아지므로 고고도 비행을 위해서 항공기는 여압장치가 필요하고, 기온 저하에 따라 항공기 기내를 상온으로 유지하는 장치가 필요하게 된다.

• 고도의 높낮이 뿐 만 아니라 지구 표면에서도 적도 부근과 남극과 북극 등의 기온차가 심하므로 표준대기를 설정할 필요가 있다. 따라서 고도는 해수면(sea level)을 기준으로 표준대기의 물리량인 압력(P_0), 밀도(ρ_0), 온도(T_0), 그리고 음속(a_0)의 값들은 다음과 같다.

〈제4차 산업혁명과 변화 동인〉

물리량	SI 단위계	영국 단위계
압력(P_0)	$1.103\times10^5 N/m^2$	$2.116\times1b/ft^2$
밀도(ρ_0)	$1.225kg/m^3$	$0.002378slug/ft^3$
온도(T_0)	288.0 k(15℃)	519°R(59°F)
음속(a_0)	340.0m/s	1.116 ft/s

• 표준 대기압 아래서 부피 당 공기질량이 1.2 kg이므로 무게는 약 12 N이 된다. 그러므로 부피를 갖는 어떤 물체의 질량이 1.2 kg보다 가벼울 경우 공중으로 부상한다.

잠깐!

표준 해발고도는 어떻게 재나?

산 높이나 비행 고도 등을 말할 때 '해발 몇 m'라고 한다. 해발고도는 말 그대로 바다로부터의 높이다. 그렇다면, 바다가 전혀 안 보이는 대륙 오지에서는 어떤 방법으로 해발고도를 잴까?

각 나라는 저마다 해발고도 측정을 위한 기준수면을 갖고 있다. 우리 나라는 인천 앞바다가 기준이다. 바닷물의 높이는 조석 해류 기압 바람에 따라 늘 변하지만, 몇년에 걸쳐 평균을 내면 '해발 0m'인 기준수면을 얻을 수 있다.

그 다음엔 이 기준을 가까운 육지 어디엔가 옮겨 표시해 놓아야 한다. 이것이 '수준원점'이다. 우리나라의 수준원점은 인천광역시 용현동의 인하공업전문대 구내에 있다. 웬만한 지각변동에 변하지 않도록 지반을 다진 뒤 박아놓은 일종의 대리석 기둥으로, 1963년 국립지리원이 설치했다. 수준원점은 모든 해발고도 측정의 기준이 된다는 것이지 그 자체가 '해발 0m'라는 뜻은 아니다. 이 수준원점, 즉 대리석 꼭대기 중앙 점의 정확한 해발고도는 26.6871m다.

이후 국립지리원은 수준원점을 출발, 릴레이식으로 높이를 비교해가며 국토 전역에 2㎞ 간격의 '수준점' 5천여 개를 설치했다. 국도변이나 시골 학교교정, 면사무소 화단 등지를 잘 살펴보면 소숫점 4자리까지 해발고도 가 적힌 대리석 수준점들을 발견할 수 있다. 측량사들은 이 수준점에 자(표척)를 세워놓고 멀리서 망원경(수준의)으로 들여다보면서 주변지형의 해발고도를 비교-측정한다.

나) 고도변화에 따른 표준대기

• 고도상승에 따른 표준대기는 대기의 유체정력학 방정식(流體靜力學式:hydrostatic equation)과 이상기체의 상태 방정식(equation of state)을 이용하면 고도 상승에 따른 대기의 물리적 상태량, 즉 온도, 압력, 밀도가 변하는 표준대기표를 작성할 수가 있다. 여기에서는 주로 비행고도가 되는 대류권 내에서 표준대기 계산식을 유도한다.

▶ 유체정력학 방정식

임의 고도 에 정지하고 있는 평면과 방향에 따라 고도가 변하는 공기요소에 대한 힘의 평형을 생각해 보자.

이 작은 공기요소에 작용하는 힘은 두 가지가 있다. 첫째는 공기요소표면에 작용하는 압력에 의한 힘(pressure force)과 공기요소 내 공기의 무게인 중력에 의한 힘(gravity force)이다. 요소 아래 면에서 위로 작용하는 압력을 p라 하면, 힘 p(dxdz)은 이고 요소의 윗면에서 아래로 작용하는 압력이 p+(dp/dy)dy이므로 힘은 [p+(dp/dy)dy](dxdz)이다. 따라서 순수한 압력에 의한 힘(net pressure force)은 다음과 같다.

• 순수한 압력에 의한 힘(net pressure force)

$$=p(dxdz)-\left(p+\frac{dp}{dy}dy\right)(dxdz)$$

$$=-\frac{dp}{dy}(dxdydz)$$

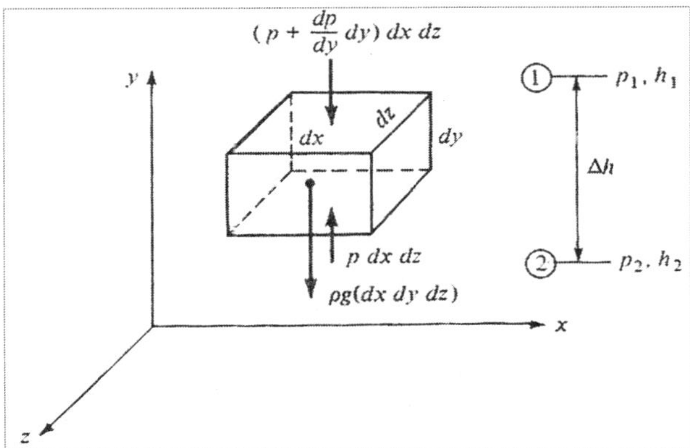

〈정지해 있는 공기요소에 작용하는 힘〉

다음은 중력에 의한 힘을 구하기 위해 먼저 공기요소의 질량을 구한다. 공기요소의 평균밀도(ρ)에 요소의 체적을 곱하면 질량은 [$\rho(dxdydz)$]이다, 여기에 중력가속도(g)를 곱하여 중력(gravity force)을 구한다.

$$\text{중력} = -\rho(dxdydz)\,g$$

정지한 공기요소가 힘의 평형상태(equilibrium)에 있으므로 작용하는 모든 힘의 합은 영이다.

$$-\frac{dp}{dy}(dxdydz) - g\rho(dxdydz) = 0$$

$$dp + g\rho dy = 0$$

고도변화는 y방향이므로 y를 고도(h)로 바꾸면 다음과 같다.

$$dp = -g\rho dh$$

고도변화(dh)에 대한 압력변화(dp)의 관계로 표현한 식이 바로 유체정력학방정식(hydrostatic equation)이다. 이 식은 표준대기표 작성이나, 열기구나 비행선의 부력 계산, 그리고 액주계(manometer)나 기압계(barometer) 등에서 매우 유용하게 사용한다.

예제 U자형 튜브의 수은 액주계를 풍동모델 날개 위에 있는 한 점에서의 압력을 측정하기 위해 장착하였다. 액주계의 한쪽은 모델과 연결되어 있고 액주계의 다른 한쪽은 대기에 열려 있다. 대기압이 1.01×10^5 N/m^{2}이고, 밀도가 1.36×10^4 kg/m^{3}일 때, 액주계 높이의 차이가 20cm이라면 날개 위의 압력을 계산하라.

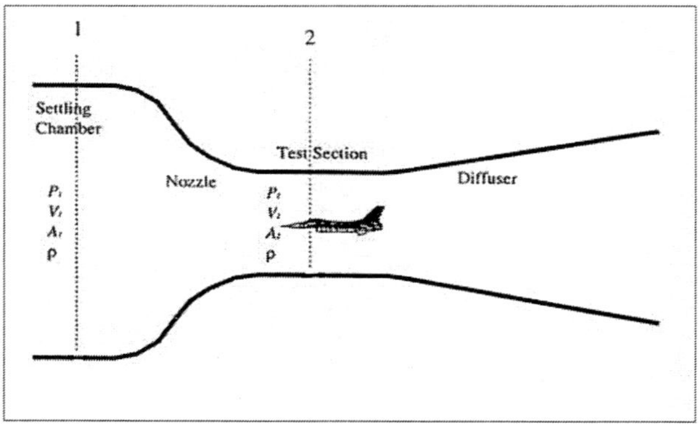

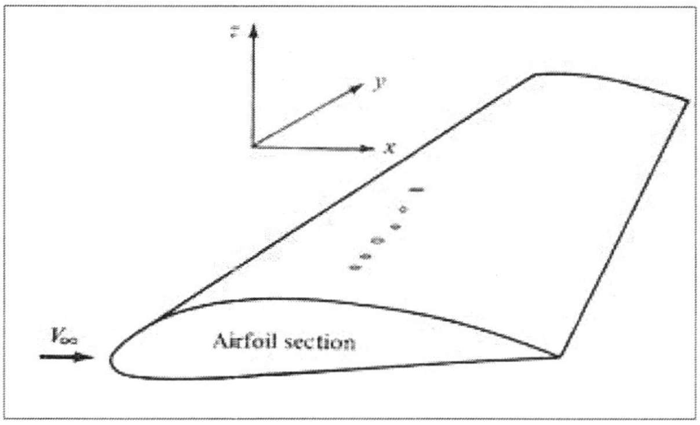

풀이 공기정역학식($dp=-\rho gdh$)으로부터 $P_2-P_1=\rho g\Delta h$ 대기압은 $P_1=1.01\times10^5$ N/m², P_2는 날개 위의 압력이다.

$$P_2=P_1-\rho g\Delta h$$
$$=1.01\times10^5\,N/m^2-(1.36\times10^4\,kg/m^3)\,(9.8m/s^2)\,(0.2m)$$
$$P_2=7.43\times10^4\,N/m^2$$

* 날개 위의 압력(P_2)이 대기압(P_1)보다 더 낮음을 알 수 있다.

2.5 운동법칙

1) 뉴턴의 운동 제 1 법칙

• 갈릴레이는 속도가 변하려면 원인이 있어야 한다고 했다. 물체가 외부로부터 영향을 받지 않는 다면 정지한 상태이거나 일정한 속도로 직선운동, 즉 등속도 운동을 해야 한다. 관성이란 물체가 현재의 상태를 그대로 유지하고자 하는 성질인데 이를 뉴턴은 관성을 제 1 법칙으로 삼았다.

• 관성의 법칙이란 물체에 작용하는 외력이 없거나 작용하는 알짜힘(합력)이 0일 때, 정지해 있던 물체는 계속 정지해 있고, 운동하던 물체는 계속 등속직선(등속도) 운동하는 것을 말한다. 관성의 크기는 물체의 질량에 비례한다.

• 갈릴레이의 사고실험(思考實驗) : 마찰 · 공기저항이 없다면 경사면을 내려온 공은 반대편 빗면의 같은 높이까지 올라간다. 그렇다면, 무한한 수평면에서는 공이 어디까지 굴러갈까? 이때, 공은 등속도운동을 할까?

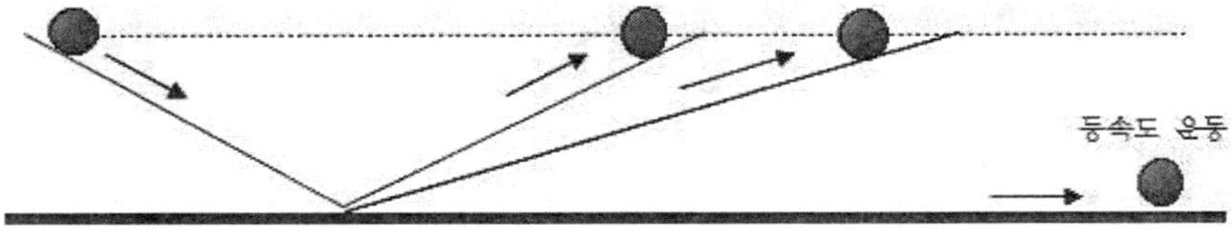

➡ 마찰이 없는 빗면에서 굴러 내려온 공은 반대쪽 빗면을 처음 높이까지 올라간다는 사실을 이용하여 갈릴레이가 상상한 실험방법이다. 이 실험의 수평면 구간에서 "수평면이며, 마찰도 없다"는 조건에 의해 공의 알짜 힘은 0 N이 된다. 이와 같이 운동하는 물체의 알짜 힘이 0 이면, 물체는 등속도 운동을 한다.

• 정지 상태를 유지하려고 하는 관성현상들은 다음과 같다.

① 정지해있던 버스가 급출발할 때 버스 안의 사람은 뒤로 넘어진다.

② 옷이나 이불의 먼지를 막대기로 턴다. (▷정지해 있던 먼지는 정지하려는 관성에 의해 갑자기 밀려난 옷과 분리된다)

③ 담배 재를 쳐서 턴다.(▷정지해 있던 담배 재는 정지하려는 관성에 의해 갑자기 움직인 담배 대와 분리된다)

④ 물이 든 컵을 미는 순간 컵 속의 수면이 기울어진다.

⑤ 대패의 머리를 때려 대패 날을 빼낸다.

⑥ 가벼운 카메라는 셔터를 누를 때 흔들리기 쉽다.(▷질량은 관성에 비례하므로)

⑦ 컵 위에 엽서를 얹고 그 위에 동전을 놓은 후 엽서를 순간적으로 빼내면 동전은 컵 속으로 떨어진다.

⑧ 쌓아놓은 물건의 가운데를 망치로 때리면 때린 부분만 빠진다.

⑨ 엘리베이터가 하강/상승하기 시작할 때, 그 안의 사람은 몸이 가볍게/무겁게 느껴진다.

⑩ 밥그릇 밑에 있는 식탁보를 갑자기 잡아당기면 밥그릇은 그대로 있고 식탁보만 빠져 나온다.

• 운동 상태를 유지하려고 하는 관성현상은 다음과 같다.

① 달리던 버스가 급정지할 때 버스 안의 사람은 앞으로 넘어진다./달리던 사람이 돌부리에 걸리면 앞으토 넘어진다.

② 망치, 도끼, 칼자루를 박을 때(▷운동하던 망치머리는 운동하려는 관성에 의해 갑자기 멈춘 자루 깊숙이 박힌다)

③ 삽으로 흙을 퍼서 던질 때 (▷삽 위에서 운동하던 흙은 계속 운동하려는 관성에 의해 갑자기 정지한 삽과 분리된다)

④ 애완용 강아지가 목욕 후 몸을 흔들어 물기를 턴다.

⑤ 달리던 자전거를 급정지시키기 어렵다.

⑥ 만년필을 흔들다가 갑자기 멈추면 잉크가 빠져 나온다.

⑦ 수은주를 내리기 위해 체온계를 흔들다가 갑자기 멈춘다.

⑧ 무거운 벽돌로 벽을 치면 빈손일 때보다 손이 더 아프다. (▷관성은 질량에 비

례하므로)

⑨ 기차 길의 레일은 바깥쪽이 더 높다.

⑩ 차가 커브를 돌 때 몸이 바깥쪽으로 쏠린다.(원심력)

2) 뉴턴의 운동 제 2 법칙

• 힘은 물체의 속도를 변화시키는 원인이다. 물체를 움직이려면 힘을 가해야 한다. 가속도는 물체가 받는 힘에 비례한다. 따라서 뉴턴의 운동 제 2 법칙은 가속도의 법칙이다.

• 물체에 힘이 작용하면 힘의 방향으로 가속되고, 이때 가속도 a는 힘 F에 비례하고 질량 m에 반비례한다.

• 운동 방정식: 힘 $F = ma$ (N)

① 물체의 질량이 일정하면 힘과 가속도는 비례 관계이다..

② 힘의 크기가 일정하면 질량과 가속도는 반비례한다.

③ 힘 F의 단위: 뉴턴(Newton, 기호 N)을 사용.

$$F = m\,a \rightarrow 1\ N = 1\ kg\ m/s^2$$

④ 질량과 무게

	기호	단위	뜻
질량	m	kg, g	관성의 크기를 수량화 한 것으로 물체의 고유한 양(불변)
무게 (=중력)	mg	kg중, g중 N, dyne	만유인력 (장소에 따라 변화)

※ 무게(=중력)는 힘 중의 하나다. 무게 1 kg 중 = 9.8 N (힘)

질량 1 kg의 물체에 1 kg중의 힘이 작용할 때, 이 물체의 가속도는 (9.8 m/s^2)이다.

▷ 1 kg 중 = 9.8 N이므로 $F = m\,a \rightarrow 9.8\ N = 1kg \times a$

$\therefore a = 9.8\ m/s^2$

• 힘은 운동량의 변화율(rate of momentum change)이다.

$$F=\frac{d(mv)}{dt}=m\frac{dv}{dt}+\frac{dm}{dt}V=m\dot{v}+\dot{m}v$$

3) 뉴턴의 운동 제 3 법칙

• 물체에 힘을 가하면 작용(action)과 반작용(reaction)은 항상 쌍을 이루며 서로 상대방에게 작용한다. 작용이 없으면 반작용도 없다.

① 물체 A가 B에 힘을 미치면(작용) 물체 B도 A에 동일 직선상의 크기가 같고 방향이 반대인 힘을 동시에 미친다.(반작용)

– 작용을 $\overrightarrow{F_A}$, 반작용을 $\overrightarrow{F_B}$ 라고 하면 $\overrightarrow{F_A}=-\overrightarrow{F_B}$

– 작용 반작용은 두 물체가 접촉 또는 떨어져 있는 경우도 성립한다.

– 작용 반작용은 힘의 작용점이 서로 다른(상대방) 물체에 있다.

(1물체에 1개씩) (두 힘의 평형: 작용점이 한 물체에 2개 존재하므로 합력은 0이다.)

잠깐!

우주비행사 무중력훈련방법은?

중력이 없는 우주선 안을 둥둥 떠다니는 우주비행사들은 우주비행을 떠나기 전에 지상 기지에서 무중력에 대비한 충분한 훈련을 받는다.

위아래 개념도 없고 무게도 느낄 수 없는 우주공간에서 실제 활동하는 것은 결코 쉬운 일이 아니기 때문에 우주비행사들은 사전에 무중력에 대비한 훈련이 필요하다.

그러면 무중력 훈련은 어떤 방법으로 하는 것일까. "공기를 모두 뺀 커다란 통 안이 무중력이 아니냐"고 착각하는 사람들이 있지만, 이는 무중력과 진공의 의미를 혼동하고 하는 말이다. 무중력은 지구가 물체를 끌어당기는 힘이 없는 상태를 뜻하는 것이지, 공기가 있고 없고를 말하는 게 아니다. 지구의 인력권으로부터 완전히 멀어지지 않는 한, 중력은 어떤 장치로도 차단할 수 없다.

미항공우주국(NASA)은 이런 무중력 상태를 인위적으로 만들기 위해 제트비행기를 이용한다. 비행기가 고공으로 날아오르다 급강하하면 순간적으로 무중력과 같은 상태가 된다. 놀이기구를 타고 올라갔다 내려 갈 때 허공에 붕 뜬 느낌이 드는 것과 마찬가지 원리다. 이때 강하하는 비행기에 계속 가속도를 붙이면 무중력 상태를 한동안 더 지속시킬 수 있다. NASA의 숙련된 조종사들은 이 상태를 30 ~ 60초까지 유지할 수 있다고 한다.

우주비행사들은 이처럼 짧은 무중력 상황을 반복해 만들어가며 훈련한다. 톰 행크스가 주연한 영화 [아폴로 13]에 나오는 무중력 장면들도 눈속임이 아니라 이와 똑같이 급강하하는 제트기 안에서 촬영됐다.

2.6 기상 물리

1) 대기 대순환

• 지구 규모의 대기 대순환은 위도에 따른 해양복사 에너지양과 지표복사 에너지양의 차이에서 비롯한 에너지 불균형에 의해 발생한다. 열에너지를 많이 받는 적도에서는 상승기류가 발달하고, 극지방에서는 하강기류가 발달한다. 또한 북반구의 지상에는 북풍이 불고, 남반구의 지상에는 남풍이 분다. 이것이 대기의 대순환 모델의 하나다.

• 지구자전의 영향으로 인한 전향력(코리올리의 힘)에 의해 대기 대순환 모델이 발생한다. 가스파르 코리올리(Gaspard de Coriolis, 1792~1843)는 자전하는 지구 표면 위에서 움직이는 물체는 코리올리 힘(전향력)의 영향을 받는다고 하였다. 코리올리 힘의 핵심은 지구위도에 따라 자전의 속도가 다르다는 점에 있다. 적도 둘레가 약 4만km인데 이 거리를 하루에 이동하므로 자전속도는 약 1,675km/h이나 각 위도에서의 자전속도는 다음과 같다.

〈각 위도에서의 자전속도〉

위 도	0°(적도)	10°	20°	30°	40°	50°	60°	70°	80°	90° (극)
자전속도 (km/h)	1,675	1,650	1,574	1,450	1,283	1,077	837	573	291	0

전향력의 운동방향은 북반부의 경우 지구자전 때문에 나타나는 전향력은 고위도로 갈수록, 물체의 운동속도가 빠를수록 크다. 따라서 지구 북반구에서는 지구표면 위에

서 움직이는 물체는 진행방향인 동쪽 힘을 받아 동쪽으로 휘어진다는 것이다.

• 이러한 코리올리 힘에 의해 지구에는 세 가지의 큰 대기흐름이 해들리(Hadley)순환, 페렐(Ferrel)순환, 그리고 극(polar)순환이다.

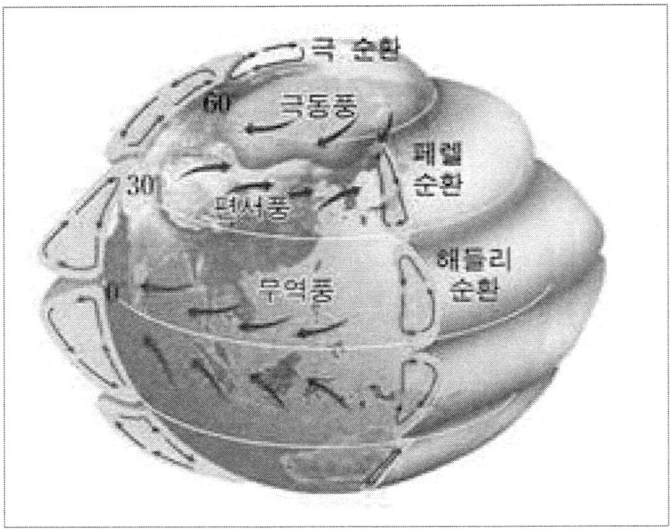

〈대기 대순환 모델〉

▶ 해들리(Hadley)순환

• 적도에서 상승하고 위도 30도에서 하강하여 다시 적도로 돌아오는 순환이다. 온도차에 일어나는 열적 순환으로 지표부근에서는 위도 30도에서 적도로 부는 무역풍(trade wind)이 발달하게 된다.
• 무역풍이란 범선이 교역을 하던 시대에 유럽에서 남서쪽 방향에 위치한 아메리카 대륙으로 가는데 유용했기 때문에 이를 무역풍이라 했다.

▶ 페렐(Ferrel)순환

• 열적 순환과 무관하게 일어나는 간접 순환으로 위도 30도에서 하강하여 고위도로 이동한 후 위도 60도에서 상승하는 순환이다. 지표면 부근에서는 위도 30도에서 위도 60도의 중위도 부근에서 발생하는 편서풍(westerlies)이 분다. 중위

도 상공의 편서풍은 적도부근의 따뜻한 공기와 고위도의 차가운 공기 사이에 위치하고, 지구자전의 영향을 받아 파동을 형성한다. 이러한 편서풍 파동 내의 축이 되는 좁고 강한 흐름이 제트기류(jet stream)이며, 편서풍 중에서 가장 밀도가 큰 대기 흐름이다.

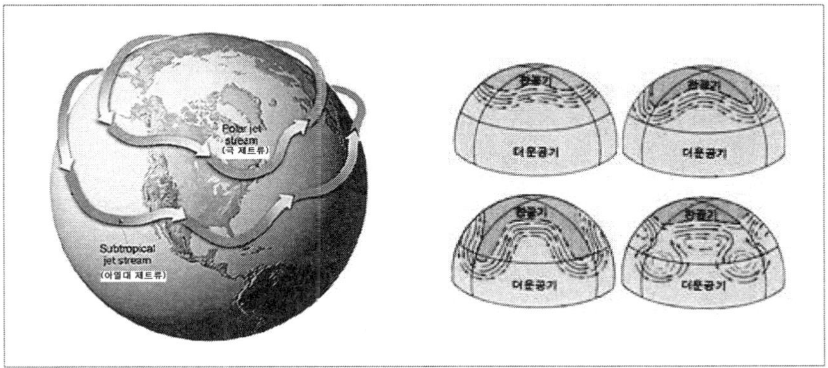

〈제트스트림 발생 지역과 변화〉

- 제트기류는 지표면 상공 11 km 부근에서 발생하는 서풍(西風)이다. 일반적인 속도범위는 180~270 km/h이며, 최대풍속은 540 km/h까지 불기도 한다. 대형 제트 노즐에서 뿜어 나오는 제트류와 같다는 뜻에서 제트 스트림이라 부르며, 이 제트기류의 속도는 여름보다 겨울에 더 높다. 그 위치는 통상 북위 30도에서 60도 사이에 존재하며, 계절과 날짜에 따라 그 위치와 크기가 달라지나 제트기류 하나의 길이는 1,909~4,827 km이고, 높이는 914~2,134 m, 폭은 161~644 km로 통상 두 개 이상이 동시에 벨트형태로 발생한다.[4]
- 이를 잘 이용하면 국제선 여객기는 경제적인 순항비행을 할 수 있다. 제트기류가 서쪽에서 동쪽으로 불기 때문에 동쪽으로 운항하는 항공기는 제트기류가 배풍이 되어 시간과 연료를 절약할 수 있다. 그러나 서쪽을 향해 운항하는 항공기는 이 제트기류를 피해야 한다. 우리나라에서 유럽으로 갈 때보다 유럽에서 우리나라로 돌아올 때 제트 기류를 이용하면 비행시간이 1~2시간 빨라질

4 〈http://www.srh.noaa.gov/jetstream//, http://squall.sfsu.edu/crws/jetstream.html〉

수 있다.

▶ **극(polar)순환**

- 온도차에 일어나는 열적 순환으로 극에서 하강하여 저위도로 이동한 후 위도 60도에서 상승하여 극으로 이동하는 순환이다. 지표면 부근에서는 극에서 위도 60도로 극동풍(polar easterlies)이 분다.
- 이 공기는 편서풍에서 따뜻한 바람을 받아들여 상승기류를 만들고 최종적으로는 극지방 상공으로 돌아간다. 중위권에서 발생하는 편서풍과는 달리 대부분의 바람방향이 무역풍처럼 북반부에서는 남서쪽으로 흐르고 바람의 세기는 세 가지 큰 대기흐름 중 가장 약하다.

2) 기상의 3 요소

• 대류권에서 일어나는 가장 큰 기상현상의 세 요소는 '기온', '기압', 그리고 '습도'다. 기온은 기압에 영향을 주고 기압은 습도에 영향을 주어 덥고, 춥고, 바람이 불고, 그리고 비를 내리게 한다. 기온에 의해 고기압과 저기압이 만들어 지고, 고기압과 저기압에 의해 바람의 세기와 방향을 결정할 뿐 아니라 습도에 의해 구름 또는 비나 눈이 내린다.

▶ **기온**

- 기온은 태양에서 나오는 열에너지에 의해서 달라진다. 태양에서 지구로 보내는 열에너지를 100%로 볼 때 70%는 흡수(지표면45%+대기25%)되고, 나머지 30%(대기 25%+대기 5%)는 반사되어 다시 우주로 돌아간다. 이처럼 태양에너지의 70%를 지구의 대기가 매일매일 열에너지를 받는데도 무한정 더워지지 않은 것은 지표와 대기도 같은 양의 에너지를 우주로 방출하기 때문이다.
- 지구에서 달아나는 열에너지는 직접 우주공간으로 가지 않고 그 대부분이 일단 대기에 흡수된 후 여러 복사과정을 거친 다음 우주로 가게 때문에 지구의 평균 기온을 약 15℃로 유지할 수 있다. 이러한 대기의 보온 효과를 온실효과(green house effect)라 한다. 만약 지구에 대기가 없다면 지구의 평균기온은 영

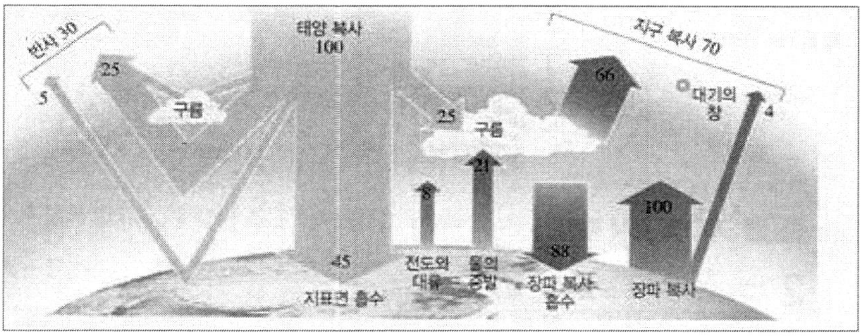

〈자기권과 밴앨런벨트〉

하 20℃ 정도가 될 것이다.

- 지구의 기온은 장소에 따라 차이가 크다. 적도 부근은 기온이 높고, 극지방은 기온이 낮지만 지구표면의 기온을 평균하면 15℃ 이다.

▶ 기압

- 햇볕이 지구를 따뜻하게 비출 때 지표면은 더워지는 정도가 달라진다. 즉 육지와 바다, 그리고 숲이 울창한 산악지역과 초원지역은 다르다. 이처럼 태양이 지표면을 데우는 정도에 따라 기압도 크게 달라진다. 많이 데워진 곳은 공기가 가벼워 상승기류가 발생하고 지표면은 저기압이 된다. 상공에 올라간 공기는 차츰 식어서 무거워지고, 상승기류가 불고 있는 곳과는 다른 곳에서 하강기류가 되어 지표면으로 돌아온다. 공기가 식어서 무거워진 만큼 지상의 기압이 높아지는데 이것이 고기압이 된다.
- 마침내 지표면에서는 고기압에서 저기압으로 향하는 공기의 흐름인 바람이 불게 된다. 즉, 따뜻해지는 지역적 차이에 의해 기온의 차가 생기고, 기류가 상승과 하강을 하며, 기압의 차가 생기면 이 기압의 차이가 바람을 일으킨다.
- 예를 들면 육지는 바다와 비교하면 햇볕에 따뜻해지기 쉽다. 그래서 여름에 강한 햇볕을 받으면 상승기류가 발생하고 저기압이 형성된다. 하지만 바다에서는 상대적으로 바람이 차갑고 습하므로 고기압이 되기 쉽다. 이처럼 고기압의 바다에서 저기압이 된 육지로 불어 오는 것을 해풍이다.

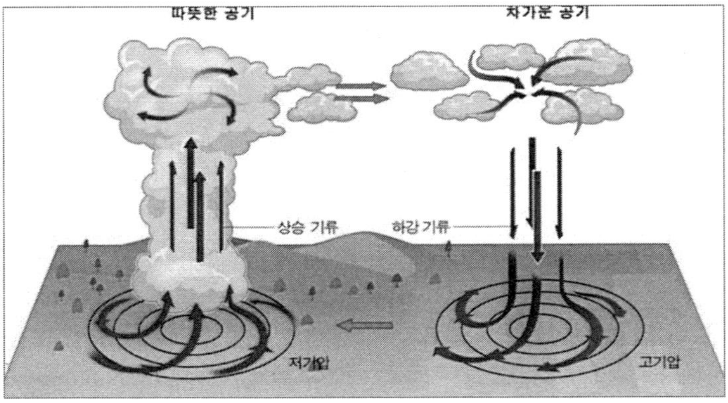

〈기압의 생성과 바람〉

▶ 습도

• 습도는 공기 중에 수증기가 포함되어 있는 정도를 말한다.

① 수증기량

• 공기 중에 포함된 수증기의 절대량을 혼합비와 비습으로 나타낸다.

– 혼합비 : 건조공기 1 kg에 대응하는 수증기의 g수(g/kg)

– 비습 : 습윤공기 1 kg 속에 포함되어 있는 수증기량(g/kg)

② 수증기압

• 혼합기체 중 한 기체에 관련된 압력을 부분압력이라 하며, 이 중 수증기의 부분압력을 수증기압이라 한다.

③ 절대 습도

• $1m^3$ 공기 중에 포함되어 있는 수증기의 g수.

– 공기덩이에 수증기량의 변화가 없어도 기온이 변하면 공기가 팽창 또는 수축하여 절대습도가 변한다. 단위는 kg/m^3 이다.

④ 이슬점 온도

• 공기가 포화되고 이슬이 맺히기 시작하는 온도다.

⑤ 상대습도

• 공기 속에 있는 수증기의 양과 그 온도에서의 포화 수증기량과의 비를 백분율로 표현한 것이다. 보통 습도라고 하면 이 상대 습도(RH: Relative

Humidity)를 가리키며, 상대 습도는 건습구 습도계나 모발 습도계 등으로 측정한다.

$$\mathrm{RH} = \frac{(\text{단위체적내 수증기의 양})}{(\text{포화수증기 밀도})} \times 100(\%)$$

- 상대습도는 수증기량 외에도 온도의 영향을 받는다. 상대습도의 일변화는 기온의 일변화에 따라 달라지며 일반적으로 기온이 높을 때 습도가 낮고 기온이 낮으면 습도가 높다.

3) 바람

- 태양에너지에 의한 지표면의 불규칙적인 가열 때문에 온도차가 형성되고 온도차에 의해서 기압차가 발생한다. 기압은 높은 곳에서 낮은 곳으로 흘러가는데 이것을 바람이라고 한다. 바람은 대기운동의 수평적 성분만을 측정했을 때의 공기운동이다. 그리고 벡터량이므로 방향과 크기가 있다. 방향을 풍향, 크기를 풍속이라고 한다.
- 바람(wind)은 풍속의 수평성분이 수직성분보다 매우 크므로 일반적인 기상관측에서는 수평성분만을 대상으로 한다.
- 실제의 바람은 지표 부근에서는 등압선과 25~35°의 각도를 이루면서 불고, 상공에서는 지균풍 · 경도풍에 가까운 바람이 분다.

가. 풍향

- 풍향은 바람이 불어오는 방향을 말하며, 보통 일정 시간 내의 평균풍향을 뜻한다. 16방위 또는 8방위나 32방위, 36방위로 나타내며, 그 어느 것이나 지리학상의 진북을 기준으로 한다. 풍속이 0.2 m/s 이하일 때에는 "무풍"이라 하여 풍향을 취하지 않는다.

나. 풍속

- 풍속(wind speed)은 공기가 이동한 거리와 이에 소요된 시간의 비로써, 일정 시간을 취한 경우를 평균풍속이라 한다. 순간적인 값을 순간풍속이라고 표현하기도 하지

만, 단지 풍속이라고 할 때에는 평균풍속을 의미한다.

• 풍속의 단위는 일반적으로 m/s를 이용하나, km/h, mile/h, 그리고 knot를 이용할 때도 있다. 기상전보에서는 노트(knot)가 주로 이용되는데 m/s의 2배를 하면 대략 노트 값과 일치한다.

• 풍속이 0.5 m/s(1knot) 이하일 때를 정온(국토해양부)이라 하며, 바람이 약해서 풍향을 확실하게 결정할 수 없는 경우이다. 따라서 풍향이 없는 것으로 하여 기록할 때에는 '00'으로 표기한다.

• Wind Velocity는 바람의 벡터 성분을 표현하는 것으로서, 스칼라 양인 풍속(Wind Speed)과는 다르다. Wind Velocity의 크기가 Wind Speed이며, Wind Speed에 바람 방향 성분이 포함된 것이 Wind Velocity이다.

다. 계절풍

• 겨울에는 대륙에서 해양으로 여름에는 해양에서 대륙으로 불어 가는 탁월풍을 계절풍이라고 한다. 극동 부근에서는 겨울에는 대륙에 찬 고기압이 형성되어 북서 - 서풍이 되어 태평양을 향해 불어온다. 기간은 10월에서 3월이며 강할 때는 40 kt를 초과한다. 여름에는 대륙이 가열되어 저압부가 되어 태평양의 고기압에서 남서풍의 계절풍이 대륙을 향해서 불어간다. 기간은 6월 - 8월이며 풍속은 약하다.

라. Wind Shear

• 바람 진행방향에 대해 수직 또는 수평 방향의 풍속 변화로서, 풍속, 풍향이 갑자기 바뀌는 돌풍 현상을 가리킨다. 수평으로 윈드시어가 발생하면 순압불안정이 생겨서 소용돌이가 형성되고, 연직으로 윈드시어가 발생되면 기류가 흩어져서 청천난류 등이 발생한다.

마. 방향에 따른 바람의 명칭

• 일반적으로 바람은 불어오는 방향에 따라 이름이 붙는다. 그러나 항공기에서는 항공기를 중심으로 방향을 구분한다.

– 정풍(Head Wind) : 항공기 전면에서 뒤쪽으로 부는 바람
– 배풍(Tail Wind) : 항공기 뒤쪽에서 앞으로 부는 바람
– 측풍(Cross Wind) : 측면에서 부는 바람
– 상승기류(Up–Draft) : 지상에서 하늘 쪽으로 부는 상승풍
– 하강기류(Down–Draft) : 하늘에서 지상 쪽으로 부는 하강풍

• 항공기는 특별한 상황이 아닌 한 항상 바람을 안고(맞바람) 이착륙을 한다.

바. 돌풍(gust)

• 일정 시간 내(보통 10분간)에 평균 풍속보다 10knot 이상의 차이가 있으며, 순간 최대 풍속이 17 knot이상의 강풍일 경우 지속시간이 초 단위 일 때를 말한다.

– 돌풍이 불 때는 풍향도 급변한다. 때로는 천둥을 동반하기도 하며 수분에서 1시간 정도 계속되기도 한다. 일기도 상으로는 보통 발달하기 시작한 저기압에 따르는 한랭전선에 동반되며, 돌풍이 커지느냐의 여부는 기온의 수직방향의 체감률과 풍속의 차이에 의해서 정해진다.

사. 스콜(squall)

• 갑자기 바람이 불기 시작하여 몇 분 동안 계속된 후 갑자기 멈추는 바람을 말한다.

– 풍향이 급변할 때가 많다. 흔히 강수와 뇌우 등의 변화도 가리키는데, 이 경우에도 바람의 돌연한 변화를 동반하는 경우에 한 한다. 세계기상기구에서 채택한 스콜의 기상학적 정의는 '풍속의 증가가 매초 8 m 이상 ,풍속이 매초 11 m 이상에 달하고 적어도 1분 이상 그 상태가 지속되는 경우'라고 한다.

강수를 동반하지 않는 경우를 흰스콜, 검은 비구름이나 강수를 동반하는 경우를 뇌우스콜, 광범하게 이동하는 선에 따라 나타나는 가상의 선을 스콜선(squall line)이라고 부른다

아. 해풍과 육풍

• 기온은 일출 일몰 현상과 함께 주기적인 변화를 한다. 지면은 태양열을 받아 가열

되고 열을 대기로 복사 방출한다. 일출과 더불어 지면의 온도가 상승함에 따라 기온도 상승한다.

• 일사량은 정오에 최대가 되나 지구 복사량은 이보다 약간 늦은 정오를 넘는 시간에 최대가 되므로, 일 최고 기온은 오후 1~3시 사이에 나타난다. 일몰 후 일사량은 없어지지만 이후에도 지면 복사의 방출은 계속되기 때문에 최저 기온은 일출 전에 나타난다.

• 해안 지역에서 낮과 밤에 풍향이 변하는 현상도 기온의 일변화 영향이다. 육지와 바다의 비열 차이로 밤낮의 해상과 육상의 기온경도가 바뀌게 되어, 밤에는 육풍(land breeze), 낮에는 해풍(sea breeze)이 부는 해륙풍이 불게 되는 것이다.

• 상승하는 공기 덩어리는 단열팽창을, 하강하는 공기덩어리는 단열압축을 하게 된다. 단열이란 공기 덩어리가 외부와 열 교환이 없을 경우를 말한다.

• 상승하는 공기 덩어리는 주변기압의 감소로 부피가 팽창하면서 온도가 감소하는 단열팽창을 하고, 하강하는 공기덩어리는 주변 기압이 증가하여 부피가 압축되므로 온도가 올라가는 단열 압축을 하게 된다.

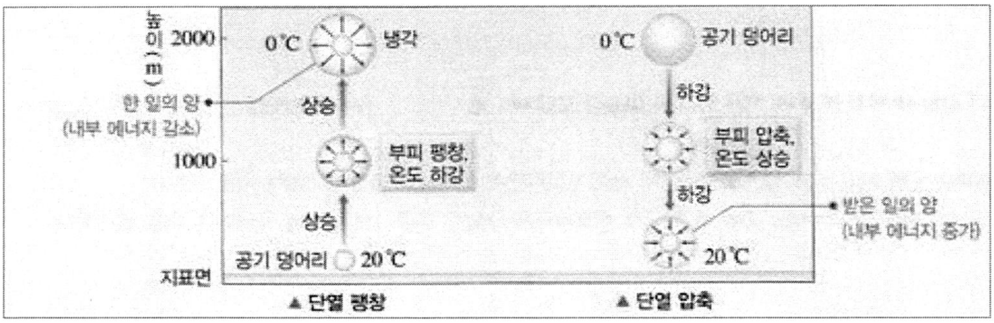

〈상승하는 기단과 하강하는 기단〉

자. 산풍과 곡풍

• 하루를 주기로 풍향이 바뀌는데 낮에는 계곡풍인 곡풍(valley wind)이 불고, 밤에는 산악풍인 산풍(mountain breeze)이 분다. 낮에는 산 정상이 골짜기보다 더 빠르게 가열되어 공기 밀도가 낮아지는 반면, 밤에는 산 정상이 골짜기보다 빠르게 냉각되어

산 정상의 공기 밀도가 높다. 따라서 낮에는 골짜기에서 산 정상으로 곡풍이 불고, 밤에는 산 정상에서 골짜기로 산풍이 분다. 산정상을 넘어온 바람은 반대편에 상당한 하강풍과 요란기류가 형성 될 수 있음으로 특히 주의하여야 한다.

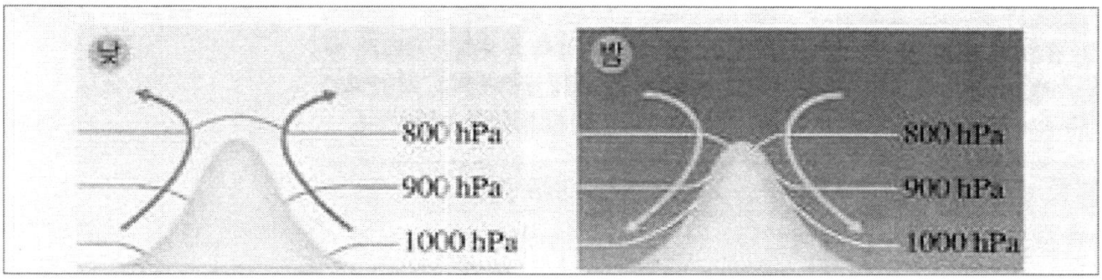

〈곡풍〉 〈산풍〉

차. 휀(foehn)

• 먼 곳의 저기압의 영향으로 고온다습한 공기가 높은 산을 넘을 때 팽창 냉각되어 수증기가 응고 강수를 일으켜 건조하고 차가운 공기로 변해 산을 넘어 내려가면서 고기압으로 압축 발열되어 고온 건조한 공기가 불어 내리는 바람을 말한다.

4) 전선의 종류와 특성

가. 온난전선 (Warm front)

• 온대 저기압의 남동쪽에 있으며, 온난한 공기가 한랭한 공기 쪽으로 이동해 가는 전선을 말한다. 더운 공기가 찬 공기 위를 타고 오르기 때문에, 이동속도가 느리고 기울기가 작다. 또 넓은 지역에 걸쳐 강수가 나타나며 강수강도가 약하다. 보통 6 km정도의 상공에서는 쉽게 판별되며, 이동속도는 약 25 km/h이다.

• 온난전선 전면의 광범위한 강수 대는 자주 하층에 층운이나 안개를 발생시킨다. 이 경우, 강수는 한랭공기에 수증기를 공급하여 포화상태에 이르게 하므로, 수천 ㎢의 넓은 지역에 걸쳐 낮은 실링과 악 시정을 일으키기도 한다.

• 온난전선이 통과할 때, 하절기에는 뇌우가, 동절기에는 심한 착빙 등 매우 위험한

기상을 초래하기도 한다. 하층 윈드쉬어는 온난전선의 전방에서 6시간 이상 지속되기도 하므로 매우 심각한 문제를 일으킬 수도 있다.

나. 한랭전선 (Cold front)

• 인접한 두 기단 중 한랭기단의 찬 공기가 온난기단의 따뜻한 공기 쪽으로 파고들 때 형성되는 전선을 말한다. 찬 공기가 따뜻한 공기 속을 쐐기모양으로 파고들기 때문에 따뜻한 공기는 찬 공기 위를 차고 오르게 된다. 이때 전선 부근에서는 소나기나 뇌우 · 우박 등 궂은 날씨를 동반하는 경우가 많다.

• 찬 공기가 따뜻한 공기 속으로 파고들기 때문에 이동 속도가 35 km/h정도로 빠르다. 또한 좁은 지역에서 강수가 나타나며 강수강도가 세다.

• 한랭전선 부근을 비행할 때, 만나는 위험한 기상현상은 전선 앞 스콜선(Squall Line)이나 전선을 따라 나타나는 적운형 구름이다. 이러한 위험 기상현상은 심한 요란, 바람쉬어, 뇌우, 번개, 심한 소나기, 우박, 착빙, 토네이도 등을 동반한다. 또 다른 위험 기상현상은 뇌우 주위나 뇌우 하부와 지표면 부근에서 나타나는 강하고 변화가 심한 돌풍이다.

다. 폐색전선 (Occluded front)

• 온대성 저기압이 발달하는 과정의 마지막 단계로 저기압에 동반된 한랭전선과 온난전선이 합쳐져 폐색상태가 된 전선을 말한다. 이때 한랭전선 후면의 찬 공기가 온난전선 전면의 찬 공기보다 찰 때에는 한랭형 폐색전선이, 반대일 경우에는 온난형 폐색전선이 발생한다.

• 우리나라 부근에서는 겨울철에는 한랭형이, 여름철에는 중립형이나 온난형 폐색전선이 많이 발생한다.

• 광범위하게 한랭전선과 온난전선의 기상현상이 혼합되어 나타난다. 한랭전선의 특징인 스콜선, 뇌우와 온난전선의 특징인 낮은 실링이 겹쳐서 나타난다. 게다가, 폐색전선의 북쪽 끝에 있는 강한 저기압 주위에서 강한 바람이 나타난다. 따라서, 조종사는 폐색전선에서 기상상태가 급격히 변하고, 폐색전선의 발달 초기에 가장 악화된다

는 사실에 유의해야 한다.

라. 정체전선 (Stationary front)

• 움직이지 않거나 움직여도 매우 느리게(10km/hr 미만) 움직이는 전선을 말한다. 상공의 풍향과 전선이 뻗쳐 있는 방향이 평행을 이루고 있을 때 형성된다.

• 일반적으로 정체전선에 동반된 날씨는 온난전선과 비슷하여 한랭기단 쪽이 나쁘고 대체로 그 강도는 약하다. 정체전선에 동반된 기상현상 중 가장 뚜렷한 점은 그 기상이 지속적이므로 비행에 위험한 기상조건이 한 지역 내에서 여러 날 동안 계속된다. 정체전선 상에는 약한 저기압이 여러 개 연결되어 있는 경우가 많다.

5) 구름의 분류와 특성

• 구름입자의 상(phase)과 수직 발달 정도에 따라 여러 가지 형태로 나타난다. 수적으로 된 구름과 빙정으로 된 구름은 형성고도도 다르고 모양이나 색깔도 다르다. 구름의 수직 발달 정도는 기층의 안정도에 따라 다른데, 불안정한 기층에서는 구름의 두께가 수직으로 두꺼운 적운형, 안정한 기층에서는 수직발달이 제한되어 비교적 얇은 층운형의 구름이 발달한다.

가. 상층운(high-level clouds)

• 상층운은 운저고도가 보통 6 km 이상이어서 주위의 온도가 매우 낮고 건조하다. 이 때문에 상층운은 거의 빙정으로 이루어져 있으며, 그 두께도 아주 얇다. 상층운에는 권운(Cirrus), 권적운(Cirrocumulus), 권층운(Cirrostratus)이 있다.

나. 중층운(medium-level clouds)

• 중층운은 중위도지방에서는 구름 저면의 높이가 2~6 km이어서 수적으로 되어있는 경우가 많지만 기온이 충분히 낮아지면 그 일부는 빙정이 되기도 한다. 중층운에는 고적운(Altocumulus), 고층운(Altostratus)이 있다.

다. 하층운(low-level clouds)

• 하층운은 중위도 지방에서는 운저고도가 2 km 이하이며, 거의 수적으로 되어 있으나 추운 날씨에는 빙편과 눈을 포함하기도 한다. 하층운에는 층운(Stratus), 난층운(Nimbostratus), 층적운(Stratocumulus)이 있다.

라. 수직운(convective clouds)

• 수직운은 보통 하 층운의 고도로부터 상층운의 고도에까지 확장하는 수직으로 발달하는 구름이며, 불안정한 공기와 아주 밀접하게 관련되어 있다. 수직운에는 적운(Cumulus), 적란운(Cumulusonimbus)이 있다.

〈기본 운형 10종〉

운저고도	명칭	국제명	기호	특징
상층운 6-12 km	권 운	Cirrus	Ci	털실이나 새털 모양의 흰 구름
	권적운	Cirrocumulus	Cc	생선 비늘이나 흰 조개 모양
	권층운	Cirrostratus	Cs	달무리나 햇무리가 생김
중층운 2-6 km	고적운	Altocumulus	Ac	양떼 모양 구름
	고층운	Altostratus	As	회색 차일 같은 구름
하층운 2 km 미만	난층운	Nimbostratus	Ns	진한 회색으로 지속적인 비나 눈이 옴
	층적운	Stratocumulus	Sc	회색 두루마리 모양의 구름
	층 운	Stratus	St	안개와 비슷한 구름
수직운 3 km 이내	적 운	Cumulus	Cu	여름 오후의 뭉게구름
	적란운	Cumulonimbus	Cb	아주 높게 솟은 구름, 번개가 치며 소나기나 우박이 내림.

마. 운량

• 전체 하늘에 대해 구름에 의해 가려진 부분을 oktas로 표현하고, 운저고도가 비슷한 운층의 구름이 산재하고 있을 때는 동일고도로 간주하여 운층을 모두 합하여 운량을 결정한다.

• 운량의 표시방법

.1/8 ~ 2/8 oktas : FEW(Few)

.3/8 ~ 4/8 oktas : SCT(Scattered)

.5/8 ~ 7/8 oktas : BKN(Broken)

.8/8 oktas : OVC(Overcast)

잠깐!

구름 색깔은?

올 여름비가 많이 왔다. 비는 구름에서 떨어지는 물이다. 물에는 원래 색깔이 없다. 그렇다면 물이 모여 만든 비구름도 당연히 무색이어야 할텐데, 왜 비를 잔뜩 머금은 구름은 그리 시커먼 것일까? 어떤 형태의 구름이건, 구름은 모두 물로 이루어져 있다.

문제는 그 물 입자들의 크기다. 물 입자가 매우 작을 때, 즉 수증기 상태에서는 이 입자들이 밖에서 들어오는 빛을 모두 산란시킨다. 빛은 수증기 입자 들 사이를 이리 저리 어지럽게 부딪혀 다니다가 결과적으로 거의 100% 반사돼 나온다. 어떤 물질이 빛을 모두 반사하면, 그 물질은 우리 눈에 흰색으로 보인다. 새털구름이 하얀 것은 그 때문이다.

그런데 그 물 입자들이 조금씩 커져서, 빗방울을 이룰 정도의 크기가 되면 반대가 된다. 빛을 반사하는 것이 아니라, 대부분의 빛을 이 물방울들이 흡수해버린다. 그러면 우리 눈에 그 구름은 시커먼 '먹구름'으로 보이는 것이다. 빛을 모두 삼켜버린 빗방울들은 흡수한 빛의 에너지 때문에 온도가 약간이나마 올라가게 된다. 주변 날씨를 고려하지 않는다면, 먹구름이 새털구름보다 속은 오히려 '따뜻'하다고나 할까?

연습 문제

01 드론관련 물리량을 잘 못 설명하고 있는 항은?

① 물리현상을 양적으로 기술하기 위한 숫자다.
② 정성적 표현은 차원이고, 정량적으로 나타내는 것은 단위이다.
③ 기본차원은 길이(L), 시간(T), 질량(m)이다.
④ 법정단위계는 기본단위, 유도단위, 보조단위, 특수단위로 구분한다.
⑤ 기본단위는 m(미터;길이), ㎏(킬로그램;질량), s(초;시간), K(켈빈;온도), cd(칸델라;광도), A(암페어;전류), mol(몰;물질량)이다.
⑥ 기본단위는 m(미터; 길이), ㎏(킬로그램; 질량), s(초; 시간)이다.

02 다음 역학(mechanics)의 3 요소가 아닌 것은?

① 힘(force) ② 운동(motion)
③ 물체(object) ④ 에너지(energy)

03 힘의 3요소가 아닌 것은?

① 크기 ② 방향 ③ 합력 ④ 작용점

04 드론에 작용하는 주요한 힘으로 짝지어진 항은?

① 양력-항력-추력-중력 ② 양력-응력-항력-무게
③ 부력-양력-추력-동력 ④ 응력-추력-양력-항력

해답

01. 6 **02.** 4 **03.** 3 **04.** 1

05 다음 중 단위를 바르게 쓴 항은?

① 5 s　② 5 sec.　③ 5 sec　④ 5 secs

06 다음 중 단위를 잘 못 표기하고 있는 항은?

① 35 mm　② 32℃　③ 25°　④ 25°23′27″

07 힘의 단위를 잘 못 설명하고 있는 것은?

① 힘의 단위는 N(뉴턴) 또는 kgf(킬로그램 힘)이다.
② 1 N은 질량 1 kg의 물체가 마찰이 없는 수평면에서 1 m/s2의 가속도운동을 하게 하는 힘이다.
③ 1 kgf은 지구상에서 질량이 1 kg인 물체 중력의 크기다.
④ 1 kgf은 그 물체의 무게와 같고 1 N에 해당한다.
⑤ 1 kg은 질량이고 1 kgf은 힘인 무게다.

08 1 N의 힘을 가하여 1미터 이동하였다. 틀린 것은?

① 1 N.m　② 일의 단위　③ W(Watt)　④ 에너지 단위　⑤ 1 J(Joule)

09 동력(power)을 잘 못 설명하고 있는 것은?

① 일률(rate of work)이라고도 한다.
② 단위는 1초 동안 1 J의 일을 했을 때(1 J/s)를 1 W(Watt)라 한다.
③ 힘과 속도의 곱으로 나타낼 수 있다.
④ 동력 1 마력은 100 J/s이다.
⑤ 1 마력은 1마리의 말이 하는 일률이다.

해답

05. 1　**06.** 2　**07.** 4　**08.** 3　**09.** 4

10 기본단위가 아닌 것은?

① m　② kg　③ s　④ k　⑤ K

11 유도단위가 아닌 것은?

① 해리(1,852 m)　② ㎡(넓이)　③ m/s(속도)　④ kg/㎥(밀도)

12 보조단위가 아닌 것은?

① mm(밀리미터10^{-3})　② μ(마이크로10^{-6})　③ k(킬로10^{3})
④ M(메가10^{6})　⑤ ha(헥타아르104 ㎡)

13 기본단위가 잘 못된 것은?

① K(켈빈; 온도)　② cd(칸델라; 광도)　③ A(암페어; 전류)
④ Kg(킬로그램; 질량)　⑤ mol(몰; 물질량)

14 스칼라(scalar) 물리량이 아닌 것은?

① 변위(displacement)　② 거리(distance)
③ 온도(temperature)　④ 열(heat)

15 벡터(vector)물리량이 아닌 것은?

① 힘(force)　② 중력(gravity)　③ 압력(pressure)　④ 속도(velocity)

16 스칼라(scalar) 물리량이 아닌 것은?

① 밀도(density)　② 열(heat)
③ 운동량(momentum)　④ 속력(speed)

해답

10. 4　**11.** 1　**12.** 5　**13.** 4　**14.** 1　**15.** 3　**16.** 3

17 스칼라(scalar) 물리량이 아닌 것은?

① 압력(pressure) ② 체적(volume)
③ 일(work) ④ 속도(velocity)

18 벡터(vector)물리량은?

① 칼로리(calorie) ② 중력(gravity)
③ 일(work) ④ 에너지(energy)

19 벡터와 스칼라를 잘 못 설명하고 있는 항은?

① 벡터 물리량과 스칼라 물리량의 계산법은 다르다.
② 벡터량은 크기와 방향, 스칼라량은 크기만 있다.
③ 힘은 벡터이고 단위면적당 힘인 압력도 벡터다.
④ 속도는 벡터이고 속력은 스칼라다.

20 드론의 비행이 가능한 대기권이 아닌 것은?

① 대류권 ② 대류권 경계면 ③ 상부성층권
④ 하부성층권 ⑤ 기상변화가 있는 고도

21 다음 대기권의 분류가 바르게 된 것은?

① 대류권, 성층권, 중간권, 열권, 극외권
② 대류권, 열권, 성층권, 중간권, 극외권
③ 대류권, 성층권, 열권, 중간권, 극외권
④ 대류권, 성층권, 전리권, 중간권, 극외권
⑤ 대류권, 하부성층권, 상부성층권, 중간권, 극외권

해답

17. 4 **18.** 2 **19.** 3 **20.** 3 **21.** 1

22 대기권의 구분 중 가장 적절한 항은?

① 대류권(11km), 성층권(50km), 중간권(80km)
② 대류권(11km), 성층권(50km), 열권(80km)
③ 대류권(11km), 열권(50km), 성층권(80km)
④ 대류권(11km), 성층권(25km), 중간권(50km)
⑤ 대류권(11km), 성층권(100km),중간권(300km)

23 지구표면으로부터 100km까지를 균질권(homosphere)이라고 한다. 균질권을 이루는 공기의 구성비는?

① 질소 21%, 산소 78%,기타 1%
② 질소 75%, 산소 15% 기타 5%
③ 질소 60%, 산소 30% 기타 10%
④ 질소 50%, 산소 45%,기타 5%
⑤ 질소 78%, 산소 21% 기타 1%

24 대류권의 물리적 변화를 잘 못 설명한 항은?

① 대류권에서는 고도에 따라 압력 온도 밀도가 지속적으로 감소한다.
② 항공기는 통상 하부성층권이하에서 비행한다.
③ 하부성층권은 대류권보다 기류변화가 심하다.
④ 대류권 권계면 부근에서 jet stream이 분다.
⑤ Jet stream은 서쪽에서 동쪽으로 분다.

25 대류권 내에서 고도상승에 따라 기온변화율로써 온도체감률(溫度遞減率,temperature lapse rate)은 얼마인가?

① -0.0065 ℃/m(6.5 ℃/km)
② -0.0055 ℃/m(5.5 ℃/km)
③ -0.001 ℃/m(1.0 ℃/km)
④ -0.010 ℃/m(10 ℃/km)
⑤ -0.0045 ℃/m(4.5 ℃/km)

해답

22. 1 **23.** 5 **24.** 3 **25.** 1

26 기상 현상의 세 요소로 구성된 항은?

① 기온, 구름, 비　② 기온, 기압, 습도　③ 기온, 눈, 비
④ 흐림, 맑음, 눈/비　⑤ 기온, 기압, 기류

27 오존(ozone)권은 어디 권에 존재하는가?

① 대류권　② 하부성층권　③ 상부성층권　④ 중간권　⑤ 열권

28 전리현상이 일어나는 전리층은 어디 권에 존재하는가?

① 대류권　② 하부성층권　③ 상부성층권　④ 중간권　⑤ 열권

29 섭씨(Celsius)단위가 나오기 전 사용했던 다른 용어는?

① Centigrade　② Rankine　③ Fahrenheit
④ Kelvin　⑤ Centimeter

30 화씨는 방정식을 써서 섭씨로 바꿀 수 있다. 다음 중에서 바르게 표시한 것은?

① $C^0=\left(\frac{9}{5}\times F^0\right)+32$　② $C^0=\frac{5}{9}(F^0-32)$　③ $C^0=\left(\frac{9}{5}\times F^0\right)-32$
④ $C^0=\frac{5}{9}(F^0+32)$　⑤ $C^0=\frac{9}{5}(F^0-32)$

31 표준해면고도에 해당하지 않는 물리량은?

① 압력: $1.013\times10^5\text{N/m}^2$　② 밀도: 1.225kg/m^3　③ 온도:288.0K(15℃)
④ 음속: 300.0m/s　⑤ 기체상수: 287J/(kg)(K)

해답
26. 2　27. 3　28. 5　29. 1　30. 3　31. 4

32 해면고도에서 국제표준대기(International Standard Atmosphere)를 바르게 기술한 것은 ?

① 기온(10℃), 압력(700mmHg), 밀도(1.225kg/m³), 음속(300m/s)
② 기온(15℃), 압력(700mmHg), 밀도(1.225kg/m³), 음속(100m/s)
③ 기온(15℃), 압력(760mmHg), 밀도(1.225kg/m³), 음속 (340m/s)
④ 기온(20℃), 압력(760mmHg), 밀도(1.111kg/m³), 음속 (330m/s)
⑤ 기온(10℃), 압력(550mmHg), 밀도(1.111 kg/m³), 음속 (340m/s)

33 대기가 안정되고 구름이 없고 기온이 낮으며 제트항공기의 순항고도로 적합한 것은?

① 대류권 계면 ② 성층권 계면 ③ 중간권 계면
④ 열권 계면 ⑤ 극외권 계면

34 대류권의 고도에 따른 물리적 변화를 바르게 기술한 항은?

① 압력은 증가하고 온도와 밀도는 감소
② 압력, 온도, 그리고 밀도가 감소
③ 압력, 온도, 그리고 밀도가 증가
④ 온도 증가, 압력과 밀도 감소
⑤ 밀도 증가, 압력과 온도 감소

35 공기의 동점성계수를 바르게 나타낸 항은?

① 점성계수/공기밀도 ② 공기밀도/점성계수 ③ 관성력/점성력
④ 점성계수/공기압력 ⑤ 점성계수/공기온도

해답

32. 3 **33.** 1 **34.** 2 **35.** 1

36 다음 〈보기〉는 관성에 대한 설명이다. 옳은 설명만으로 짝지어진 것은?

〈보기〉

A. 질량에 비례한다.
B. 속도가 크게 변하려는 성질이다.
C. 운동하던 물체가 정지하려는 성질이다.
D. 운동상태가 변하지 않으려는 성질이다.

① A , B ② B , C ③ C , D ④ A , D

37 그림과 같이 천장에 매달린 추를 다음과 같이 당기면 실의 어느 부분이 끊어질까?

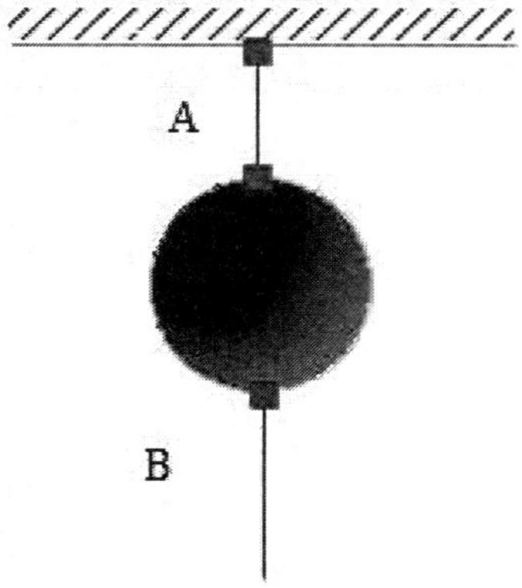

1) 급하게 당길 때……( ) 2) 천천히 당길 때……( )

※ 다음 물음에 O, X로 답하라.

38 "가속도가 감소한다"와 "속도가 감소한다"는 뜻은 항상 같은 의미이다. ( )

39 직선 등속운동이면 속도(velocity)와 속력(speed)은 같다. ( )

해답

36. 4 **37.** B, A **38.** X **39.** O

40 물체가 힘(충격력)을 받으면 속도의 변화가 생기므로 운동량이 변하게 된다. (　　)

41 일의 단위는 J (Joule,줄)이다. W= F s → 1 J = 1 N.m 이다. 즉, 1 뉴턴의 힘을 가하여 1미터 이동하였다면 1줄의 일을 했다고 한다. (　　)

42 질량m인 물체에 힘 F를 주어 높이 h만큼 들어 올리는데 한 일은 W = F.s = mg.h 이다. (　　)

43 에너지(Energy)란 일을 할 수 있는 능력으로, 물체가 갖는 에너지의 양은 그 물체가 다른 물체에 할 수 있는 일의 양으로 측정된다. 즉 에너지는 일이며, 에너지 단위는 일의 단위와 같이 J(Joule, 줄)을 사용한다. (　　)

44 길이(distance), 면적(area), 체적(volume), 온도(temperature), 전압(volt), 압력(Pressure), 밀도(density), 칼로리, 속력(speed), 에너지(energy), 일(work), 일률(power)은 스칼라 량(Scalar quantity)이다. (　　)

45 속도(velocity), 가속도(acceleration), 중력가속도(gravitational acceleration), 힘(force), 운동량 (momentum), 충격량(impulse), 중력(gravity), 자기장의 세기(magnetic field intensity)는 벡터 량(Vector quantity)이다. (　　)

※ 다음 적당한 말을 보기에서 골라라.

46 기상 형상의 세 요소로 구성된 항은?

① 기온, 구름, 비　② 기온, 기압, 습도　③ 기온, 눈, 비
④ 흐림, 맑음, 눈/비　⑤ 기온, 기압, 기류

47 오존(ozone)권은 어디 권에 존재하는가?

① 대류권　② 하부성층권　③ 상부성층권　④ 중간권　⑤ 열권

해답

40. O　**41.** O　**42.** O　**43.** O　**44.** O　**45.** O　**46.** 2　**47.** 3

48 전리현상이 일어나는 전리층은 어디 권에 존재하는가?

① 대류권　② 하부성층권　③ 상부성층권　④ 중간권　⑤ 열권

49 대기의 흐름 특성과 가장 관계가 없는 항은?

① 무역풍(trade wind)　② 코리올리의 힘(Coriolis force)
③ 극 편동풍(polar easterlies)　④ 극 편동풍(polar easterlies)
⑤ 온실효과(green house effect)

50 대기 대순환과 잘 못 잘 지어진 대기흐름은?

① 레들리 순환-무역풍(trade wind)
② 페렐 순환-편서풍(westerlies)
③ 페렐 순환-제트 기류(jet stream)
④ 극순환-극 편동풍(polar easterlies)
⑤ 레들리 순환-편서풍(westerlies)

51 다음 그림은 북반구의 대기 대순환 A,B,C에 의해 지표면 근처에서 부는 바람을 옳게 짝지은 것은?

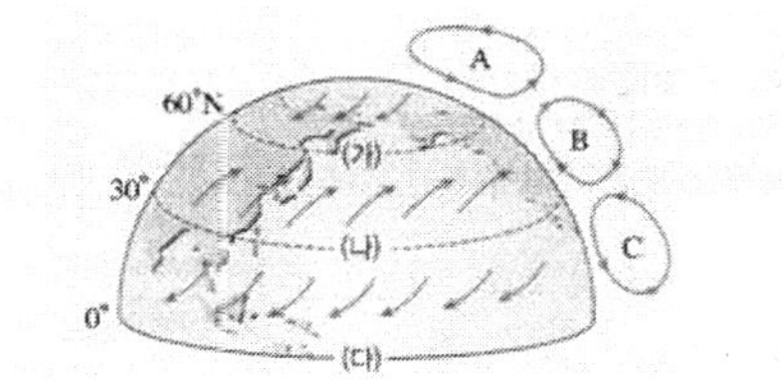

	A	B	C
①	극동풍	무역풍	편서풍
②	극동풍	편서풍	무역풍
③	편서풍	극동풍	무역풍
④	편서풍	무역풍	극동풍
⑤	무역풍	편서풍	극동풍

해답

48. 5　**49.** 5　**50.** 5　**51.** 2

52 다음 그림은 대기 대순환을 나타낸 것이다. 보기에서 맞는 것의 설명과 짝지어진 것은?

① ⓑ-ⓓ ② ⓐ-ⓔ ③ ⓑ-ⓕ ④ ⓑ-ⓔ ⑤ ⓒ-ⓕ

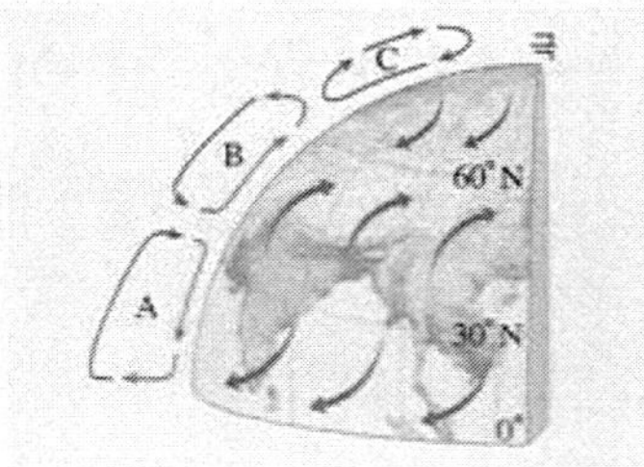

ⓐ A는 해들리 순환이다.
ⓑ B는 페렐순환이다.
ⓒ C는 극순환이다.
ⓓ 극동풍
ⓔ 무역풍
ⓕ 편서풍

53 다음 그림에 나타난 제트기류를 잘못 설명한 것은?

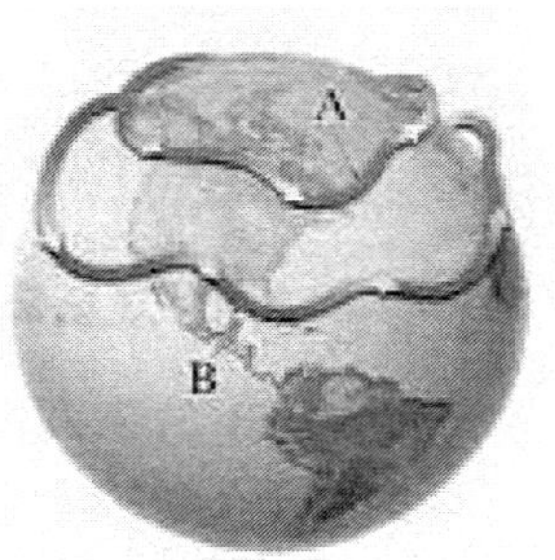

① A제트류는 한대 제트류이다.
② B제트류는 아열대 제트류이다.
③ B제트류는 A제트류에 비해 풍속이 빠르다.
④ A와 B제트류 모두 서에서 동쪽으로 흐른다.
⑤ A제트류는 B제트류에 비해 풍속이 빠르다.

54 제트스트림에 관계되지 않은 것은?

① 북위 30~60도 사이에 존재한다. ② 대류권계면 부근에 존재한다.
③ 서쪽에서 동쪽으로 흐른다. ④ 편서풍 중의 하나다.
⑤ 무역풍이다.

해답
52. 3 **53.** 5 **54.** 5

55 대기가 안정되고 구름이 없고 기온이 낮으며 제트항공기의 순항고도로 적합한 것은?

① 대류권 계면 ② 성층권 계면 ③ 중간권 계면
④ 열권 계면 ⑤ 극외권 계면

56 대류권에서 고도 상승에 따른 변화를 바르게 기술한 항은?

① 압력은 증가하고 온도와 밀도는 감소
② 압력, 온도, 그리고 밀도가 감소
③ 압력, 온도, 그리고 밀도가 증가
④ 온도 증가, 압력과 밀도 감소
⑤ 밀도 증가, 압력과 온도 감소

57 지구의 기상 현상을 유도하는 주된 원인은?

① 태양 ② 전향력 ③ 지구의 자전 ④ 구름

58 바람을 일으키는 원인은 무엇인가?

① 전향력 ② 기압차 ③ ㅈ 구의 자전 ④ 지구의 공전

59 대부분의 기상현상이 발생하는 대기의 층은?

① 대류권계면 ② 대류권 ③ 성층권 ④ 열권

60 북반구에서 고기압 지역의 일반적인 순환은?

① 안쪽으로, 상승하며, 시계방향 ② 안쪽으로, 하강하며, 반시계방향
③ 바깥쪽으로, 하강하며, 시계방향 ④ 바깥쪽으로, 상승하며, 반시계방향

해답

55. 1 56. 2 57. 1 58. 2 59. 2 60. 3

61 북반구에서 고기압 지역에서 저기압 지역으로 비행할 때 풍향과 풍속을 어떻게 변화하는가?

① 왼쪽 그리고 증가 ② 왼쪽 그리고 감소
③ 오른쪽 그리고 증가 ④ 오른쪽 그리고 감소

62 저기압 주변의 바람 흐름은?

① 반시계방향 ② 상승 또는 하강 방향
③ 시계방향 ④ 시계방향 혹은 반시계방향

63 대류순환에 관한 다음의 설명 중 옳은 것은 무엇인가?

① 차가운 공기는 가라앉아 따뜻한 공기를 상승시킨다.
② 페렐 순환-편서풍(westerlies)
③ 따뜻한 공기는 밀도가 높아 하강한다.
④ 대류순환 주위의 차가운 공기는 따뜻한 공기가 상승할 때 상승한다.

64 해륙풍과 관련된 대류 순환은 무엇 때문에 일어나는 것인가?

① 열을 물보다 더 빨리 흡수하고 복사하는 육지로 인해
② 열을 육지보다 더 빨리 흡수하고 복사하는 물로 인해
③ 물에서 육지로 이동하는 따뜻한 공기가 상승하게 됨으로 인해
④ 물에서 육지로 이동하는 차가운 공기가 상승하게 됨으로 인해

65 대류권 내에서 기온은 1000 ft 마다 몇도(°C)씩 감소하는가?

① 1 °C ② 2 °C ③ 3 °C ④ 3 °C

해답

61. 1 **62.** 1 **63.** 1 **64.** 1 **65.** 2

66 기온은 직사광선을 피해서 측정을 하게 되는데 몇 m의 높이에서 측정하는가?

① 3m ② 5m ③ 2m ④ 1.5m

67 다음 중 풍속의 단위가 아닌 것은?

① m/s ② kph ③ knot ④ mile

68 다음 중 대기현상이 아닌 것은?

① 비 ② 해풍 ③ 일출 ④ 안개

69 겨울에는 대륙에서 해양으로, 여름에는 해양에서 대륙으로 부는 바람을 무엇이라고 하는가?

① 편서풍 ② 계절풍 ③ 해풍 ④ 대륙풍

70 산악지방에서 주간에 산 사면이 햇빛을 받아 온도가 상승하여 산 사면을 타고 올라가는 바람을 무엇이라 하는가?

① 산풍 ② 곡풍 ③ 육풍 ④ 휀(foehn)현상

71 서리가 비행에 위험 요소로 고려되는 이유는?

① 서리는 날개 상부의 공기 흐름을 느리게 하여 조종효과를 증대.
② 서리는 날개의 항공역학적 형태를 변화시켜 양력을 감소시킨다.
③ 서리는 날개 상부의 유연한 공기의 흐름을 방해하여 양력발생을 감소시킨다.
④ 서리는 날개 상부의 공기흐름을 느리게 하여 항력을 감소시킨다.

해답

66. 4 **67.** 4 **68.** 3 **69.** 2 **70.** 2 **71.** 3

72 대기권 중 기상 변화가 일어나는 층으로 상승 할수록 온도가 강하하는 층은 다음 어느 것인가?

① 성층권　② 중간권　③ 열권　④ 대류권

73 대기권을 고도에 따라 낮은 곳부터 높은 곳까지 순서대로 바르게 분류한 것은?

① 대류권-성층권-열권-중간권　② 대류권-중간권-열권-성층권
③ 대류권-중간권-성층권-열권　④ 대류권-성층권-중간권-열권

74 평균 해면에서의 온도가 20°C일 때 1000 ft에서의 온도는 얼마인가?

① 40°C　② 18°C　③ 22°C　④ 0°C

75 공기의 온도가 증가하면 기압이 낮아지는 이유는?

① 가열된 공기는 가볍기 때문이다.
② 가열된 공기는 무겁기 때문이다.
③ 가열된 공기는 유동성이 있기 때문이다.
④ 가열된 공기는 유동성이 없기 때문이다.

76 일정기압에서 온도를 내렸을 때, 대기는 포화되어 수증기가 작은 물방울로 변하기 시작할 때의 온도를 무엇이라 하는가?

① 포화온도　② 노점온도　③ 대기온도　④ 상대온도

77 한랭전선의 특징이 아닌 것은?

① 적운형 구름　② 따뜻한 기단 위에 형성된다.
③ 좁은 지역에 소나기나 우박이 내린다.　④ 온난전선에 비해 이동 속도가 빠르다.

해답

72. 4　**73.** 4　**74.** 2　**75.** 1　**76.** 2　**77.** 2

78 찬 기단이 따뜻한 기단 쪽으로 이동할 때 생기는 전선은?

① 온난전선 ② 한랭전선 ③ 정체전선 ④ 폐쇄전선

79 일반적으로 한냉전선이 온난전선보다 빨리 이동하여 온난전선에 따라 붙고 이어서 따뜻한 기단이 한랭전선 위를 타고 올라가게 되어 따뜻한 공기가 지상으로 닫혀버렸다. 즉 한냉전선이 온난전선에 따라 붙어 합쳐져 중복된 부분을 무엇이라 부르는가?

① 정체전선 ② 대류성 한냉전선 ③ 북태평양 고기압 ④ 폐쇄전선

80 태풍에 관한 설명으로 옳지 않은 것은?

① 열대지방을 발원지로 폭풍우를 등반한 저기압을 총칭해서 열대성 저기압이라고 한다.
② 미국을 강타하는 "허리케인"과 인도지방을 강타하는 "싸이크론"이 있다.
③ 태풍의 발생 회수는 7월경부터 증가하여 8월에 가장 왕성하고 9,10월에 점차 줄어든다.
④ 하층에는 태풍진행 방향의 좌측반원에서는 태풍기류와 일반기류와 같은 방향이 되기 때문에 풍속이 더욱 강해진다.

81 하층운에 속하는 구름은 어느 것인가?

① 층적운 ② 고층운 ③ 권적운 ④ 권층운

82 불안정한 공기가 존재하며 수직으로 발달한 구름이 아닌 것은?

① 권층운 ② 권적운 ③ 고적운 ④ 층적운

83 대류성 기류에 의해 형성 되는 구름은?

① 권층운 ② 적운 ③ 권층운 ④ 고층운

해답

78. 2 **79.** 1 **80.** 4 **81.** 1 **82.** 4 **83.** 2

84 착빙구역에 대한 설명 중 틀린 것은?

① 착빙은 0℃에서 -10℃ 사이에서 가장 많이 생긴다.
② 난류성의 구름속에서 강한 착빙이 일어난다.
③ 층운형 구름속에서 강한 착빙이 일어난다.
④ 적운형 구름속에서 강한 착빙이 일어난다.

85 투명하고 단단한 얼음으로 처음 물방울이 얼어버리기 전에 다음 물방울이 붙기 때문에 전체가 하나의 덩어리가 되며 0°C 일때 잘 발생하는 착빙(icing)은?

① 서리(frost) ② 수빙(rime ice) ③ 우빙(clear ice) ④ 나무얼음

86 바람이 고기압에서 저기압 중심부로 불어갈수록 북반구에서는 우측으로 90° 휘게 되는데 이는 무엇 때문인가?

① 편향력 ② 지향력 ③ 기압경도력 ④ 지면 마찰력

87 공기중의 수증기의 양을 나타내는 것이 습도이다. 습도의 양은 무엇에 따라 달라지는가?

① 지표면의 물의 양 ② 바람의세기 ③ ③기압의 상태 ④ 온도

88 지표면과 해수면의 가열정도와 속도가 달라 바람이 형성된다. 주간에는 해수면에서 육지로 바람이 불며 야간에는 육지에서 해수면으로 부는 바람은?

① 해풍 ② 계절풍 ③ 해륙풍 ④ 국지풍

89 항공기상 용어 중 'WIND CALM'의 의미는 무엇인가?

① 바람의 세기가 무풍이거나 1 kts 이하이다.
② 바람의 세기가 5 kts 이상이다.

해답

84. 3 **85.** 3 **86.** 1 **87.** 4 **88.** 3 **89.** 1

③ 바람의 세기가 10 kts 이상이다.
④ 바람의 세기가 15 kts 이상이다.

90 대기의 표준상태의 조건이 아닌 것은?

① 온도 15° C ② 기압 1013mb
③ 기압 29.92 Hgmm ④ 고도 지표면 높이

91 Icing(착빙현상)에 관한 설명 중 틀린 것은?

① 양력을 감소시킨다.
② 마찰을 일으켜 항력을 증가시킨다.
③ 항공기의 이륙을 어렵게 하거나 불가능하게 할 수도 있다.
④ Icing(착빙현상)은 지표면의 기은이 추운 겨울철에만 조심하면 된다.

92 기상의 모든 물리적 현상을 일으키는 것은?

① 공기의 이동 ② 기압의 변화 ③ 열 교환 ④ 바람

93 공기의 온도가 증가하면 기압이 낮아지는 이유는?

① 가열된 공기는 가볍기 때문이다.
② 가열된 공기는 무겁기 때문이다.
③ 가열된 공기는 유동성이 있기 때문이다.
④ 가열된 공기는 유동성이 없기 때문이다.

94 하늘의 구름상태가 $\frac{6}{10} \sim \frac{9}{10}$ 일 때를 무엇이라 하는가?

① 스캐터(scattered) ② 브로큰(broken)
③ 오버캐스트(overcast) ④ 부분차폐

해답

90. 4 **91.** 4 **92.** 3 **93.** 1 **94.** 2

95 최대의 비행요란을 동반하는 구름 형태는?

① Towering cumulus(적운) ② Cumulonimbus(적란운)
③ Nimbostratus(난층운) ④ Altocumulus (고적운)

96 태풍의 발생 지역 별 호칭 중 틀린 것은?

① 극동지역: TYPHOON ② 인도양지역: CYCLONE
③ 북미지역: HURRICANE ④ 필리핀: WILLY WILLY

97 바람을 느끼고 나뭇잎이 흔들리기 시작할 때의 풍속은 어느 정도인가?

① 0.3~ 1.5m/s ② 1.6 ~ 3.3 m/s ③ 3.4~5.4 m/s ④ 5.5 ~ 7.9 m/s

98 찬 기단이 따뜻한 기단 쪽으로 이동할 때 생기는 전선은?

① 온난전선 ② 한랭전선 ③ 정체전선 ④ 폐쇄전선

99 다음 중 강수현상이 아닌 것은?

① 안개비 ② 안개 ③ 우박 ④ 눈

※ 다음 주어진 문제를 계산하라.

01 마찰이 없는 수평면 위에 정지하고 있던 질량 2 ㎏의 물체에 일정한 힘이 작용하고 있다. 2초 동안의 이동 거리가 10 m이었다면, 이 물체에 작용한 힘의 크기는?

풀이 F = m a = 2 kg × (5 m/s2)= 10 (N)

$s=v_0t+\frac{1}{2}at^2$ 에서 $10=0+\frac{1}{2}a(2)^2 \rightarrow$ a= 5 m/s^2

해답

95. 1 **96.** 4 **97.** 2 **98.** 2 **99.** 2

02 엔진을 작동하지 않고 정지해 있는 드론의 바퀴 점 A와 점B에서 아래 저울을 놓고 측정했을 때 각각 500 N이었고 A점과 B점 사이의 간격은 4 m이었다. 그런데 엔진을 작동한 후 B점에서 측정한 힘은 550 N이었다. 이 차이는 엔진을 작동할 때 프로펠러에 의해 발생하는 짝힘(couple)에 의한 것이다. 이 짝힘(couple)의 크기는 얼마일까?

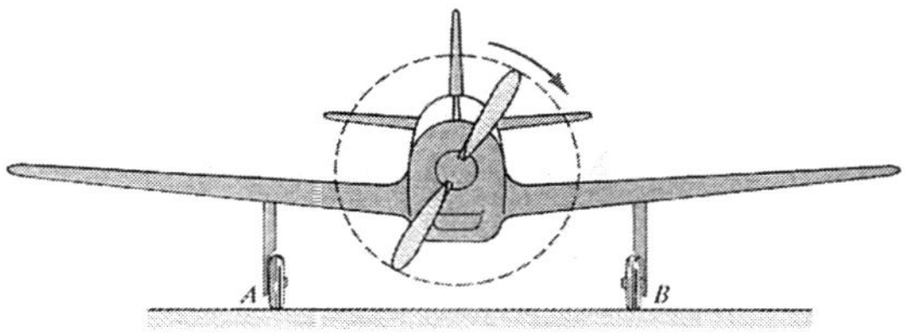

풀이 [(550 N) - (500 N)] x 4 m = 200 N · m

03 체적이 $5m^3$ 인 밀폐된 용기 안에 어떤 유체 4,800 kg 이 들어있다. 이 유체의 밀도와 비체적을 구하라.

풀이 (a) 밀도: $\rho = \frac{4900}{5} = 980[kg/m^3]$

(b) 비체적: $\upsilon = \frac{1}{\rho} = \frac{1}{980} = 1.02 \times 10^{-3}[m^3/kg]$

04 어떤 유체의 체적이 $3m^3$, 중량이 30,000N이다. 비중량과 비중을 구하라. 비중량(specific weight)과 비중(specific gravity)의 정의를 참고하여라. 단, 1 기압 4 ℃에서 물의 비중량은 γ_w= 9800 N/M^{3}이다.

풀이 (a) 비중량: $\gamma = \frac{30000}{3} = 10000N/m^3$

(b) 비중: $S = \frac{10000}{9800} = 1.02$

☞ 비중량(specific weight)은 단위체적당 중량이다.

$$\gamma = \frac{W}{V} \Rightarrow \frac{(kg \cdot m/s^2)}{m^3} = N/m^3$$

$$\gamma = \frac{mg}{V} = \frac{mg}{V} = \rho g \Rightarrow \left(\frac{kg}{m^3}\right) \cdot \left(\frac{m}{s^2}\right) = \frac{(kg \cdot m/s^2)}{m^3} = N/m^3$$

☞ 비중(specific gravity)은 단위가 없는 무차원수로 어떤 유체의 비중량(γ)과 $4C^0$의 순수한 물의 비중량의 비로 정의 한다.

1기압 $4C^0$에서 물의 기준밀도는 ρ_ω=1000kg/m^3 이다.

$$S = \frac{\rho}{\rho_\omega} = \frac{\gamma}{\gamma_\omega}$$

* 유체의 밀도와 비중량은 그 유체의 온도가 주어졌을 때 물성표에서 찾는다. 하지만 온도가 주어져 있지 않고 그 유체의 비중만 알고 있을 때는 1 기압 $4C^0$물을 기준으로 계산한다.

물의 기준 비중량(γ_ω)은 $\gamma_\omega = \rho_\omega g = \left(1000 \frac{kg}{m^3}\right)\left(9.8 \frac{m}{s^2}\right) = 9800\ N/m^3$

05 해면표준고도에서 공기밀도(P_0)가 1.225kg/m^3, 온도(T_0)가 15℃(288K) 그리고 압력(P_0)이 1.01×10^5 N/m^2 이다. 고도 6,000m에서 온도(T)가 −24℃(249K) , 압력(P)이 0.472×10^5 N/m^2 이라면 공기밀도는 얼마냐?

풀이 해면고도에서 체적이 1m^3(v_0)일 때의 공기질량(1.225kg)이 고도 6,000m에서 같은 질량의 공기체적(v)을 구한다.

$$\frac{P_0 v_0}{T_0} = \frac{Pv}{T,} \frac{(1.01 \times 10^5 N/m^2)\,(1m^3)}{(288\ \ K)} = \frac{(0.472 \times 10^5 N/m^2)\,v}{(249\ \ K)}$$

v = 1.86m^3

따라서 해면고도에서 질량 1.225kg은 체적이 1m^3 이고 6,000m상공에서는 체적이 1.86m^3 이므로 공기밀도(ρ)는 질량 1.225kg을 체적 1.86m^{3}으로 나눈 값이므로 0.66kg/m^3 이다.

06 체적이 인 무인비행선 드론이 해면표준고도 상공에 정지한 상태로 떠 있다. 이곳에서의 공기밀도가 이라면 비행선에 작용한 부력은 얼마이냐?

풀이 부력=$(15.000\text{m}^3)(1.1117\text{kg/m}^3)(9.8\text{m/s}^2)$ =
= 1.634×10^5 N

07 어떤 전투용 드론이 고도 3,500 m , 속도 103 m/s로 수평비행 하면서 폭탄을 투하하였다. 공기저항을 무시한다고 하였을 때 폭탄이 지상의 목표물에 부딪칠 때까지 걸린 시간과 지상 목표물로부터 수평방향으로 얼마만큼 떨어진 거리에서 폭탄을 투하해야 목표물을 가격할 수 있겠느냐?

풀이 (i) 수직속도만 고려한 강하시간을 구한다.

초기속도:$V_0 = 0$, 중력가속도: $a = 9.8\text{m/s}^2$,

지상에서 드론까지의 수직거리: 3,500m

$$s = v_0 t + \frac{1}{2} a t^2$$

3,500m = 0 + 1/29.8 $(\text{m/s}^2)t^2$

t = 27 초

(ii) 공기저항을 무시했기 때문에 폭탄이 떨어지는 동안의 수평속도는 투하순간의 드론속도 103 m/s와 같다. 따라서 폭탄이 목표물에 부딪칠 때까지 수평이동거리는 s = (103 m/s) × (27 s) = 2,781 m이다. 그러므로 목표물이 있는 2,781 m 이전에서 폭탄을 투하해야 한다.

08 400rpm으로 회전하는 드론 프로펠러를 설계하려고 한다. 비행중인 드론의 전진속도는 75.0 m/s(270 km/h)이고, 공기 중에서 프로펠러 날개 끝에서 속력은 270 m/s를 초과할 수 없다. 이 속력은 공기 중의 음속의 0.8배이다. 속력을 이 이하로 편안하게 유지하면 소음수준을 허용치 보다 낮게 유지한다.

a) 프로펠러가 가질 수 있는 최대 반지름은 얼마인가?

b) 이 반지름에서 프로펠러 끝의 가속도는 얼마인가?

풀이 먼저 ω를 rod/s로 바꾼다.

$$\omega = 2{,}400\ rpm = \left(2{,}400\ \frac{rev}{\min}\right)\left(2\pi\ \frac{rad}{1\ rev}\right)\left(1\ \frac{\min}{60\ s}\right) = 251 rad/s$$

a) 프로펠러 끝의 접선 속도 $V_p = r\ \omega$는 공기 속으로 나가는 전진속도 V_A와 수직이다. 이들 속도의 벡터 합의 크기가 V_{total}이므로 $V^2_{total} = V^2_A + V^2_p = V^2_A + r^2\omega^2$이다. 따라서 $r^2 = V$, $r = \sqrt{V}$ 이다.

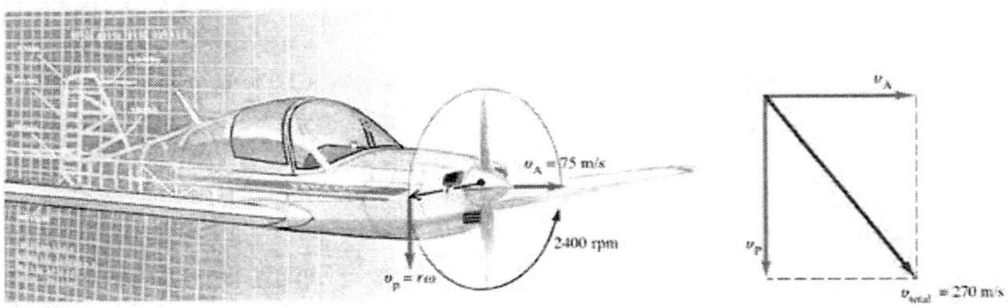

만약 $V_{total} = 270m/s$이면 프로펠러 반지름은 다음과 같다.

$$r = \frac{\sqrt{(270m/s)^2 - (75.0m/s)^2}}{251 rad/s} = 1.03m$$

b) 프로펠러의 각속도는 일정하다. 따라서 프로펠러 끝의 가속도는 순전히 구심가속도이다.

$$a_{rad} = \omega^2 r = (251\ \text{rad/s})^2\ (1.03\text{m}) = 6.5\times10^4\ \text{m/s}^2$$

09 그림과 같이 질량 2kg의 물체가 2 ㎧의 속도로 운동하고 있다. 이때, 이 물체에 운동방향으로 7 N의 힘을 거리s 이등하는 동안 작용시켰더니 5 ㎧의 속도가 되었다. 이 7 N의 힘이 작용한 거리 s는 얼마인가?

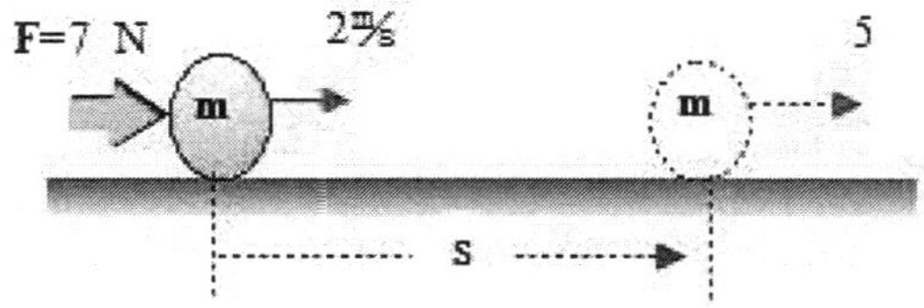

풀이 ➡ $\frac{1}{2}mv_0^2 \pm F \cdot S = \frac{1}{2}mv^2$ 에서

$\frac{1}{2}2(2)^2+7 \cdot \frac{s=1}{2}2(5)^2 \rightarrow \therefore s = 3$ (m)

10 야구 경기에서 질량 0.1 kg인 공이 30 ㎧의 속도로 날아왔다. 이 공의 운동량 크기를 구하라.

풀이 운동량: p= m v = 0.1 kg × 30 m/s = 3 kg m/s

11 야구 경기에서 질량 0.1 kg인 공이 30 ㎧의 속도로 날아왔다. 이 공을 타자가 방망이로 쳐서 반대방향으로 50㎧로 날려 보냈다. 이 공이 받은 충격량을 구하라

풀이 [충격량=운동량 변화]이므로

Ft $= mv - mv_0 = m(v - v_0)$

Ft $= 0.1 \times \{(-50)-(+30)\} = -8$ N s

여기에서 (-)는 야구공이 날아온 (+)방향의 반대방향을 의미.

12 질량 10 kg의 물체를 0.5 ㎧의 속도로 들어 올리는 기중기가 한 일률(power)은 얼마인가?

풀이 먼저 기중기가 들어 올리는 중력(F)은

질량(m)X중력가속도(g)이므로

일률: $P = F v = (mg) v$

$= 10\ kg \times 9.8\ m/s^2 \times 0.5\ m/s$

$= 49\ (W)$

13 질량 5 kg인 물체에 작용한 힘과 변위의 관계 그래프이다. 이 물체가 정지 상태에서 5초 동안 10 m이동하였다면, 이때의 평균일률은 얼마인가?

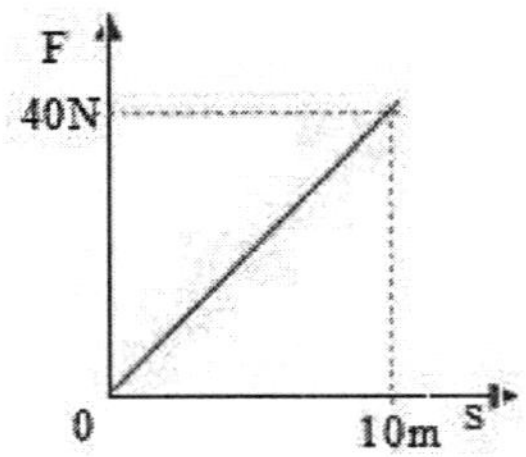

풀이 F-s그래프에서 면적은 (일w)이므로

면적=40 N × 10 m × 1/2 =200 Nm(=J)은 일이다.

일률은 일을 시간으로 나누면 얻는다.

일률: $P=\frac{W}{t}=\frac{(\text{면적})}{t}=\frac{200\ Nm}{5\ s}$ =40(W)

14 어떤 물체에 10 N의 힘을 주어서 힘의 방향과 60°방향으로 50 m를 이동시켰다면, 이 힘이 물체에 한 일은 얼마인가?

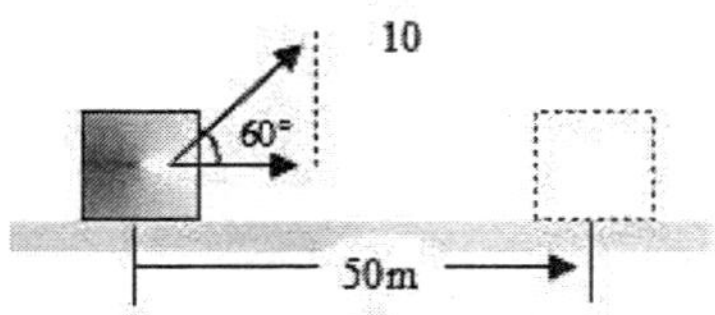

풀이 $W = F s \cos 60^\circ$

$= 10\ N \times 50\ m \times 1/2 = 250\ J$

제3장

드론비행원리

3.1 드론에 작용하는 힘

1) 개 요

• 항공공학(aeronautics)의 핵심과목은 공기역학(aeromechanics)과 비행역학(flight mechanics)이다. 공기역학이 대기 중을 나는 항공기에 작용하는 공기의 힘과 모멘트(aerodynamic forces and moments)를 다룬다면, 비행역학은 이 힘과 모멘트에 의해 일어나는 항공기의 운동(aircraft motion)을 다루기 때문에 이 두 과목은 불가분의 관계가 있다. 즉, 비행역학은 3차원 공간에서 비행체의 운동을 이해하고, 비행체가 지닌 그 성능을 발휘하도록 조종하기 위한 학문으로 구분할 수 있다.

• 따라서 드론에 작용하는 공기에 의한 힘들의 역학관계를 중심으로 기술하면 드론 공기역학(aeromechanics of drone)이고, 드론이 나는 비행궤적에 중점을 두고 기술하면 드론비행역학(flight mechanics of drone)이다.

• 드론비행원리라 하면 드론에 작용하는 힘들과 그 힘의 발생원리 그리고 그 힘들에 의해서 드론이 어떻게 비행하는가를 이해하는 것이 필요하다.

• 특히, 드론을 설계할 때는 그 임무요구조건에 따라 어떠한 성능을 발휘할 수 있는가를 먼저 결정한다. 특히 유인기와 달리 무인기인 드론은 그 임무특성이 매우 다양하기 때문에 설계에 따른 설계요구조건도 매우 다양하게 수용할 수 있다.

① 드론은 낮게 날 수도 있고, 높이 날 수도 있다.

② 하늘에서 정지 비행이 가능하게 할 수도 있다.

③ 천천히 느리게 날 수 있을 뿐 아니라 빠른 속도로 날 수도 있다.

④ 크기가 아주 작고 가볍게 또는 매우 크게 만들 수도 있다.

⑤ 조용히 은밀하게 날 수 있으며 폭음을 내며 요란하게 날 수도 있다.

⑥ 눈에 보이지도 않을 수도 있고, 레이더에 탐지되지 않을 수도 있다.

⑦ 장시간 오랫동안 비행이 가능하고 멀리 장거리 비행도 가능하다.

⑧ 고고도, 저온, 공기 저밀도, 기압이 낮은 곳에서도 임무가 가능하다.

⑨ 주어진 경로에 따라 자동비행과 자율비행이 가능하다.

⑩ 위험한 장소나 오염된 곳에서도 임무 수행이 가능하다.

⑪ 지루하고 힘든 일도 해낼 수 있다.

⑫ 인명 손실 없이도 일을 해낼 수 있다.

⑬ 당신의 가장 친한 친구가 되기도 하고 적이 될 수도 있다.

⑭ 빛, 소리, 카메라, 마이크르폰, 센서, 로봇 팔 등과 같은 다양한 임무장비를 탑재할 수 있다.

• 이상과 같이 어떠한 임무수행을 가능하게 하느냐에 따라 드론의 형상, 기체제작에 소요되는 재료 및 구조 형태, 추진시스템의 종류, 드론의 크기와 탑재장비의 종류, 그리고 드론의 무게 등이 달라진다. 그리고 이러한 드론을 운영할 때도 드론의 비행원리를 잘 이해하고 운영해야 한다.

2) 드론에 작용하는 힘들

• 드론항공역학(aeromechanics of drone)은 항공기(aircraft)인 드론에 작용하는 힘(양력, 항력, 추력, 중력)에 의해 드론의 운동 상태인 비행(flight)을 연구하는 학문이다.

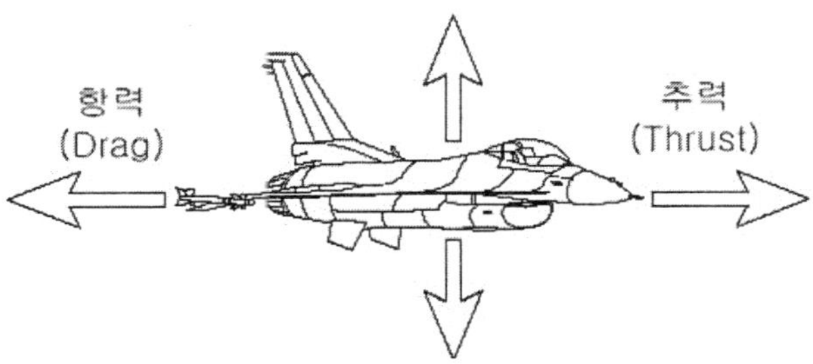

〈고정익 드론에 작용하는 주요한 힘〉

• 드론항공역학의 핵심요소인 드론(물체)에 작용하는 공기력(힘), 그리고 드론의 비행(운동)에 대해 살펴보도록 하겠다.

• 힘은 질량과 속도의 변화인 가속도의 곱이며, 힘의 3요소는 힘의 크기, 방향, 그리고 작용점이다.

- 드론에 작용하는 주요한 힘은 양력, 항력, 추력, 그리고 중력이다.
- 힘의 크기에 따라 운동이 달라진다. 즉, 양력 〉 중력이면 상승비행이고, 추력 〉 항력이면 가속비행, 양력=중력이면 수평비행이고, 추력=항력이면 등속비행이다.
- 양력은 중력을 이기고 들어 올리는 힘이고, 드론이 정지할 또는 진행방향의 수직으로 작용하는 힘이다. 항력은 진행방향의 반대방향, 추력은 항공기 진행방향이고, 중력은 지구 중심방향이다.
- 항공기에서 중력의 작용점은 무게중심(center of gravity)이고, 양력과 항력의 작용점은 공력중심(aerodynamic center)이다.

• 어떤 물체에 힘이 작용하면 운동을 야기하고 그 운동은 일을 하게 되고 일을 하게 되면 일률을 계산할 수 있다. 그리고 일을 할 수 있는 잠재능력이 에너지다. 즉, 외부에서 물체에 힘이 작용할 때 물체에 한 일은 물체의 운동에너지 변화량과 같다. 이 관계를 일-에너지 원리라고 한다.

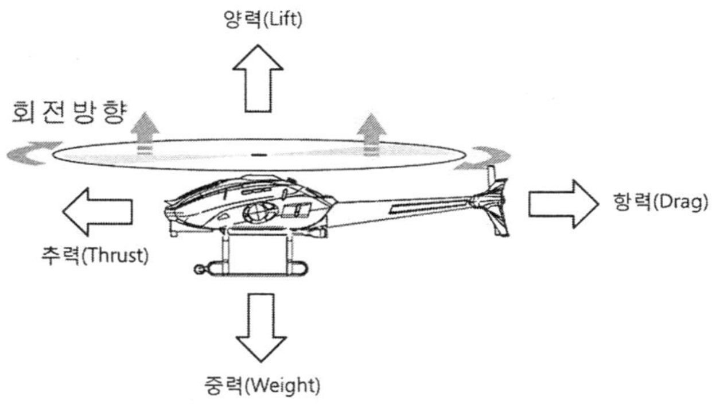

〈회전익 드론에 작용하는 힘들〉

• 비행하는 드론에 작용하는 기본적인 네 가지 힘은 양력(L:lift), 항력(D:drag), 추력(T:thrust), 그리고 중력(W:weight)이다. 이 네 가지 힘이 어떻게 균형이나 또는 불균

형을 이루느냐에 따라 드론의 비행형태가 다르다.

• 등속수평비행을 하는 경우에 양력중력, 추력항력과 같은 힘의 평형 상태를 이루고, 기타 비행은 네 가지 힘의 크기와 방향에 따라 다르다.

• 그런데 추력과 항력을 고려할 때 고정익드론과 회전익드론은 차이가 있다. 고정익드론은 추력이 없으면 드론이 속도를 가질 수 없고, 드론날개에 공기흐름이 없어 양력과 항력이 없으므로 비행이 불가능하다. 그러므로 엔진 추력이 없는 활공기는 위치에너지를 이용하여 추력을 얻기도 한다. 결국 고정익드론은 공중에서 정지비행과 후진비행을 할 수 없는 제한을 받는다.

• 하지만 회전익 드론은 날개가 회전하므로 드론 전체의 이동과는 무관하게 양력을 발생할 수 있다. 따라서 회전익 드론은 추력과 항력이 없는 공중 정지비행(hovering)과 후진이나 좌우 전진 비행 또한 가능하다.

• 기본적으로 드론에 발생하는 네 가지 힘들은 서로 불가분의 관계를 가지고 있으며 완전히 분리해서 생각할 수 없지만 이 힘의 발생 원리나 크기, 그리고 작용하는 방향들을 보다 잘 이해하기 위하여 따로 분리해서 생각할 수도 있다.

• 드론에 작용하는 이 네 가지 힘 중에서 드론에 최대로 작용하는 크기순으로 나열하면 양력〉중력〉추력〉항력 순이다.

• 양력〉중력이면 상승비행, 양력〈중력이면 하강비행이고, 추력〉항력이면 가속비행, 추력〈항력이면 감속비행이다. 이처럼 드론의 여러 비행형태는 이러한 힘들의 여러 조합으로부터 결정된다.

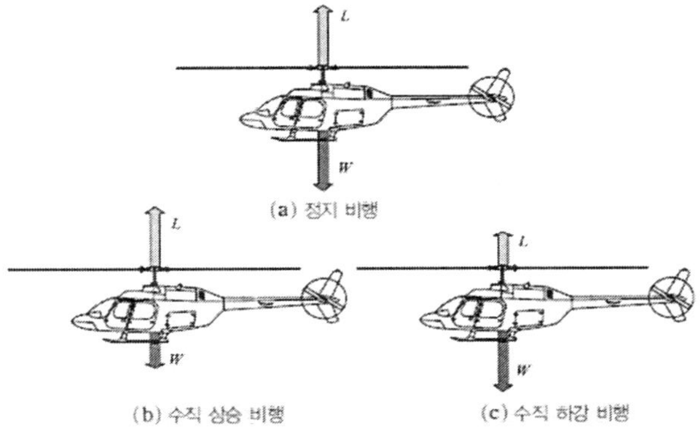

〈정지 및 상승하강 비행〉

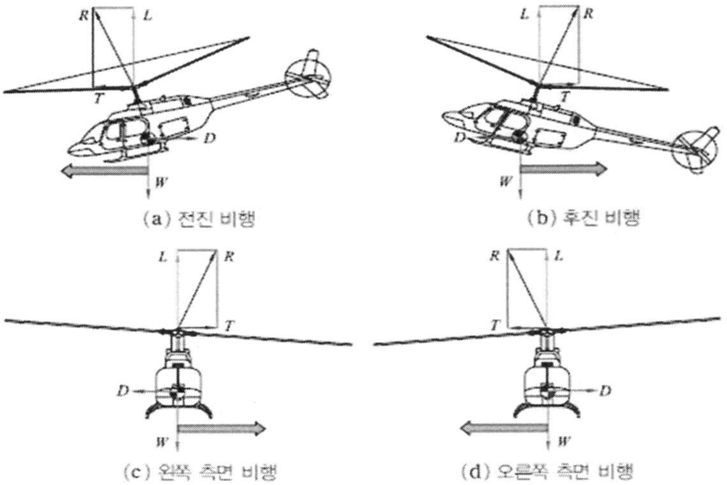

〈전진 및 후진 그리고 좌우비행〉

• 일반적으로 항공역학(aerodynamics)의 중심과제는 드론비행에서 발생하는 양력을 최대로 하고 항력을 최소로 하는 것이다. 양력과 항력을 공력(空力, aerodynamic force)이라 하는데 공력은 공기 중을 지나는 물체와 공기와의 상호 작용(motion)에 의해서 발생하는 기계적인 힘으로 정의한다. 따라서 정지해 있는 물체는 공력이 전혀 없지만 공기 중을 조금이라도 움직이는 물체주위에는 필연적으로 공력이 발생한다. 특히 드론의 비행원리를 이해하기 위해서는 공력 발생 원리를 잘 이해하는 것이 필요하다.

• 공력은 드론의 속도와 공기의 흐름의 성질, 드론의 형상, 날개의 크기와 모양 등에 따라 달라지는데 양력을 최대화하고 항력을 최소화 할수록 경제적인 비행을 할 수 있으므로 드론의 형상을 유선형으로 그리고 날개 단면도 특별하게 설계한다.

• 양력과 항력은 모두 공기력으로 물체에 흐르는 공기와의 상호작용에서 발생하는 힘이다. 드론이 공기 중을 비행하게 되면 날개를 포함한 드론 전체 표면에 작용하는 공기력은 압력에 의한 힘(pressure force)과 전단응력(shear stress force)에 의한 힘이 발생하게 되는데 이 중 드론이 진행하는 방향(공기가 흐르는 방향)과 수직인 성분은 양력이고, 드론이 진행 방향(공기가 흐르는 방향)과 반대방향(공기흐름방향과 평행)이면 항력이다.

• 양력과 항력은 공기가 흐르지 않으면 발생하지 않는 힘이다. 따라서 공기가 드론 주위를 흐르게 하기 위해서는 드론을 움직여 주는 힘이 추력(thrust)이다.

• 결국 드론 설계의 시작은 드론의 무게(weight)예측에서부터 시작한다. 먼저 드론의 임무가 결정되면 그 드론의 무게를 어떻게 가볍게 하느냐의 부단한 노력을 기울이게 된다.

3) 드론의 무게

▶ 중력(gravity)

• 질량 인 드론의 무게($W=mg$)가 지구 중심에 대해 작용하는 힘이 중력(gravity)이다. 지구가 물체에 미치는 힘을 그 물체의 중력(gravity), 즉 무게(weight)라고 한다. 이 힘은 지구의 중심을 향한다. 자유 낙하 하는 물체는 지구 중심을 향하는 가속도 g의 영향을 받는다. 질량 m인 물체의 무게는 뉴턴의 제2법칙 $F=ma$에 $F=W, a=g$를 적용하면 다음과 같다.

$$W = mg$$

▶ 중력 가속도(gravitational acceleration)

• 지표면 근처에서 자유 낙하하는 질량 m에 작용하는 힘의 크기인 중력은 뉴턴의 중력법칙(Newton's law of gravity)에 따른다.

$$F_g = \frac{M_E m}{R^2{}_E}$$

여기에서 G는 중력상수(gravitational constant), M_E는 지구의 질량이고, R_E는 지구의 반지름이다. 무게와 중력을 같다고 놓으면 중력가속도의 값을 구할 수 있다.

$$mg = G\frac{M_E m}{R^2{}_E}, \quad g = G\frac{M_E}{R^2{}_E}$$

여기에 중력상수 값 $G=6.672\times10^{-11} N \cdot m^2/kg^2$, 지구질량

$M_E=5.98\times10^{24} kg$ 지구의 반지름 $R_E=6.38\times10^6\ m$값을 대입하면

• 지표면에서 중력가속도는 $9.8 m/s^2$이다. 이 값은 지구반경을 기준으로 한 지표면에

서의 값이므로 고도가 높아지면 반경이 더 커져 중력가속도는 감소하게 된다. 지상 500km 상공일 경우 중력가속도는 8.43m/s^{2}이다. 그러나 드론은 통상 하부성층권 이하의 고도에서 비행하기 때문에 중력가속도는 9.8m/s^{2}로 일정하다고 간주한다.

▶ 무게의 영향

- 드론을 설계할 때 처음부터 설계종료 때까지 부단하게 노력하는 것이 무게감소다. 드론의 총중량은 다음과 같은 드론의 성능에 영향을 미친다.

① 빠른 이륙 속도가 요구됨
② 이륙거리가 길어짐
③ 상승률 감소
④ 최대상승고도 낮아짐
⑤ 항속거리가 짧아짐
⑥ 순항속도가 낮아짐
⑦ 기동비행성능이 떨어짐
⑧ 실속속도가 높아짐
⑨ 착륙속도가 커짐
⑩ 착륙활주거리가 길어짐
⑪ 탑재능력이 제한됨
⑫ 스핀에서 회전속도가 더 빨라짐

▶ 소재경량화

- 드론설계 및 제작은 가벼운 재질은 물론 구조강도를 높이기 위한 노력을 한다. 항공재료는 가벼우면서도 무게에 비하여 강도가 강하고, 부식에 대한 저항성이 크고, 가공성이 우수한 재질이어야 한다.
- 최근에는 두 종류 이상의 재료를 일체화하여 단일 재료로는 얻을 수 없는 우수한 성질을 갖도록 하는 합성재료인 복합재료를 많이 사용한다.
- 복합재료는 강도중량비가 뛰어나다. 특히, 복합재의 강도는 섬유에 평행한 방향으로 매우 강하고 수직한 방향으로는 약하기 때문에 섬유의 방향성을 이용하여 구조 자체에서 요구되는 강도를 방향에 따라 줄 수 있다.
- 섬유강화수지(FRP : fiber reinforced plastic)의 대표적인 복합재는 유리섬유계, 탄소섬유계, 아라미드섬유계, 보론섬유계 등을 사용해 무게를 줄일 수 있다.
- 초소형 드론을 설계 제작하는 경우는 초경량 소재와 설계기법이 적용되고 있다.

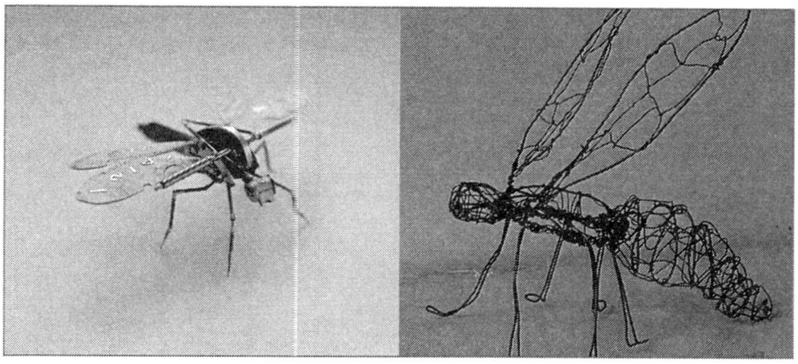

〈드론 경량화〉

• 인간이 날개를 달면 비행이 가능할까에 대한 부단한 열망과 노력을 경주해 왔지만 아직 사람의 몸무게를 들어 올릴 만한 최적화 된 날개와 양력발생 장치 개발은 요원하다.

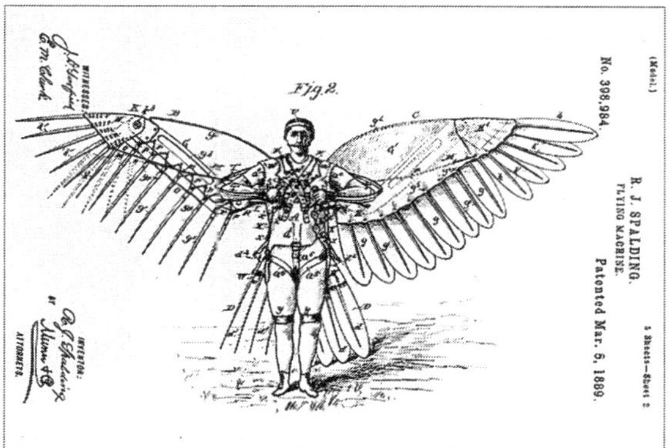

〈자기권과 밴앨런벨트〉

하지만 드론의 무게를 들어올리기 위한 양력발생이론 학습을 통하여 드론 비행원리 및 성능, 그리고 안정성에 관한 이해의 폭을 넓혀본다.

3.2 양력발생이론

• 양력(lift)은 드론의 진행방향, 즉 비행기에 대해 바람이 불어오는 방향에 대해 수직성분으로 작용하는 힘으로 그 발생 원리는 베르누이 방정식을 기본으로 이해할 수 있다.

1) 베르누이 방정식(Bernoulli' s equation)

• 드론에 작용하는 가장 큰 힘이 양력이다. 원래 양력발생이론은 비행문제와는 별도로 연구되어 왔다. 1738년 스위스 수학자 다니엘 베르누이(Daniel Bernoulli, 1700~1782)는 유체흐름의 속도와 압력관계를 나타내는 수학적 표현인 베르누이 방정식을 유도하였다. 베르누이의 방정식은 에너지 보존법칙을 유선(streamline)을 따라 적용한 것으로 흐르는 유체에서 유체의 압력과 속도에 관한 식이다.

가. 유동의 보존법칙

• 유체흐름을 해석하기 위해 흐름을 정상(steady)상태로 가정하고, 유동장(flow field)과 유선(streamline) 및 유관(streamtube)을 다음과 같이 정의한다.

• 유동의 특성인 압력(pressure),온도(temperature), 밀도(density), 그리고 속도(velocity) 등을 해석하기 위해서는 물리학의 3대 보존법칙(Conservation law)을 적용된다.

▶ 질량보존(Conservation of Mass)법칙

• 질량보존법칙은 모든 질량은 새로 생성되거나 소멸되지 않는다.

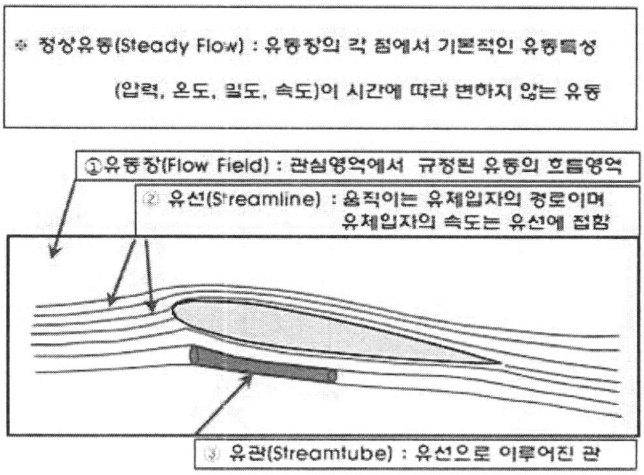

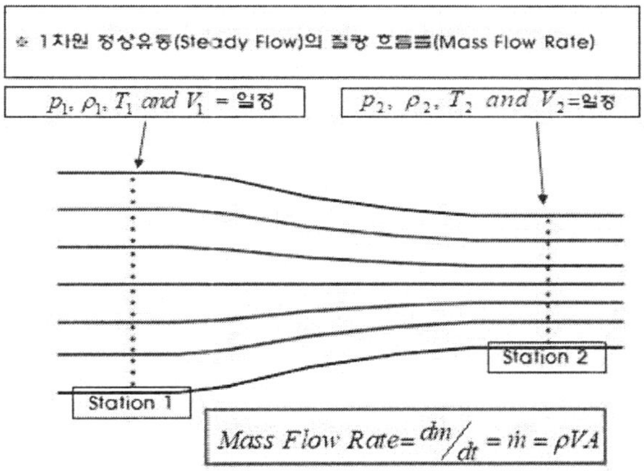

• 들어가는 입구에서의 공기의 질량 흐름률(mass flow rate)과 출구에서의 흐름률이 같으며 이를 수학적으로 표현한 식을 연속방정식(continuity equation)이라한다.

$[pAV]_{입구} = [pAV]_{출구}$ = 일정

• 이 연속방정식은 흐르는 공기 밀도(p)와 유량이 흐르는 면적(A), 그리고 흐름속도(V)의 곱이다.

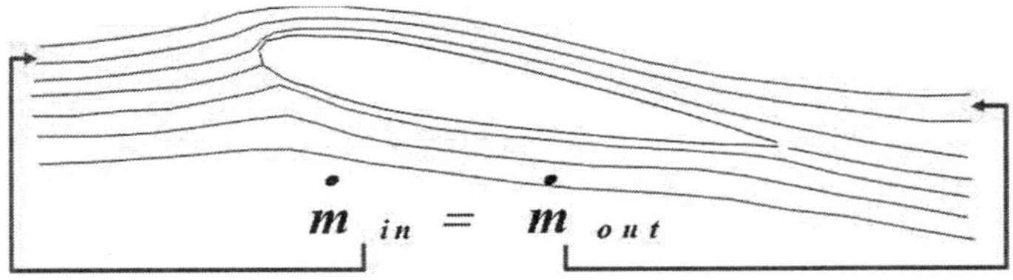

예제 수축노즐 입구 면적은 A_1=5 m^2이고 공기가 속도 V_1=10 m/s의 속도로 유입되고 있다. 만약 노즐 출구에서의 공기 속도가 V_2=30 m/s라면 노즐 출구의 면적은 얼마인가?

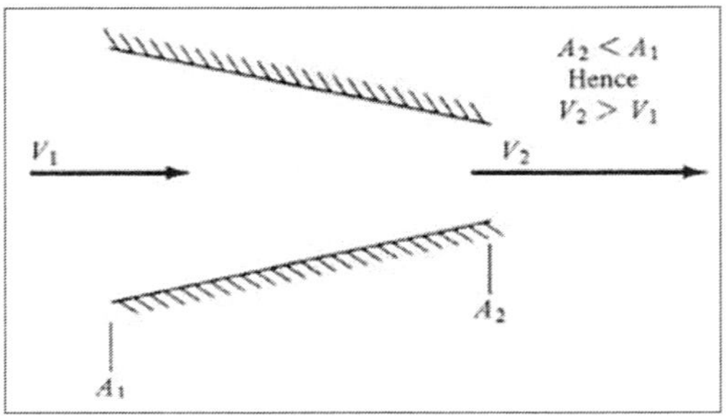

풀이 공기흐름 속도가 100 m/s 이하이므로 공기밀도가 거의 변하지 않는다고 가정하면 연속방정식은 $A_1V_1 = A_2V_2$ 이다.

$(5\ m^2)(10\ m/s) = A_2\ (30\ m/s)$

$A_2 = 1.67\ m^2$

예제 수축노즐에서 노즐입구 면적은 1 m^2, 공기밀도 및 속도는 1.2 kg/m^3, 120 m/s이다. 노즐 출구에서 면적은 0.5 m^2이고 밀도가 1.0 kg/m^3 으로 감소하였다. 이 때 질량 흐름률과 노즐 출구에서의 공기 속도는 얼마인가?

풀이 연속방정식 $p_1A_1V_1 = p_2A_2V_2$ 에서

$$\dot{m}_1 = \rho_1 A_1 V_1 (1.2\ kg/m^3)\ (1.0\ m^2)\ (120\ m/s) = 144\ kg/s$$

$$V_2 = \frac{\rho_1 A_1 V_1}{\rho_2 A_2} = \frac{144\ kg/s}{(1.0\ kg/m^3)\ (0.5\ m^2)} = 288\ m/s$$

▶ **운동량 보존(Conservation cf Momentum)법칙**

- 운동량 보존의 법칙은 뉴턴의 제 2 법칙을 말하는 것으로 물체의 운동량의 시간 변화율은 물체에 가해진 힘의 총합에 비례한다. 공기흐름의 점성을 고려하지 않고 질량 보존의 법칙을 식으로 나타낸 식을 특별히 오일러 방정식(Euler's equation)이라 한다.
- 뉴턴의 제 2 법칙을 유선에 따라 흐르는 유체입자에 적용해 보자

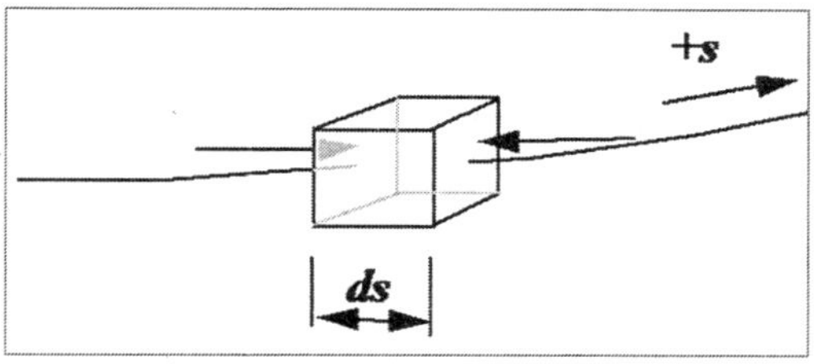

– 유체 입자의 좌측면에 작용하는 힘을 면에 작용하는 압력(P)와 미소면적(dA)의 곱이고, 우측면은 압력(P+dP)과 미소면적(dA)이다.

– 뉴턴의 제 2 법칙 $\sum \vec{F} = m\frac{d\vec{V}}{dt}$ 에서, 등호의 좌변은 미소입자에 작용하는 모든 힘의 합은 등호의 우변인 모든 운동량의 변화와 같다.

– 등호의 좌변은 $\sum F = pdA - (p + dA) = -dpdA$ 이고,

– 등호의 우변 첫째항인 질량($m = pdAds$)은 밀도에 체적을 곱한 것이고, 둘째항은 가속도 항으로 $\frac{dV}{dt} = \frac{dV}{ds}\frac{ds}{dt} = \frac{dV}{ds}V$ 이다.

– 좌우 항을 등호로 놓고 정리하면 $-dpdA = (pdAds)\left(\frac{dV}{ds}V\right)$ 이다.

- 따라서 운동량보존법칙으로부터 운동량 방정식인 오일러방정식을 다음과 같이 얻게 된다.

  $-dp = pVdV$

– 오일러방정식의 물리적 의미는 속도의 미소증가는 압력의 미소감소를 뜻하고 또한 그 반대현상도 성립한다는 것을 뜻한다.

▶ 베르누이 방정식의 유도

- 날개 주위에 흐르는 공기가 정상(steady), 비점성(inviscid), 비압축성(incompressible)흐름이라고 가정하고 유선상의 두 지점에 관한 식을 유도해보자.
- 오일러 방정식을 유선의 임의 지점 ①에서 임의 지점 ②까지 적분을 수행하면 베르누이 방정식(Bernoulli's equation)을 얻을 수 있다.

$$dp=-\rho VdV$$

$$\int_1^2 dp=-\int_1^2 \rho VdV$$

$$p_2-p_1=-\rho\left[\frac{V^2}{2}\right]_1^2$$

$$p_1+\frac{1}{2}\rho V_1^2=p_2+\frac{1}{2}\rho V_2^2$$

▶ 에너지 보존(Conservation of Energy)법칙

- 유선(streamline)을 따라 일정(steady)하게 흐르는 유체질량(m)은 세 가지 종류의 에너지를 갖는다. 즉 속도 V로 움직이는 운동에너지($1/2mV^2$), 체적(v)이 받는 압력에너지(Pv), 그리고 흐르는 고도(h)에서 중력(mg)을 받는 중력에너지(mgh)이다. 세 에너지의 총합은 일정하므로 다음과 같다.

$$\frac{1}{2}mV^2+mv+mgh=\text{일정}$$

각 항을 체적(v)으로 나누면 밀도($p=m/v$)를 포함하는 압력 항으로 표현되며, 공기에 의한 위치에어지(mgh)는 pgh가 된다.

$$\frac{1}{2}\rho V^2+P+\rho gh=\text{일정}$$

유체가 가벼운 공기일 경우 중력 항(pgh)을 무시할 수 있다.

$$P+\frac{1}{2}\rho V^2=\text{일정}$$

P는 정압(static pressure)이고 $1/2pV^2$은 흐르는 공기가 갖는 동압 (dynamic pressure)이며, 두 압력의 합이 전압(total pressure)이다.

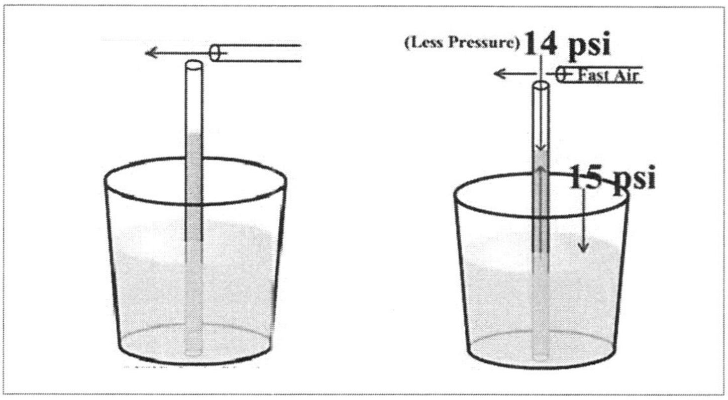

〈공기흐름의 속도와 압력관계 실험〉

- 에너지 보존법칙에 의해 "공기흐름에서 동압과 정압의 합은 일정하며 전압과 같다."는 것을 의미한다. 공기의 흐름속도가 빨라지면 동압은 커지고 정압은 작아지며, 반대로 흐름속도가 느려지면 동압이 감소하고 정압은 커지지만 두 압력의 합은 항상 일정하다. 이는 운동에너지의 증가가 압력에너지의 감소로 에너지 변환이 이루어지는 과정이라 볼 수 있다.
- 에너지보존법칙으로부터 유도된 베르누이방정식은 유선을 따라 흐르는 유체의 두 지점 사이에 있어서도 성립한다. 즉 유선의 한 점 ①과 또 다른 한 점② 에서 밀도변화가 없다고 하면 이 때의 베르누이방정식은 다음과 같다.

$$P_1+\frac{1}{2}\rho V_1^2=P_2+\frac{1}{2}\rho V_2^2=\text{일정}$$

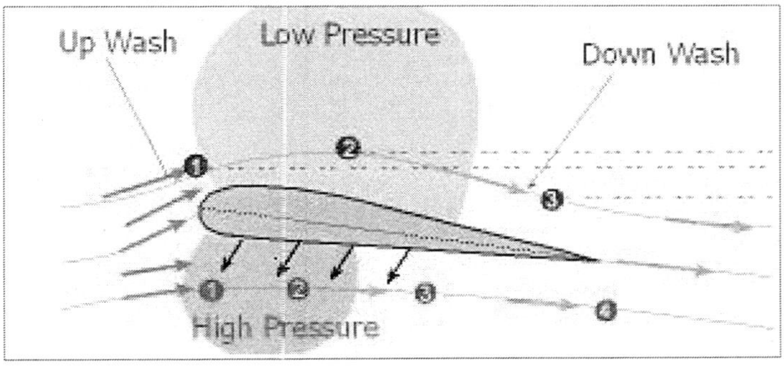

〈두 지점에서의 정압과 동압의 합〉

나. 베르누이방정식과 피토 튜브

• 베르누이 방정식은 양력발생의 기본원리를 수학적으로 명쾌하게 보여줄뿐 아니라 항공기의 속도를 측정하는 피토튜브의 이론적 원리를 제공한다.

$$P_1+\frac{1}{2}\rho V_1^2=P_2+\frac{1}{2}\rho V_2^2=\text{일정}$$

• 공기흐름 중에 놓인 피토튜브는 공기흐름의 전압(total pressure)과 정압(static pressure)을 전압구와 정압구를 통해서 측정한다.

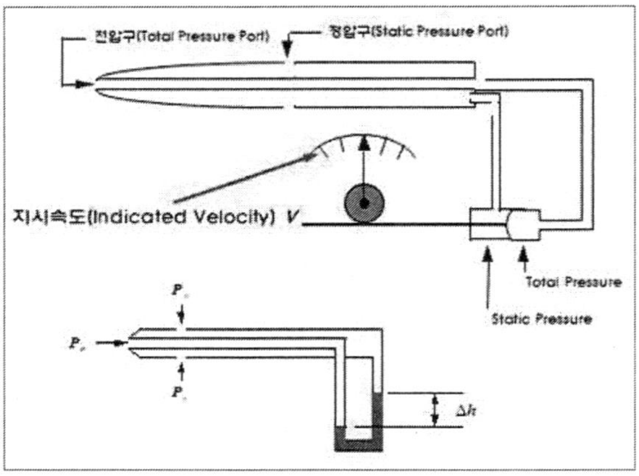

〈피토튜브의 원리〉

• 전압구에서 공기흐름은 정체되어 속도가 0에 이르게 된다. 따라서 위의 베르누이 방정식은 다음과 같다.

$$P+\frac{1}{2}\rho V^2=P_t=\text{일정}$$

• 전압과 정압 차이로 부터 동압을 구한 후 다음과 같이 항공기 속도를 구한다.

$$\frac{1}{2}\rho V^2=P_t-P$$

$$V=\sqrt{\frac{2(P_t-P)}{\rho}}$$

예제 드론이 고도 5,000 ft에서 속도 175 ft/s로 비행 중이다. 드론에 장착된 피토튜브에서 측정된 전압은 얼마인가?

풀이 주어진 값:

- 비행속도: V = 175 ft/s, 대기압: P = 1,761 lb/ft^2 , 밀도: p = 0.002048 *slug*/ft^3
- $P+\frac{1}{2}\rho V^2=P_t$ 이므로

  P_t=1,761 lb_f/ft^2+ (0.5) (0.002048 $slug/ft^3$) (175 ft/s)^2

  P_t=1,792.4 lb_f/ft^2

2) 매그너스 효과

1853년 독일의 물리학자 하인리히 구스타프 매그너스(Heinrich Gustav Magnus, 1802~ 1870)는 원통이나 구형의 물체가 유체에 잠겨 회전할 때 유체흐름의 속도가 빨라지는 부분에 압력이 낮아져 물체회전방향으로 날아가는 물체의 궤도가 휘는 현상을 밝혔는데 이를 매그너스 효과(Magnus effect)라 한다.

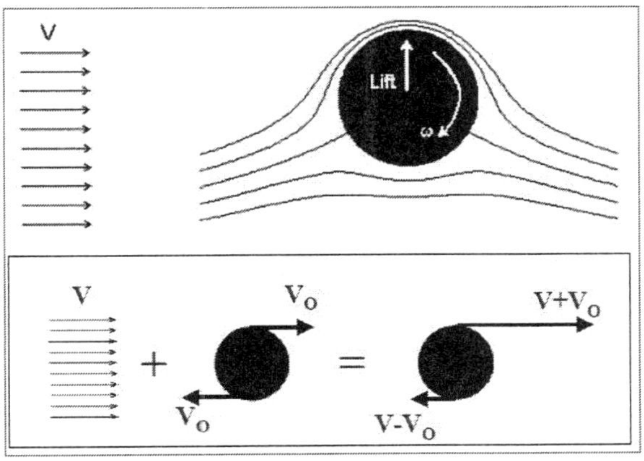

〈공의 회전에 의한 매그너스 효과〉

베르누이방정식을 잘 설명해 주고 있는 매그너스 효과는 우리 주변에서 많이 찾아

볼 수 있다. 위 그림에서처럼 공을 오른쪽에서 왼쪽으로 던지면서 회전을 시계방향으로 발생하도록 하였다. 공기흐름이 회전방향과 같은 공 위 부분의 공기흐름 속도는 빨라지고($V+V_0$) 상대적으로 압력이 낮아지는 반면, 아래 방향은 속도는 느려져($V-V_0$) 상대적으로 압력이 높아진다. 따라서 공이 위로 뜨게 되는 효과를 말한다. 이 효과는 공의 회전과 날아가는 괘도와의 관계를 밝힌 것이다. 공이 빠를 때는 공의 회전에 의한 영향이 크지 않다가 속도가 줄어들면서 스핀효과가 더 커진다. 공에 스핀을 넣어서 세게 찰 경우 처음에는 직선 상태로 날다가 특정 속도 아래로 내려가면 공 주변에 스핀효과가 나타나면서 공이 급격하게 휘어지는 현상이 나타난다.

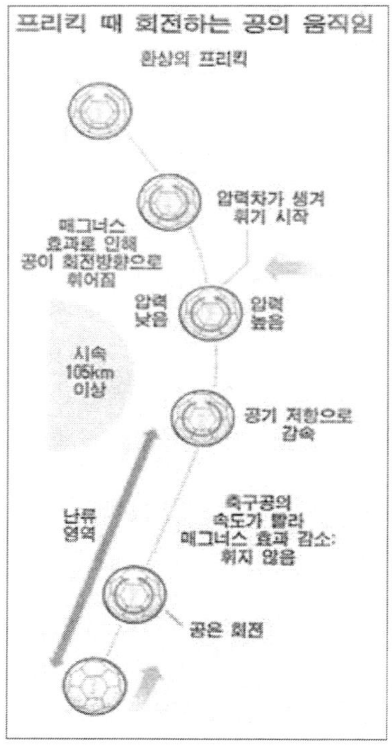

〈야구의 커브볼과 축구의 바나나 킥〉

3) 에어포일 이론

가. 에어포일의 기하

- 2차원 날개인 에어포일은 날개의 기본 형태를 이루지만 에어포일의 형태와 이의 표면을 따라 흐르는 유체 상태에 따라 그 특성이 달라진다. 뿐 만 아니라 3차원 날개(wing)의 공력특성과는 차이가 있다. 즉, 날개는 가로세로비, 후퇴각 또는 고양력 장치 등에 따라 비행기의 공력특성은 크게 달라진다.
- 효율적인 공력발생을 목적으르 한 날개 단면은 여러 가지 형태가 있다. 날개 단면의 각 부분별 명칭(名稱, nomenclature)을 다음과 같다.

① 앞전(LE: leading edge):에어포일의 앞 끝

② 뒷전(TE: trailing edge):에어포일의 뒤 끝

③ 시위선(chord line):앞전과 뒷전을 연결하는 직선

④ 시위(chord, c):시위선의 길이

⑤ 두께(thickness, t):시위선에서 위아래면 사이의 수직거리

⑥ 두께비(thickness ratio):두께와 시위선과의 비, %로 표시

⑦ 평균캠버선(mean camber line):두께의 이등분점을 연결한 선

⑧ 캠버(camber):시위선과 평균 캠버선까지의 길이

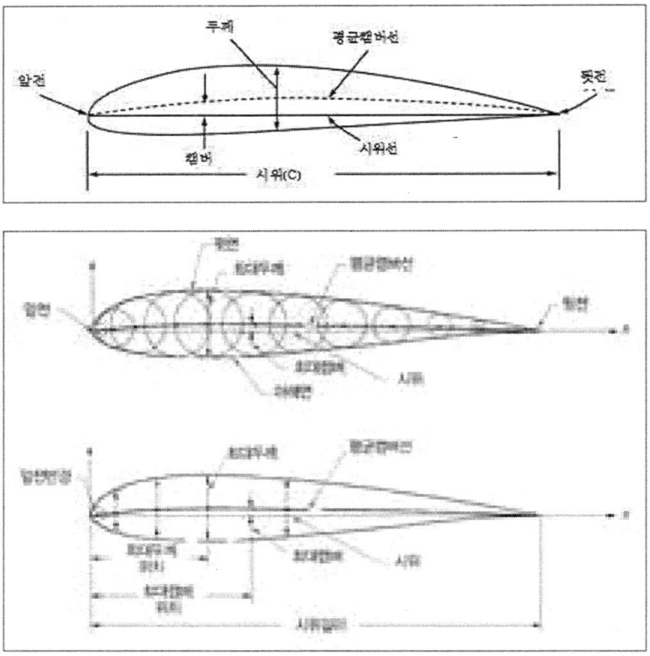

〈날개 단면의 각 부분별 명칭〉

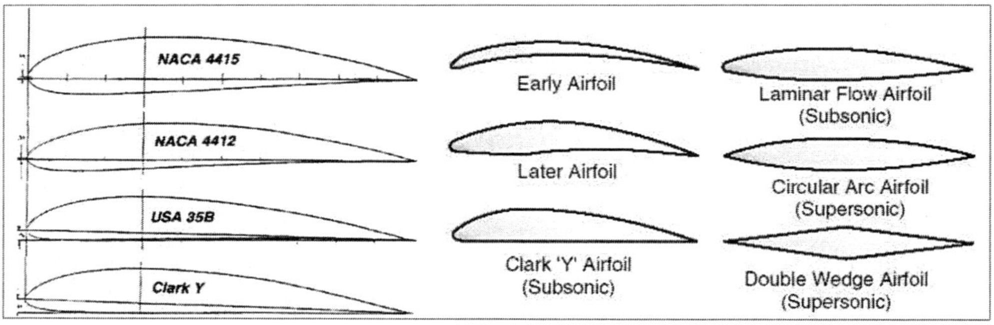

〈NACA 에어포일 형태〉

• 에어포일의 표준형태는 미국의 국립항공자문위원회 NACA(National Advisory Committee of Aeronautics)에서 에어포일을 계열별로 분류한다.

① 4자리 : (ex) NACA 2 4 1 5 (기준 : 시위)

- 5 : 최대 두께가 시위길이의 15%
- 4 : 최대 캠버가 시위길이의 40%에 위치
- 2 : 최대 캠버가 시위길이의 2%

② 5자리 : (ex) NACA 2 30 15

- 15 : 최대 두께비 : 15%C
- 30 : 최대 캠버위치의 2배 : LE에서 15%C
- 2 : 최대 캠버 : 2%C

③ 대칭형 : NACA 0012와 같이 처음 두 자리가 0이다. 이는 최대 캠버와 최대 캠버 위치가 모두 0임을 의미한다. 즉, 캠버가 없다는 것이다. 에어포일에 캠버가 없으면 시위선을 기준으로 시위선 위와 아래의 에어포일 모양이 대칭이 된다. 따라서 이러한 에어포일을 대칭형 에어포일이라고 한다.

나. 에어포일 주위의 공기흐름

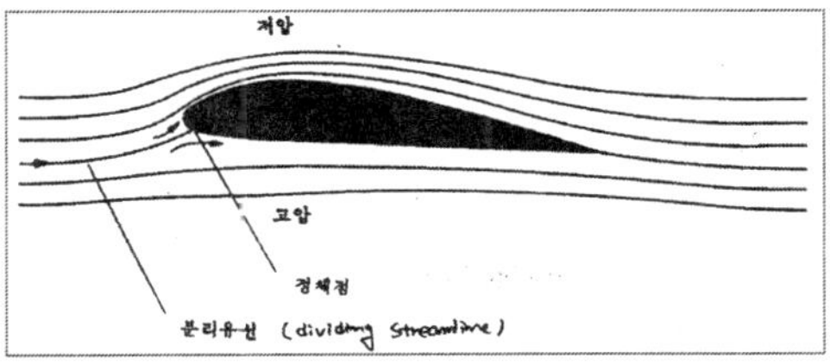

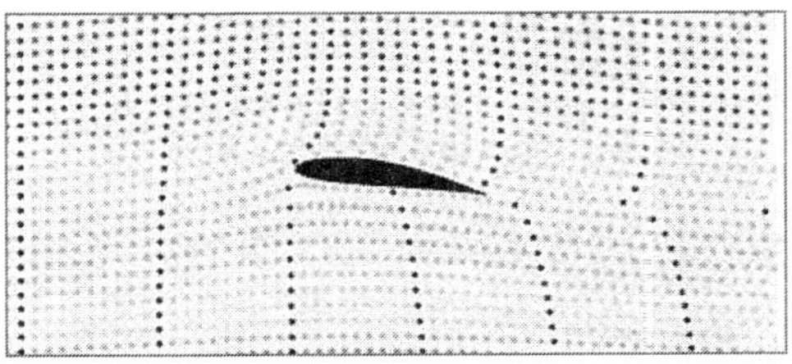

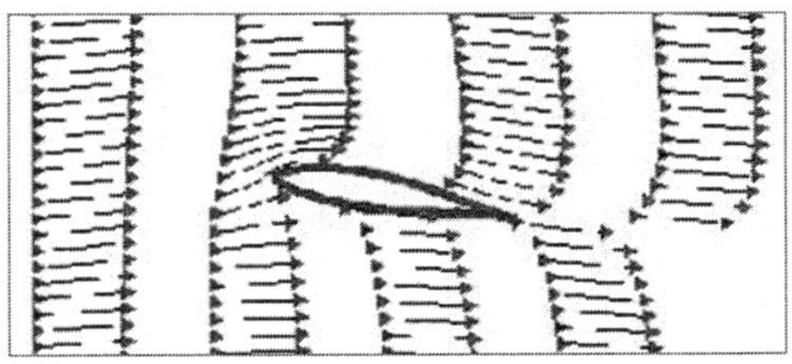

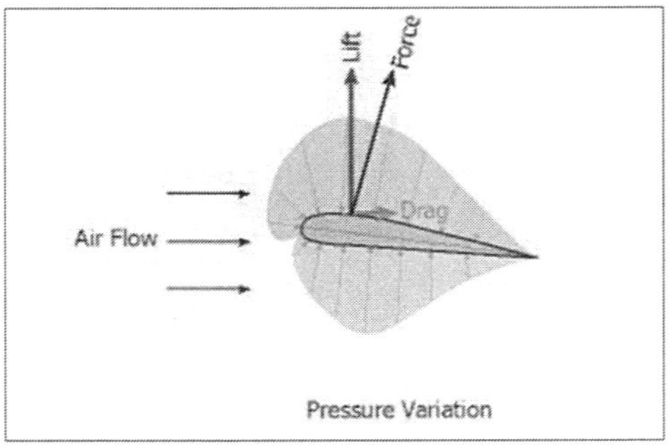

〈공기흐름의 속도와 압력변화 관계〉

- 날개단면(airfoil)의 윗면 부분은 공기흐름의 속도가 빨라 압력이 상대적으로 낮아짐을 보여 주고 있다. 공기흐름이 상대적으로 느린 아랫면의 압력은 높게 된다. 결국 압력이 낮아진 날개면적을 고려하면 낮은 압력부분은 양력을 발생하게 된다.
- 에어포일 주위의 공기흐름은 에어포일의 캠버의 정도나 두께 등에 의해 속도가 달라지고 압력 차도 달라진다. 그러나 에어포일의 캠버나 두께만으로 속도변화에 의한 압력변화를 기대하기란 무리이다. 따라서 가장 효과가 큰 받음각에 대해서 알아보자.
- 아래 그림에서처럼 에어포일이나 날개의 두께만으로 속도차를 유지하면서 압력차가 발생하기란 한계가 있다.

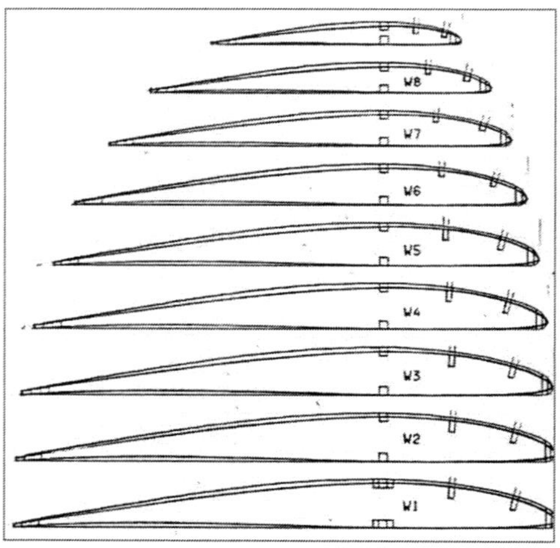

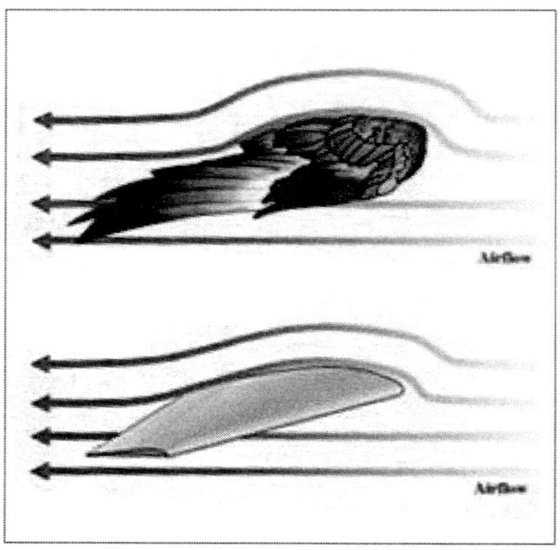

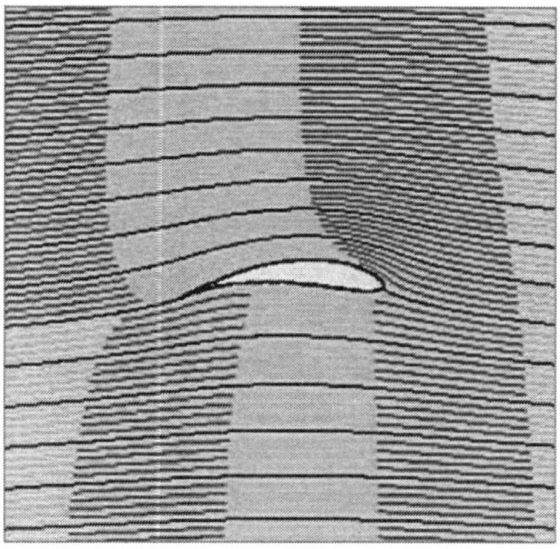

다. 받음각

▶ 상대풍과 받음각

- 받음각(α, angle of attack)이란 상대풍(relative wind)과 시위선(chordline)이 이루는 각으로 정의한다. 상대풍이란 에어포일이 날아가는 것을 에어포일이 정지한 상태로 가정하고 날아가는 속도만큼 바람이 불어온다고 가정한 것이다.

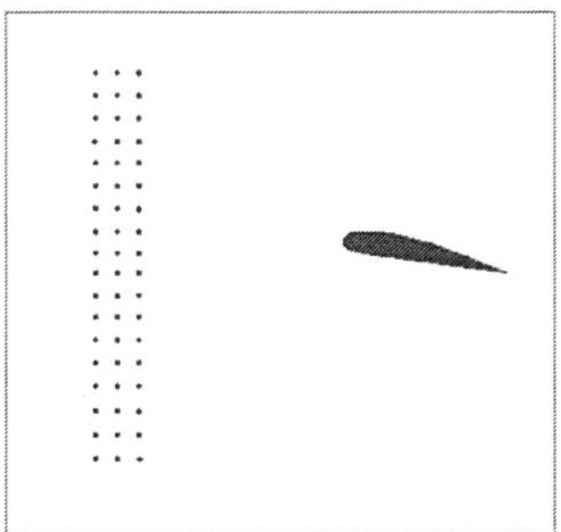

〈상대풍〉

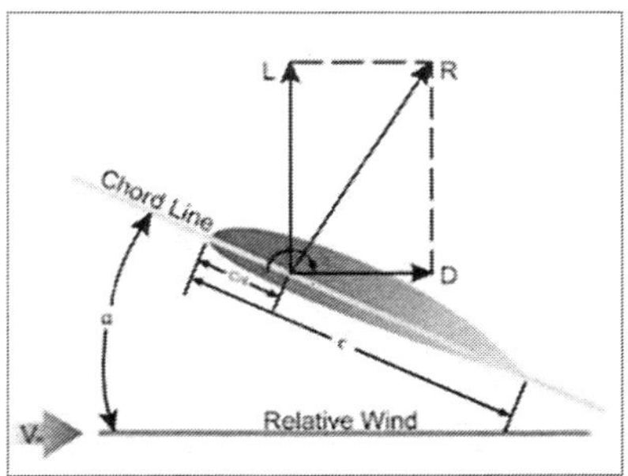

〈받음각의 정의〉

- 양력 발생 원리를 이해하기 위해서는 받음각(angle of attack)을 이해하는 것이 매우 중요하다. 에어포일의 캠버가 없거나 충분하지 않아도 받음각으로 양력을 발생할 수 있기 때문이다.
- 실제 상하 대칭인 에어포일은 받음각이 없으면 양력이 전혀 발생하지 않는다.

대칭형 에어 포일이 양력을 발생하기 위해서는 받음각을 갖게 되면 양력이 발생하게 되고 캠버가 있는 에어포일도 충분한 양력을 발생하기 위해서는 받음각을 갖도록 한다.

- 심지어 날개가 상하로 뒤집힌 배면비행(invert flight)이 가능할 수 있는 것도 받음각으로 양력을 발생하도록 한다. 그래서 공기흐름의 운동에너지를 증가시키기 위한 에어포일의 곡면보다 더 큰 영향을 미치는 것이 바로 받음각(angle of attack)이다.
- 받음각에 의한 양력발생은 뉴턴의 작용 반작용의 원리에 의해 아래 그림과 같이 에어포일 아랫면에 부딪친 공기가 아래로 향하면서 그 반작용으로 에어포일을 위로 들어 올리는 양력을 발생시킨다. 이러한 작용은 연(kite)을 하늘에 날릴 때 전형적으로 사용하는 방법이다. 뿐 만 아니라 받음각 증가는 에어포일 윗면의 공기흐름에 운동 에너지를 증가시켜 동압을 크게 함으로써 압력감소로 양력 증가를 가져오게 된다. 그러나 과도한 받음각 증가는 에어포일 표면을 따라 흐르는 공기의 흐름 분리(flow separation)로 오히려 양력 감소를 가져 오게 된다.

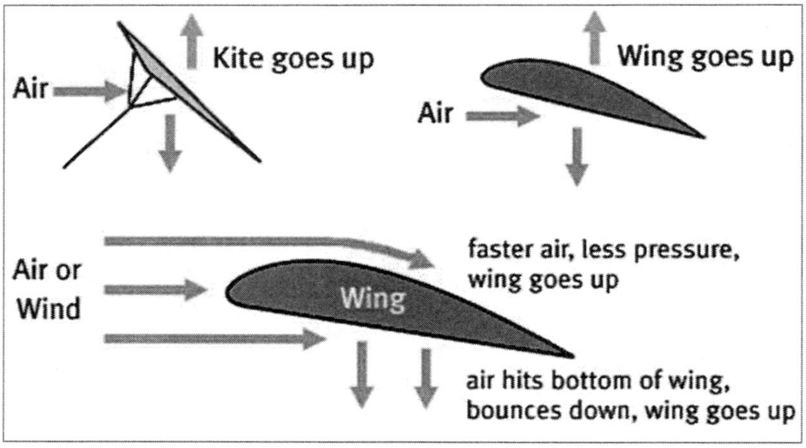

〈받음각과 양력 발생〉

- 받음각의 증가는 드론의 양력을 증가시키는 매우 유용한 수단이지만 어느 일

정 각도의 범위 내에서만 가능하다. 항공기의 받음각은 양력증가의 매우 중요한 기능을 하지만 어느 이상의 각을 벗어나면 양력이 급감하고 항력이 급증하는 오히려 매우 나쁜 상황에 이를 수 있다. 이처럼 받음각을 최대로 증가시킬 수 있는 한계각을 임계받음각(critical angle of attack)이라고 한다. 드론이 임계받음각에 이르렀을 때 최대양력계수 값을 얻을 수 있고 이 임계받음각을 넘으면 실속(stall)상태에 이르게 된다.

▶ **받음각 변화와 공력중심**

- 공력중심(AC: aerodynamic center)이란 공기력인 양력과 항력이 발생하는 힘의 작용점을 말하며 에어포일의 경우 통상 시위선의 25%에 위치한다. 이 공력 중심은 받음각이 변해도 변하지 않는다.
- 압력중심(CP: center of pressure)은 공기흐름에 의해 에어포일 주위에 분포된 공기의 압력분포의 중심을 말하는 것으로 압력중심은 받음각이 증가하면 앞전방향으로 이동하고 받음각이 감소하면 뒷전방향으로 이동한다.
- 양력(L)은 상대풍(V)과 수직한 방향으로 작용하고 항력(D)은 상대풍과 평행한 방향으로 작용한다. 시위선(C)과 수직한 방향으로 작용하는 힘을 수직력(垂直力, normal force:)이라 하고, 시위선(C)과 평행한 방향으로 작용하는 공기역학적인 힘을 축력(軸力, axial force;)이라 한다. 받음각이 없을 때는 양력(L)과 수직력(N), 그리고 항력(D)과 축력(A)은 일치하지만 받음각이 있을 때는 다르다. 등속수평비행하는 경우 받음각은 비행속도에 따라 달라진다.

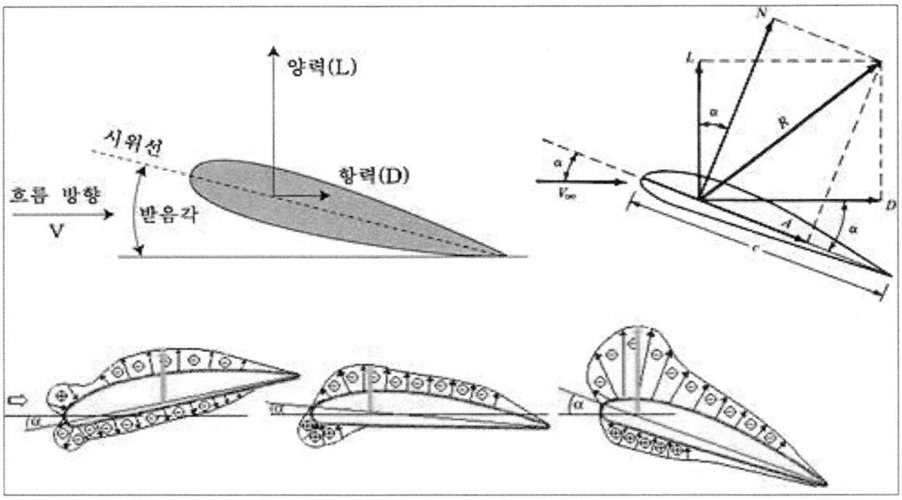

〈받음각 변화에 따른 공력중심과 아력중심〉

▶ **받음각 변화에 따른 속도와 압력변화**

- 받음각이 증가하면 에어포일위의 공기흐름의 속도가 빨라지면서 압력이 낮아진다. 이러한 관계는 받음각 증가에 의한 공기흐름이 일어나기 전인 임계받음각까지 양력은 증가하고 항력도 증가한다.
- 대칭형 에어포일은 받음각이 없으면 속도변화에 따른 압력변화도 없고 양력이 발생하지 않지만 받음각이 있으면 양력이 발생한다.

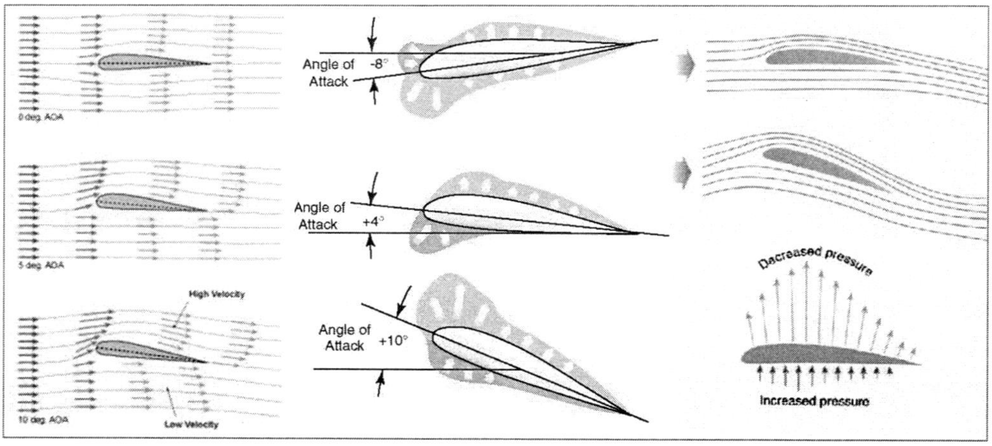

〈받음각 변화에 따른 속도 및 압력변화〉

▶ **받음각과 붙임 각**

- 받음각이 비행 중인 조종사에 의해서 조종되는 각이라면 붙임 각(incidence angle)은 설계 제작자에 의해서 날개를 동체에 부착할 때 이미 받음각을 주어 제작된 각을 말하다.
- 붙임 각은 지상이륙 중 조종사가 받음각을 줄 수 없는 상태에서 이미 받음각 효과를 발휘할 수 있도록 기체에 날개를 부착할 때 주어진 각이라 할 수 있다. 이는 이륙 중 양력증가에 기여한다.

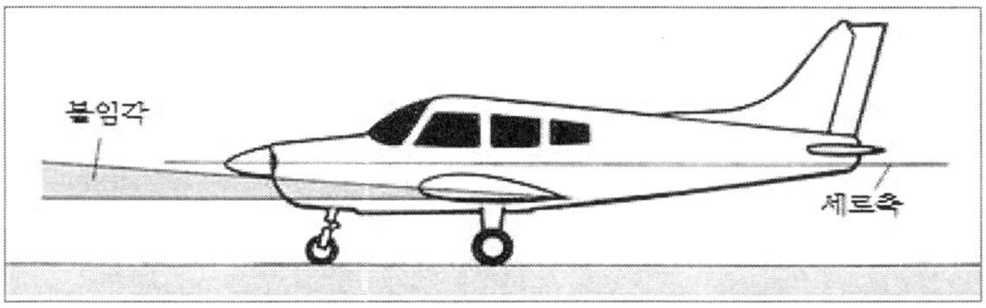

〈비행기의 날개 붙임각()〉

▶ **받음각, 붙임각, 상승각, 그리고 피치각의 관계**

- 받음각과 상승각을 구분할 수 있어야한다. 그림에서 위 그림은 받음각 15도로 수평 비행하는 자세이고, 아래 그림은 상승각 15도로 상승비행하는 그림이다.

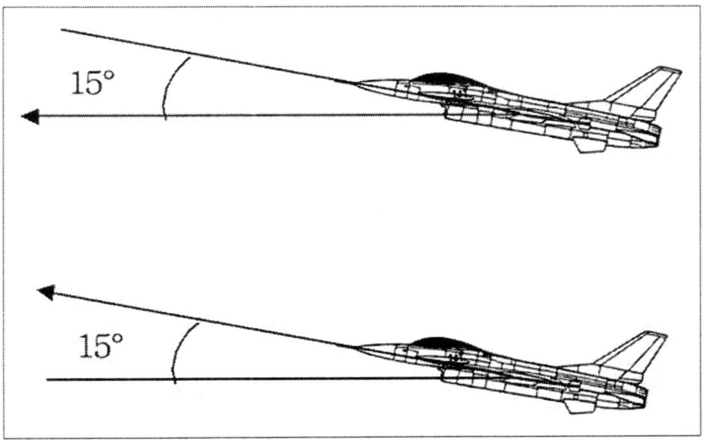

〈받음각과 상승각의 차이〉

- 받음각(α)과 상승각(γ)을 가지고 상승비행하는 드론의 피치각(θ)은 다음과 같다.

$$피치각(\theta) = 받음각(\alpha) + 상승각(\gamma)$$

- 드론에 이미 붙임각(incidence angle: α_i)이 주어졌다면 상승비행할 때의 피치각(θ)은 다음과 같다,

$$피치각(\theta) = 받음각(\alpha) + 상승각(\gamma) + 붙임각(\alpha_i)$$

라. 흐름분리와 실속

- 흐름분리(flow separation)란 공기흐름이 물체표면을 따라 흐르다가 표면으로부터 떨어져 나가는 현상을 말한다. 드론의 경우 공기흐름이 날개 윗면을 따라 흐르다가 받음각이 점점 증가하게 되면 공기흐름의 경계층이 더 이상 날개표면을 따라 흐르지 못하고 분리되는 현상이 일어난다.
- 이러한 공기흐름의 분리가 발생하면 결국 드론은 양력을 급격히 상실하면서 항력이 급증하게 되는 실속(失速: stall)에 들어가게 된다. 아래 그림은 받음각이 증가하면서 날개 위에서 공기흐름의 분리가 일어나는 과정을 보여주고 있다. 받음각이 임계받음각(160)을 넘게 되면 흐름분리를 일으켜 양력 손실은 물론 압력증가로 인한 항력(drag)이 급격히 증가하게 된다.

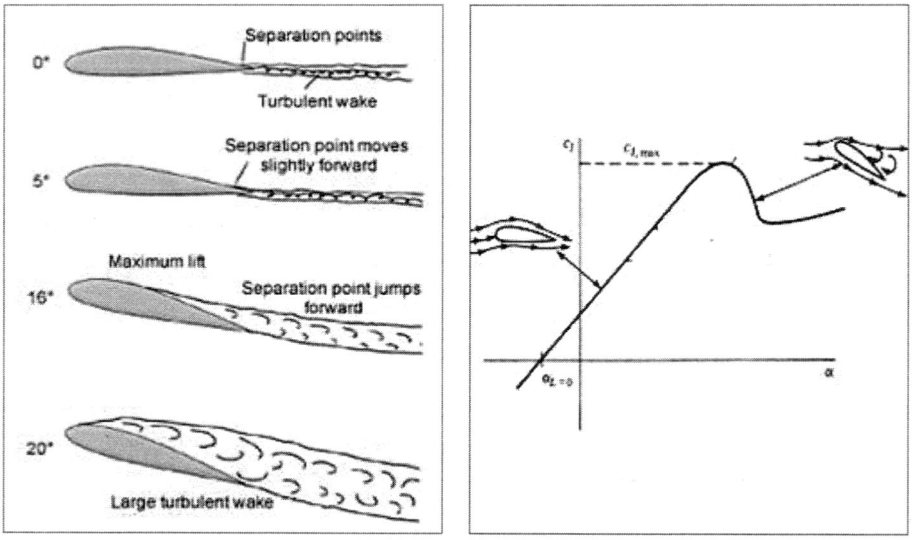

〈공기흐름의 분리와 임계받음각〉

마. 에어포일 활용분야

- 드론이 하늘을 날 수 있는 것은 양력을 발생하는 날개(고정익 또는 회전익)가 있기 때문이다. 날개는 효과적으로 양력을 발생하면서 항력을 최소화 하는 공력특성을 가져야 한다. 이러한 최적의 형상이 에어포일이다. 에어포일(airfoil)이란 날개 단면(wing section)을 말하며 항력을 최소화한 유선형(streamline)으로 2차원 날개이다.
- 에어포일은 유선형이기 때문에 유체흐름이 표면을 따라 매끈하게 지나면서 흐름이 빨라지는 부분에 압력이 낮아지고 상대적으로 압력이 높으며 유체흐름에 대한 항력도 최소화 할 수 있다는 장점이 있어 유체 기계에 많이 사용하는 형태이다.
- 에어포일은 드론의 날개, 프로펠러, 회전로터, 깃(blade)이나 풍차, 터빈, 압축기 등 다양한 회전 유체기계의 단면형태에서 찾아볼 수 있다.

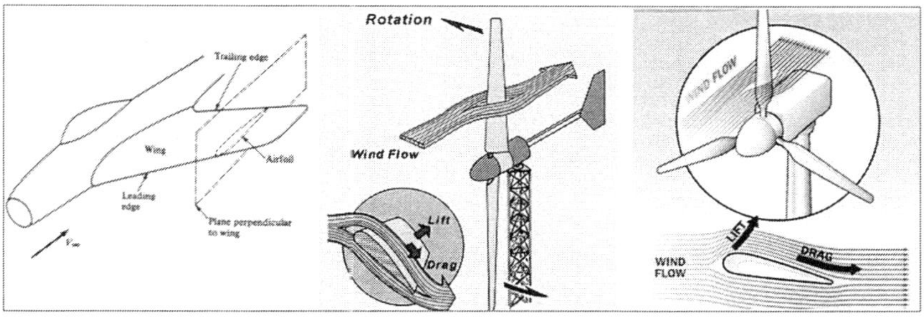

〈항공기, 풍력 브레이드〉

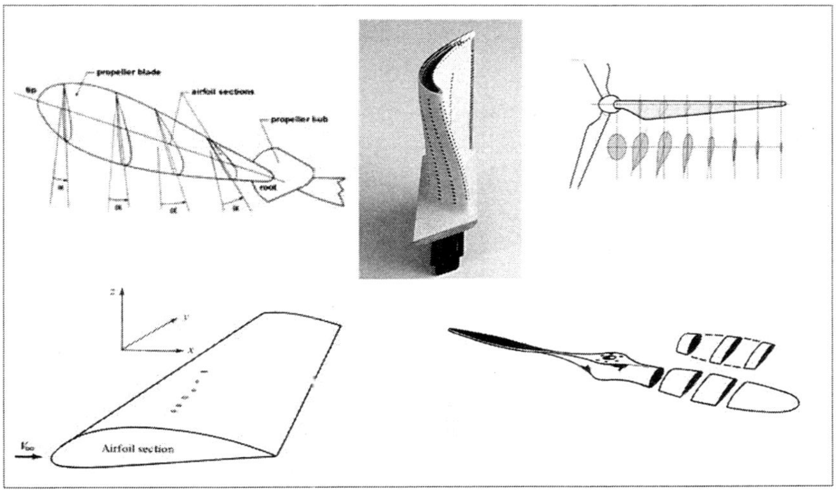

〈프로펠러, 터빈 및 압축기 브레이드, 로터 블레이드〉

3.3 날개이론

• 새(bird)가 날기 위해서는 공기 중에서 날개 짓을 하듯이 항공(aviation)이란 어원은 바로 새로부터 유래했으므로 날개 없는 드론은 상상할 수 없다. 그런데 그 날개가 고정익(fixed wing)일 수도 있고, 회전익(rotary wing)일 수도 있다. 대부분의 비행체는 날개로부터 양력을 얻어 난다.

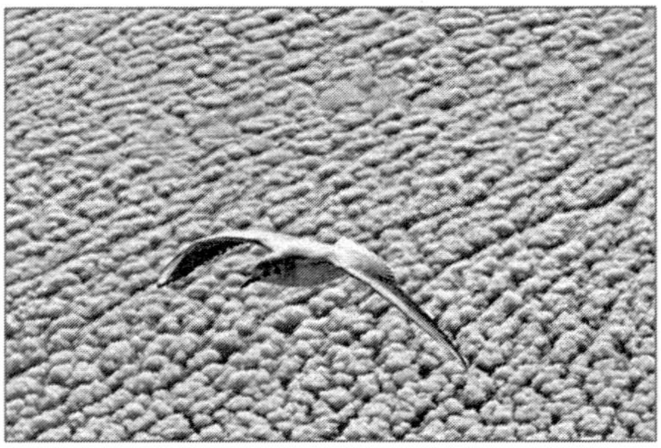

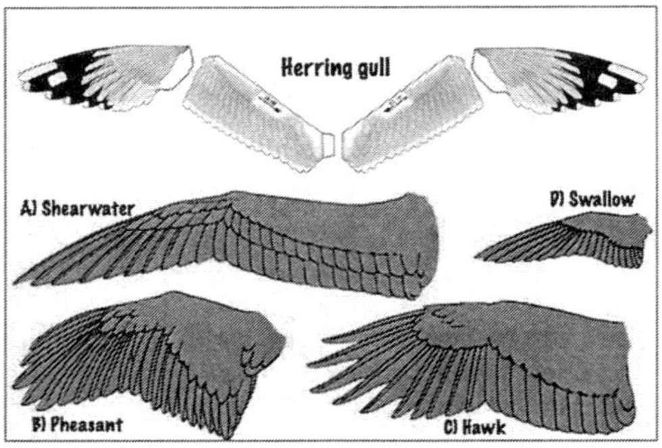

• 날개는 날개 단면인 에어포일을 날개길이 방향으로 유한한 길이를 갖도록 한 것이다. 날개가 에어포일과 특별히 다른 것은 날개 끝(wing tip)을 갖고 있다는 것이다. 그래서 날개 끝을 갖고 있지 않은 날개를 무한날개(infinite wing) 또는 2차원 날개(2−dimensional wing)라 하고, 날개 끝을 갖고 있는 날개를 유한한 날개(finite wing), 즉 3차원 날개(3− dimensional wing)라 부르기도 한다.

• 통상적인 날개는 날개 끝을 가졌기 때문에 날개 끝에서 날개 끝 소용돌이(wing tip vortices)가 발생한다. 이 날개 끝 소용돌이는 날개의 가로세로비와 내려 씻음각(down wash)에 의해 영향을 받으며 비행기의 유도항력을 결정한다.

• 여기에서는 먼저 날개의 기하학적 명칭들을 정의하고 각종 날개의 형태들에 대해서 알아보고, 날개 형태에 따라 어떻게 공력특성이 달라지는가를 살펴보도록 한다.

1) 날개의 기하

• 날개의 기하학적 형태에 대해 다음과 같은 용어들을 정의한다.

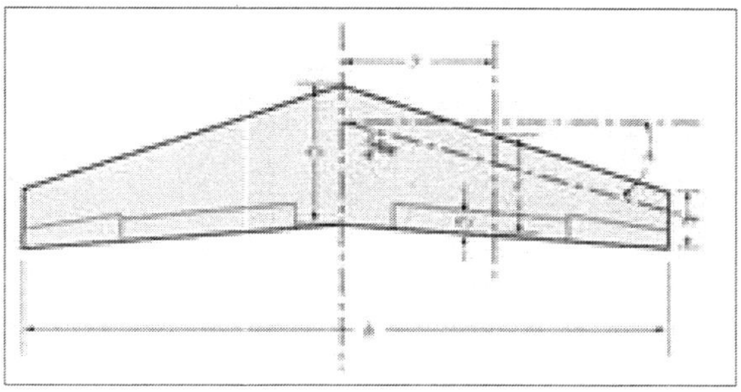

〈고정익 드론의 날개 기하〉

① 날개길이(wing span): b

② 날개면적(wing area): S

③ 날개시위(wing chord)

C_t : 날개 끝 시위(wing tip chord)

C_r : 날개 뿌리 시위(wing root chord)

$\overline{C}$: 평균공력시위(MAC, Mean Aerodynamic Chord) = S/b

④ 후퇴각(swept back angle) : A_{LE}, $A_{c/4}$

⑤ 테이퍼 비(taper ratio): $\lambda = C_t / C_T$

⑥ 가로세로비(aspect ratio): $AR = b / C = b^2 / S$

⑦ 상반각(dihedral angle): T

예제 드론날개의 테이퍼비가 , 면적 , 날개 끝 시위 1.5m이다. 가로세로비는 얼마인가?

풀이 $C_r = 3C_t = 4.5\text{m}$

$$S = b\frac{C_r + C_t}{2}, \quad b = \frac{2S}{C_r + C_t} = \frac{2(20)}{60} = 6.667\text{m}$$

$$AR = \frac{b^2}{S} = \frac{6.667^2}{20} = 2.22$$

예제 후퇴각(Λ_{LE})이 35°인 날개의 평균시위($\overline{C}$)가 10 ft, 테이퍼 비(λ)가 0.5 다. 가로세로비(AR)가 8.0 이라면 날개 길이(b)를 구하라.

풀이 $AR = \dfrac{b^2}{S}, \quad S = b\left(\dfrac{C_r + C_t}{2}\right) = \dfrac{b}{2}C_r(1+\lambda)$

$$AR = 8.0 = \frac{b^2}{\frac{b}{2}C_r(1+\lambda)} = \frac{2b}{(10)(1.5)}, \quad b = 60ft$$

2) 날개 형태(wing configuration)

• 날개는 2차원 날개인 에어포일로 이루어진 3차원 형상이다. 에어포일의 형상이 날개 주위를 흐르는 공기흐름의 속도에 따라 그 두께나 형태가 다르듯이 3차원인 날개도 그 형태에 따라 공기역학적 특성과 성능이 다르다. 날개의 가로세로비, 테이퍼 비, 상반각, 후퇴각 등에 따라 공기흐름의 특성이나 압력분포, 양력과 항력 특성, 실속 특성, 천음속이나 초음속 효과, 구조강도 등이 달라지기 때문에 드론의 날개 형태는 드론의 비행특성이나 임무특성을 결정하게 결정된다.

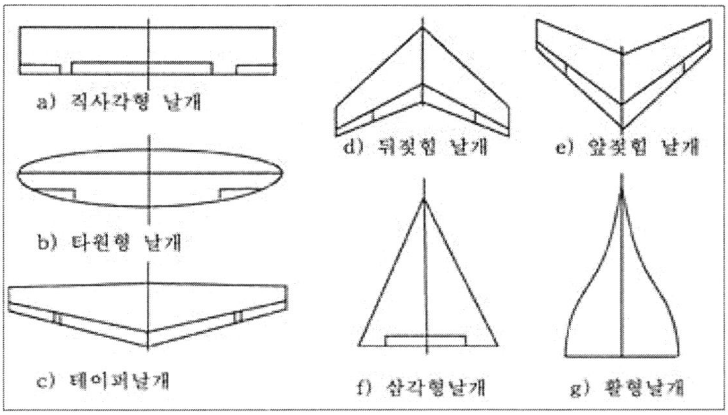

〈고정익 드론의 일반적인 평면형태〉

이상과 같은 기본적인 날개 형태에서 드론의 공기역학적 성능을 향상을 위해 그 형태가 달라진다.

▶ **실속과 뒤틀린 날개**

- 고정익 드론 중 날개를 트위스트 시킨(twist wing) 드론이 있다. 같은 비행자세에서도 날개뿌리(wing root)쪽의 받음각이 크고 날개 끝(wing tip)으로 갈수록 받음각이 줄어들도록 설계한다. 일반적으로 실속은 받음각에 영향이 가장 크기 때문에 같은 비행자세에서도 날개 안쪽의 받음각을 크게 하여 날개 안쪽부분이 먼저 임계받음각(critical angle of attack)에 이르도록 하여 날개 안쪽이 먼저 실속에 들도록 날개를 뒤틀리게 설계를 한다. 이는 날개 끝에서 먼저 실속에 드는 것보다 날개 안쪽에서 실속에 드는 것이 바람직하다.
- 드론 날개의 실속특성을 향상시키기 위해 받음각을 다르게 하는 방법을 사용하기도 하지만 날개 전체가 동시에 실속에 들어가지 않도록 하기 위해 날개 안쪽과 날개 바깥쪽에 다른 에어포일을 사용하는 뒤틀린 날개(twisted wing)로 설계하기도 한다.

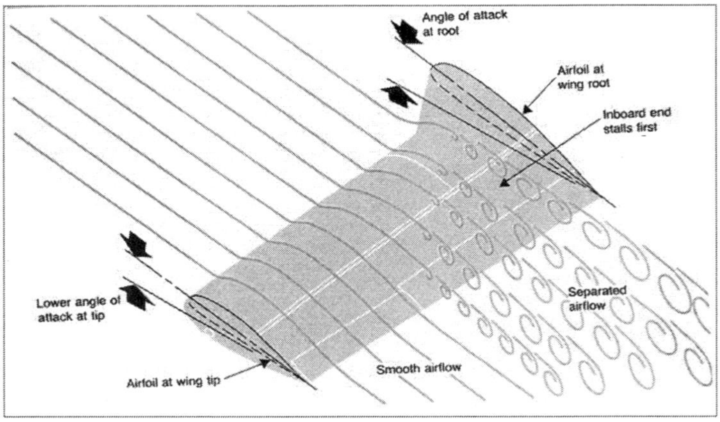

〈서로 다른 받음각을 갖도록 하는 twisted wing〉

- 왜냐하면 날개 끝 쪽에서 실속에 들게 되면 aileron(선회 키)과 같은 조종면의 기능이 떨어 질 수 있기 때문이다.
- 에일러론(aileron)은 고정익 드론이 선회할 때 사용하는 조종면(control surface)이다. 그런데 우리나라에서는 "보조 날개" 또는 “도움날개”로 번역되어 사용되기도 한다. aileron은 불어린데 이는 작은 날개(little wing)이라는 의미에서 유래한 것으로 보인다. 그러나 aileron을 보조날개나 도움날개로 불리는 것은 그 기능상 적절해 보이지 않는다. 우리말로 “선회 키”로 부르는 것이 타당하다고 생각한다.

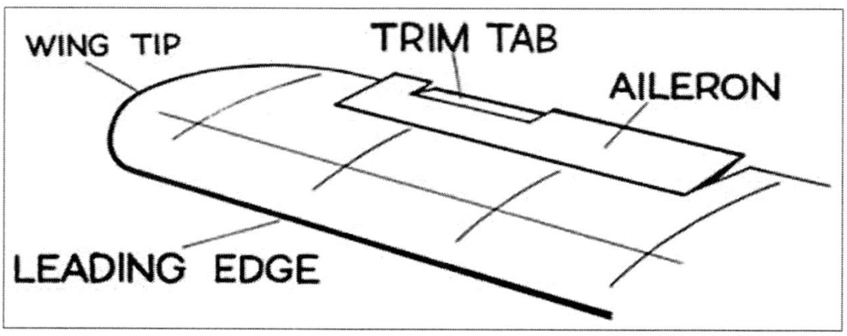

〈Aileron 의 위치와 기능〉

▶ 익단 와류와 익단 수직 판

• 날개 끝 소용돌이(wing-tip vortex)인 익단와류는 양력이 발생하는 날개 윗면의 압력은 낮고 날개 아랫면은 상대적으로 압력이 높아 날개 아랫면으로부터 윗면으로 공기가 휘감아 올라가는 현상이다. 이 날개 끝 소용돌이의 영향은 날개 끝에서 가장 강하고, 날개 안쪽 즉 날개 뿌리(wing root)쪽으로 갈수록 약해진다.

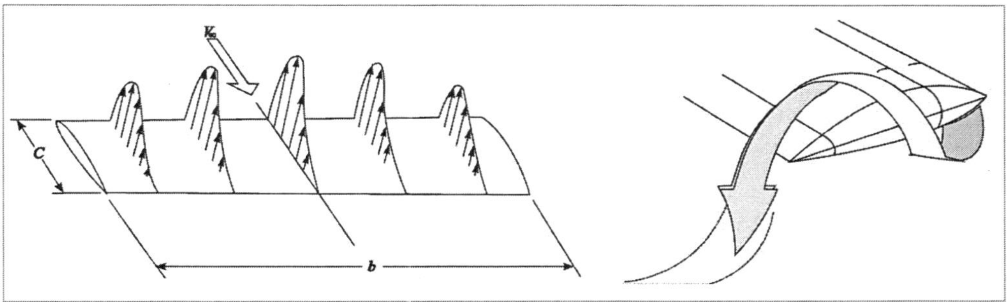

〈날개 상하면의 압력 차이로 인한 익단와류〉

• 상대적으로 높은 날개 아랫면의 압력이 날개 끝에서 낮은 윗면의 압력방향으로 흐르면서 영향을 주기 때문에 날개 위의 압력분포가 형성된다. 결국 날개 끝에서 위로 휘감아 올라가는 날개 끝 소용돌이가 발생한다.

• 이렇게 발생한 양쪽 날개 끝 소용돌이의 세기는 날개 상하면의 압력차가 클수록 다시 말하면 양력이 많이 발생할수록 커지기 때문에 유도항력의 발생 요인이 된다. 특히 소용돌이 핵(vortex core)은 날개폭(wing span: b)의 약 (π/4(≈ 0.7856×b)배에 위치하고 와류의 발생 폭은 날개폭의 2배(2)만큼, 그리고 높이는 날개폭의 높이 정도에 영향을 준다.

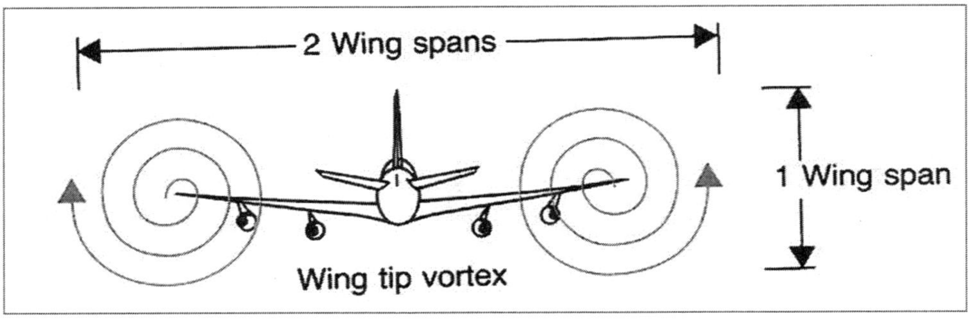

〈날개 끝 소용돌이 발생범위〉

- 이러한 날개끝 와류는 대형항공기의 경우 그 세기가 매우 커서 이 영향권에 드는 작은 항공기의 경우 사고로 이어질 수 있다.

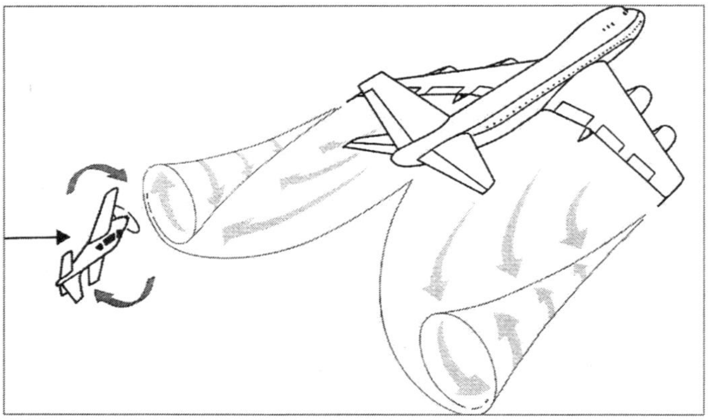

〈날개 끝 소용돌이의 영향〉

- 에어버스 380과 같은 대형 여객기가 38,000 ft 상공을 비행하고 있을 때 바로 1,000 ft 정도 떨어진 아래로 비행하던 밤바디어 첼린저 604 제트항공기가 뒤집혔으나 다행히 조종사가 회복조작을 하여 무사히 인근공항에 착륙할 수 있었던 사고사례가 있다.

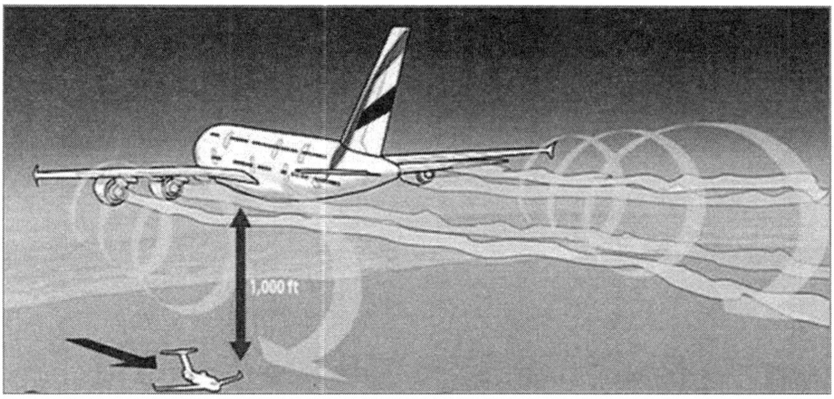

〈날개 끝 소용돌이에 의한 사고 사례〉

- 이러한 날개 끝 소용돌이의 세기와 아울러 이에 의한 항력(vortex drag)을 줄이기 위해 날개 끝 수직판인 윙렛(winglet)을 부착한다. 최근 많은 고정익드론들이 날개 끝에 부착하는 여러 형태의 윙렛을 찾아볼 수 있다.

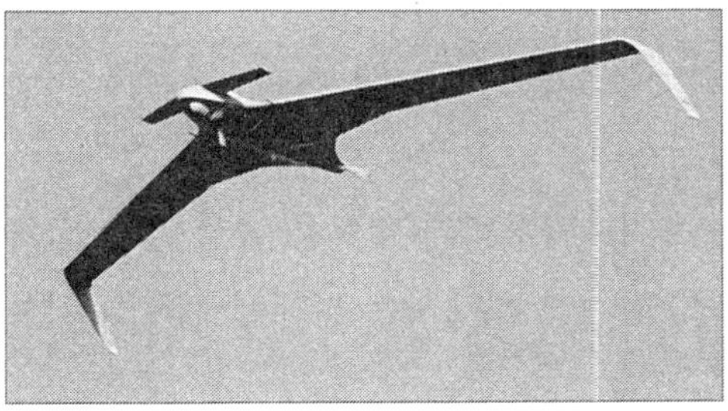
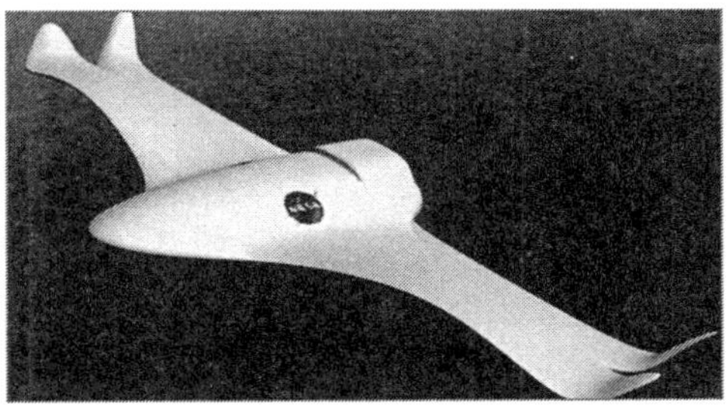

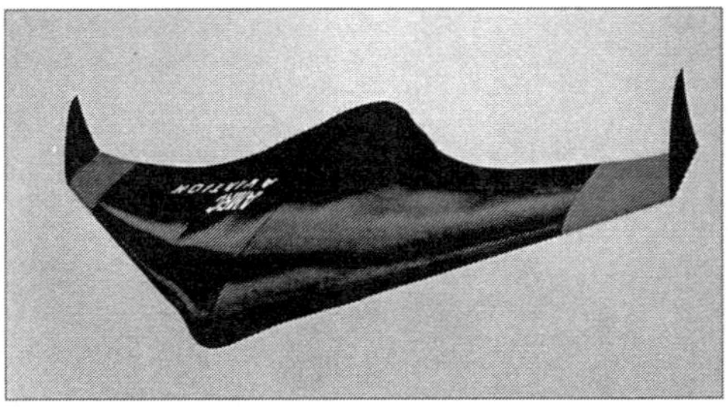 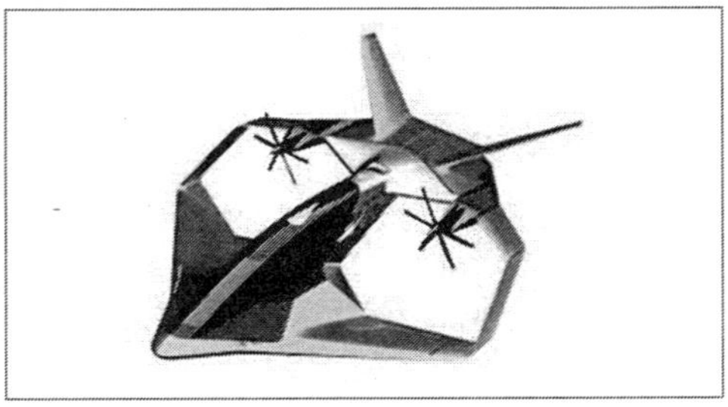

〈Winglet을 갖는 여러 가지 드론〉

▶ 임계마하수와 뒤처짐 날개

- 뒤처짐 각을 갖는 날개 즉, 후퇴익(swept back wing)은 하늘을 나는 새들이 빨리 날기 위해 날개를 뒤로 제치는 것과 같은 자연스런 형태이다.
- 최근 날개를 앞으로 제친 날개(swept forward wing)를 가진 항공기가 가끔 출현하기도 하였지만 항공기 속도가 빨라질수록 날개를 뒤로 제쳐 주는 것이 일반적이다. 느린 비행속도 영역에서는 뒤쳐짐이 없는 날개가 공력특성이 좋지만 비행속도가 빨라질수록 뒤처짐 각을 갖는 후퇴익 항공기가 공력특성이 좋다.
- 항공기의 비행속도는 소리속도를 기준으로 공기흐름의 속도 비로 나타내는 마하수를 사용한다. 그런데 항공기 주위를 흐르는 공기흐름의 속도가 국지적으로 모두 다르기 때문에 국지 마하수(local Mach number) 또한 다 다르다. 만약 국지 마하수가 1에 이르게 되면 충격파가 발생해 이로 인한 조파항력(wave drag)이 발생하여 드론의 성능을 크게 떨어뜨린다.
- 드론이 아음속 영역인 마하 0.8로 비행하고 있지만 드론 주위의 공기흐름의 속도가 가장 빠른 날개 위의 국지 마하수는 이미 마하 1에 도달하게 되는 경우가 있는데 이때의 비행마하수를 임계 마하수(critical Mach number)라 한다.
- 따라서 항공기는 임계마하수가 높을수록 조파항력의 영향을 받지 않고 고속비행이 가능하기 때문에 임계마하수를 높이기 위해서는 날개에 뒤쳐짐 각을 준다.

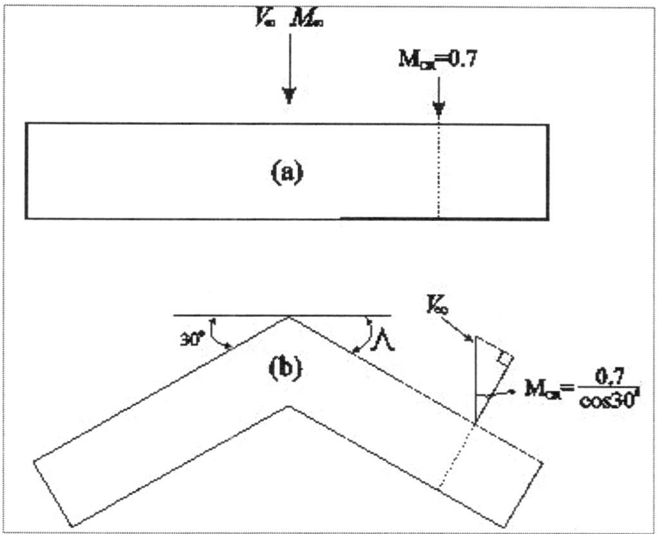

〈임계 마하수에 대한 후퇴각 효과〉

- 먼저 아음속으로 비행할 때를 생각해보기로 하자. 그림에서처럼 직사각형인 날개의 임계 마하수(M_{cr})가 0.7이라 하면 이 직사각형 날개를 향해 불어오는 공기흐름 속도가 0.7인 임계 마하수에 이르면 날개 위의 공기흐름속도는 마하 1에 도달하여 충격파가 발생하고 이로 인해 조파항력이 증가하므로 전체 항력이 급증한다. 따라서 고아음속 항공기 설계자들은 어떻게 하면 이 임계 마하수를 가능한 높일 수 있을 것인가를 생각하다 후퇴각을 주는 방안을 고안하게 되었다.
- 만약 날개의 뒤처짐 각을 30도 만큼 주면 날개의 임계마하수를 0.808로 높일 수 있었다. 임계마하수가 높아졌다는 의미는 조파항력이 발생하지 않은 상태에서 더 높은 속도로 비행가능하다는 것이다.

$$M_\infty = M_{cr}\cos A$$

$$M_{cr} = \frac{M_\infty}{\cos A}$$

$$M_{cr} = \frac{0.7}{\cos 30} = \frac{0.7}{0.866} = 0.808$$

• 후퇴각을 갖는 날개에서는 날개 끝 쪽으로 향하는 공기흐름 성분으로 인해 날개 끝 부분에서 경계층이 보다 두꺼워지고 흐름의 분리현상도 먼저 일어난다.

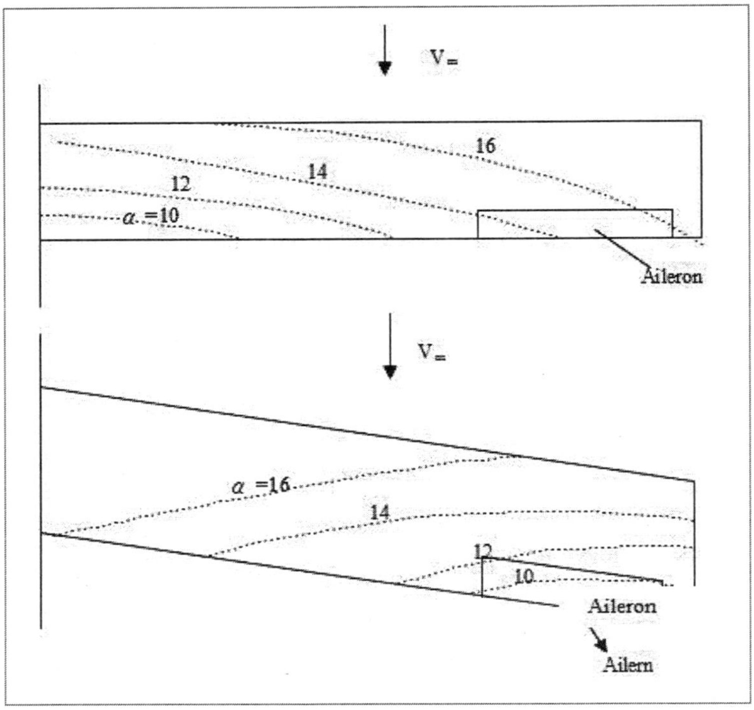

〈후퇴익의 날개 끝 실속〉

• 이로 인해 실속이 날개 끝에서부터 일어나게 되어 에일러론의 기능을 상실하게 되는 단점이 있다. 이러한 단점을 보완하기 위해 날개 위에 실속 방지 판(stall fence)이나 경계층 제어장치를 설치한다. 결국 날개의 후퇴각은 비행속도영역에 따라 공력특성이 달라지므로 비행속도 영역에 맞게 날개의 후퇴각을 주는 가변익 전투기가 출현하게 된 것이다.
• 결국 고정익드론이 후퇴각을 가졌다면 고속비행 드론임을 알 수 있다. 실제로 뒤처짐 각을 갖는 날개를 가진 드론의 마하수가 증가함에 따라 양력계수는 증가하고 항력계수는 감소하여 고속에서의 공기역학적 특성이 좋아짐을 알 수 있었다.

▶ 초음속 날개

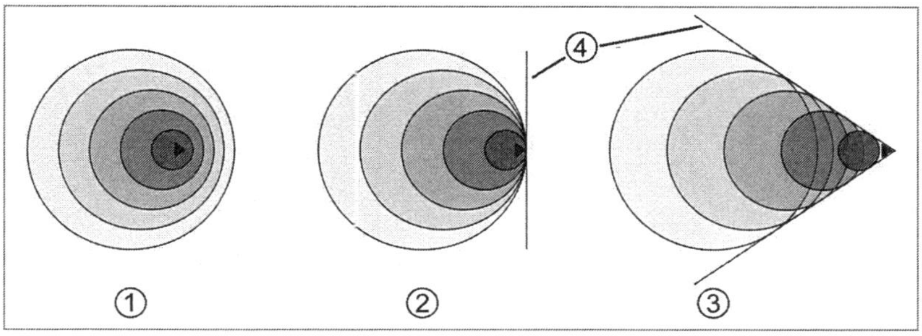

- 비행체가 공기 중을 소리속도 보다 빠르게 날 때 음파에 의한 마하파가 발생하고 마하파가 압축될 경우 충격파가 발생한다. 충격파가 발생하면 충격파를 전후로 하여 속도 감소, 압력, 온도, 밀도 증가 현상이 불연속적으로 나타나면서 압력항력인 조파항력이 급증하게 된다.
  위의 그림에서
  ①의 경우는 아음속(Subsonic speed)으로 비행할 때 형성되는 음파 형태이고
  ②의 경우는 음속(Sonic speed)으로 비행할 때 형성되는 음파와 마하파 형태
  ③의 경우는 초음속(Supersonic speed)으로 비행할 때 형성되는 음파와 마하파이며,
  ④는 충격파(shock wave)다. 음속으로 비행할 때는 수직 충격파가, 초음속으로 비행할 때는 경사충격다가 발생한다.

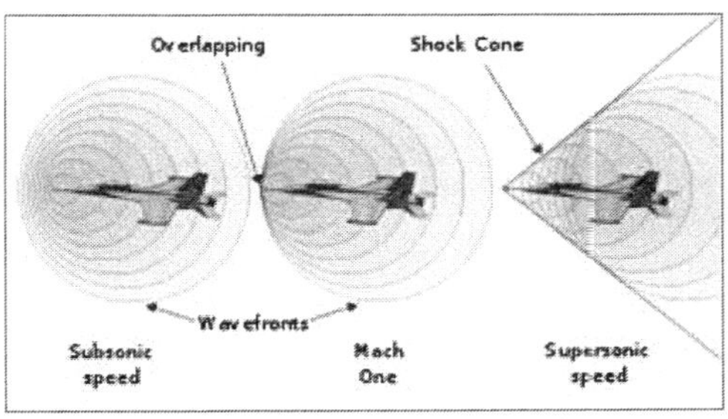

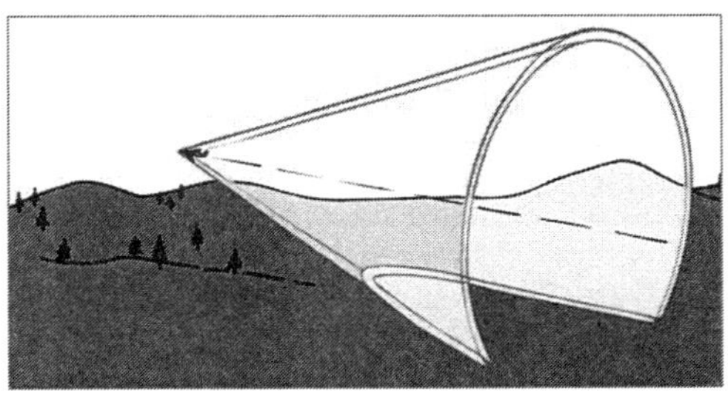

- 비행체의 충격파는 콘(cone)형태로 형성되며 충격음(sonic boom)을 동반한다. 충격파가 지상을 통과하는 지역에는 강한 폭음인 충격음이 발생한다.[1]

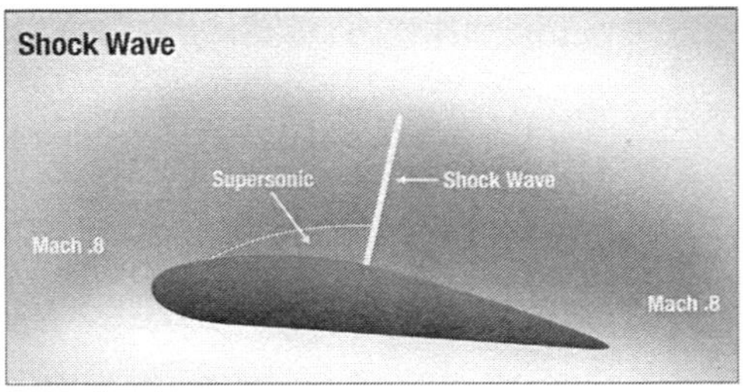

▶ **프랜틀 날개**

- 박스형 날개는 독일의 항공공학자 프랜탈(Ludwig Prandtl)에 의해서 고안된 형태로 1924년 선을 보였다.

주어진 양력과 날개폭에서 유도항력을 최소화 한 날개 형상이다. 이태리의 피사 대학에서 1990년대 피사대학에서 프랜탈 날개"PrandtlPlane" 로 집중 연구되어 초경량 항공기에 응용되기도 하였으나 동체-날개 일체형 제트항공기에도 효율이 좋은 것으로 알려졌다.

〈프랜탈 날개 (에어버스 사)〉

1 https://en.wikipedia.org/wiki/Sound_barrier

둥근형 프랜탈날개(Closed wing-Prandtl wing)는 날개 끝을 제거한 연속곡면을 사용한 날개형태를 유지한다. 이러한 형태는 날개 끝 와류 영향을 없애 유도항력을 감소한 공기역학적 장점을 물론 구조역학적으로 튼튼한 장점을 가지고 있다.[2]

▶ 이착륙 거리와 플랩

- 고정익 드론의 경우 가능한 느린 속도에서 이륙 및 착륙할 수 있도록 설계하는 것이 바람직하다. 가능한 느린 속도에서 이착륙할 수 있어야 더욱 안전하고 이착륙거리도 짧아져 활주로에서 단거리 이착륙을 할 수 있다. 그러나 무거운 드론일수록 그만큼 많은 양력이 필요하기 때문에 낮은 속도에서 충분한 양력을 얻기란 쉽지 않다. 다음 양력 방정식을 살펴보면 쉽게 알 수 있다.

$$L=\frac{1}{2}\rho V^2 S C_L$$

- 양력은 속도에 의해 크게 좌우된다. 그러나 어떻게 하면 가능한 최소속도로 이착륙을 할 수 있을까? 먼저 직선 등속 수평 비행하는 항공기를 생각하면 수평비행을 하므로 양력(L)은 항공기의 무게(W)과 같다 ($W=L$). 따라서 다음과 같이 속도에 관한 식으로 바꿔 쓸 수 있다.

$$V=\sqrt{\frac{2W}{\rho C_L S}}$$

2 https://en.wikipedia.org/wiki/Closed_wing

- 이 식 에서 V를 최소로 하기 위해서는 W/S를 최소화하는 방법과 양력계수(C_L)를 최대로 하는 방법이 있다. 그런데 W/S를 최소화하는 방법보다 C_L를 최대로 하는 방법이 좀 더 효과적이다. 따라서 고양력 장치는 비행기가 이착륙할 때 $V_{최소}$를 실현하기 위해서 C_L를 최대로 얻기 위한 장치가 바로 고양력 장치(高揚力裝置, high lift devices)이다.
- 일반적으로 양력계수(C_L)를 최대로 하기 위해 받음각을 증가시키는 조작을 한다. 그러나 받음각을 마냥 증가시킬 수만 없다. 왜냐하면 바로 실속에 이르는 임계받음각에서 $(C_L)_{최대}$에 도달하기 때문이다. 특히 항공기가 이착륙할 때 실속에 들어가면 매우 위험하므로 받음각을 크게 증가시킬 수는 없다.
- 고정익 드론이 이륙이나 착륙할 때 모두 양력이 최대가 되어야 한다. 하지만 이륙할 때는 항공기의 가속을 위하여 항력은 최소가 되도록 고양력 장치를 사용해야 하고 착륙할 때에는 항공기의 감속을 위하여 항력이 증가되도록 한다. 다음 그림은 순항할 때는 플랩을 사용하지 않고 이륙할 때와 착륙할 때가 플랩의 형태가 다름을 보여주고 있다.

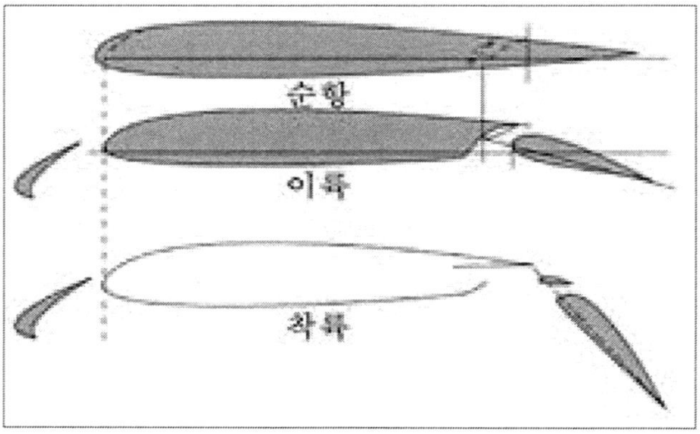

〈이륙할 때와 착륙할 때의 플랩형태〉

그러므로 이착륙을 하는 동안 최대 양력계수를 얻기 위한 고양력 장치들을 사용한다. 이러한 장치들로써는 앞전이나 뒷전에 플랩을 사용하는 법, 경계층이 날개표면으로부터 분리되는 것을 지연시키기 위한 경계층 제어장치를 부착하는 방법 등을 주로 사용한다.

- 날개의 캠버를 증가시키기 위하여 날개의 뒷부분이나 앞부분에 작은 날개 모양을 장착하는 양력발생 보조 장치를 뒷전 플랩 또는 앞전 플랩이라고 한다.

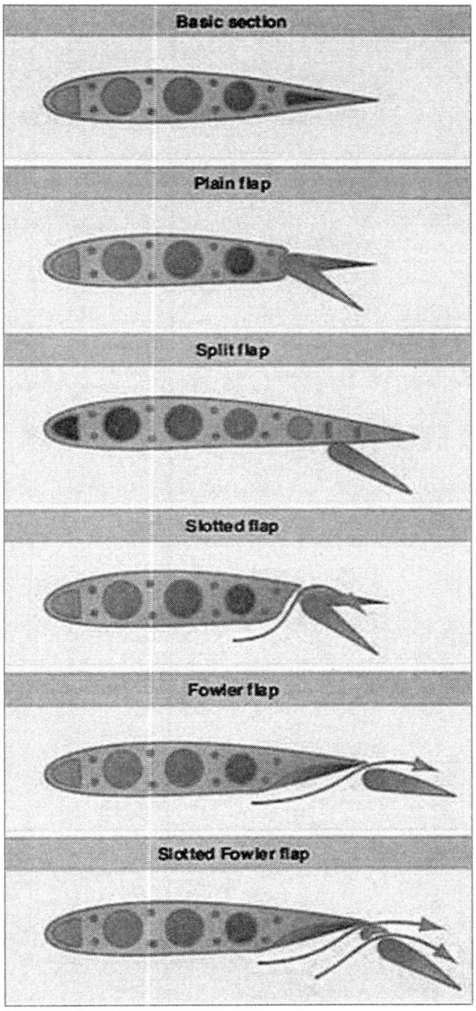

〈뒷전플랩〉

- 위 그림은 여러 가지 플랩형태를 보여주고 있다. 평면 플랩(plain flap)은 양력증가를 위해 캠버를 늘이기에 간단한 방법이지만 그것의 효과는 공기흐름의

분리가 발생하기 쉽기 때문에 제한적이지만 최대 양력계수를 50%까지 증가시킬 수 있다. 스프리트 플랩(split flap)은 날개 밑 부분에 플랩을 장착하여 캠버를 증가시킴으로 해서 최대 양력계수를 약 60% 증가시킬 수 있으나 플랩 후류에 의해 항력이 증가되는 결점이 있다. 슬로티드 플랩(sloted flap)은 슬롯의 개수에 따라 이중 또는 삼중 슬롯 플랩이 있으며, 캠버 및 날개 면적의 증가뿐만 아니라 슬롯 사이로 흐르는 공기흐름을 제어함으로써 최대 양력계수를 약 70%까지 더 얻을 수 있다. 그러나 슬롯의 개수가 증가할수록 제작 및 정비에 어려움이 있다. 끝으로 파울러 플랩(fowler flap)은 날개 뒷부분으로 작은 날개가 빠져나와 캠버와 날개 면적이 동시에 증가하고 플랩앞전의 틈새로 공기흐름을 제어해 줌으로써 최대 양력계수를 약 90%까지 증가시킬 수 있는 매우 효과적인 플랩장치 중의 하나다.

- 양력을 증가시키기 위한 방법으로 날개 앞전 부근에 장착하는 고양력 장치도 있다. 평면 앞전 플랩(plain leading edge flap)은 앞전을 굽혀 캠버를 증가시키는 방법이다. 그리고 고정된 슬롯(fixed slot)은 좀 더 높은 속도를 갖고 있는 공기를 날개 위로 흘러 보냄으로 해서 경계층에 에너지를 공급해 줌으로써 흐름 분리를 지연시킨다. 앞전에 슬랫(slat)을 부착하는 것도 슬롯(slot)을 만들어 주는 원리와 동일하다.

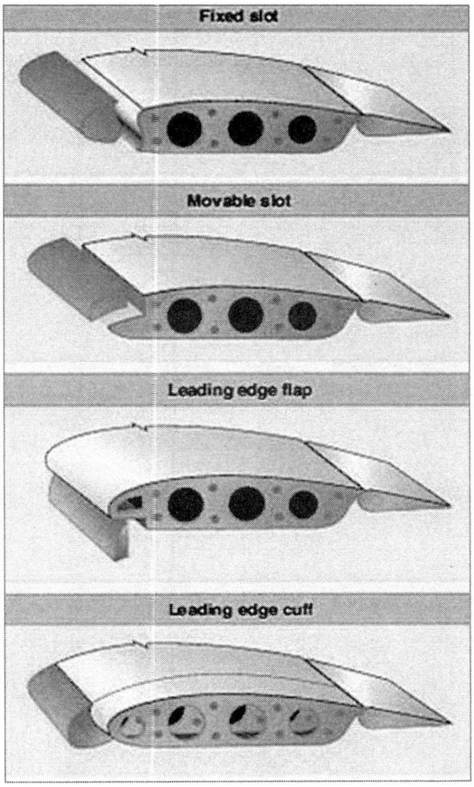

〈뒷전플랩〉

- 양력을 증가시키기 위한 방법으로 날개 앞전 부근에 장착하는 고양력 장치도 있다. 평면 앞전 플랩(plain leading edge flap)은 앞전을 굽혀 캠버를 증가시키는 방법이다. 그리고 고정된 슬롯(fixed slot)은 좀 더 높은 속도를 갖고 있는 공기를 날개 위로 흘러 보냄으로 해서 경계층에 에너지를 공급해 줌으로써 흐름 분리를 지연시킨다. 앞전에 슬랫(slat)을 부착하는 것도 슬롯(slot)을 만들어 주는 원리와 동일하다.
- 이상에서 언급한 앞전 장치들은 실속을 지연시키고 좀 더 높은 받음각에서 더 많은 양력을 얻기 위한 것들이다. 그러나 경계층의 분리나 실속은 결국 경계층 내의 속도구배에 의해 발생하므로 경계층 내의 공기를 빨아들이는 방법(suction)으로 경계층의 분리를 지연시키는 방법이나 제트엔진의 압축기로부터

유입된 공기를 접선방향으로 불어줌(blowing)으로써 높은 받음각에서 경계층 내에 에너지를 공급하여 흐름분리를 지연시켜 양력을 얻는 방법도 있다.

▶ 카나드(canard) 날개

- 라이트 형제의 플라이어호는 수평꼬리날개가 주 날개의 앞에 있다. 그 후 카나드 형태의 항공기 형상은 사라졌다가 최근에 다시 유행처럼 출현하고 있다. 항공기 앞부분에 위치한 작은 날개를 통상 카나드라고 한다. 이것은 카나드란 말 외에도 전익, 선미익, 귀날개 등으로 불리기도 한다. 카나드의 어원은 불어에서 오리를 카나르(canard)라고 부른데서 유래한다.
- 실제로 카나드 항공기는 날씬한 기수를 가지며, 동체의 뒷부분이 크고 주 날개가 후미에 위치하기 때문에 위에서 보면 오리 모양과 유사하다. 카나드형 드론은 카나드를 기수부분에 달아서 수평꼬리 날개를 대신하는 역할을 한다. 물론 수평꼬리날개가 있으면서 카나드가 달린 항공기가 있기도 하지만 일반적으로 카나드 항공기는 수평꼬리날개가 없고 수직꼬리날개는 그대로 동체의 후미에 위치한다.
- 카나드의 장점은 수평안정판이 양력을 증가시켜 줌으로써 주날개에 가해지는 날개하중을 줄여 줄 수 있다는 점이다. 따라서 주 날개와 수평안정판이 동시에 양력을 발생시키지만 설계할 때는 반드시 앞에 있는 카나드가 뒤에 있는 주 날개보다 먼저 실속에 들어가도록 설계해야 한다. 만약 주 날개가 먼저 실속에 들어가면 비행기의 뒷부분이 내려가게 되면서 받음각이 더 증가하여 실속 회복에 더 어려움이 있다. 따라서 수평안정판 역할을 하는 카나드가 먼저 실속에 들어가게 설계함으로써 항공기의 기수가 내려가 주날개가 실속에 빠지지 않도록 하는 역할을 한다.

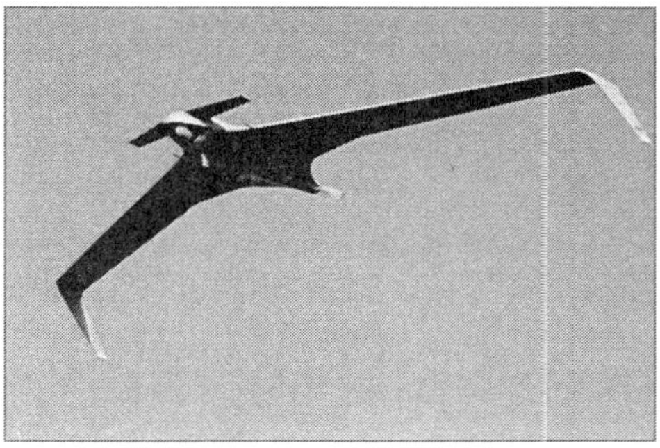

〈카나드와 윙렛을 장착한 드론〉

▶ 날개에 장착된 기타 장치들

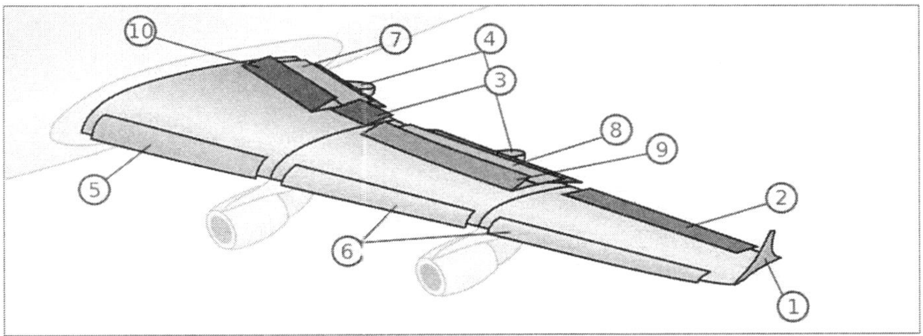

① Winglet ② Low-Speed Aileron ③ High-Speed Aileron

④ Flap track fairing ⑤ Krüger flaps ⑥ Slats

⑦ Three slotted inner flaps ⑧ Three slotted outer flaps

⑨ Spoilers ⑩ Spoilers-Air brakes

3) 날개의 양력과 항력계산

• 고정익 드론의 경우 거의 대부분의 양력을 날개에서 발생시킨다. 날개에서 발생하는 양력은 날개표면을 따라 흐르는 공기흐름의 동압에 날개면적을 곱한 후 비행하는 드론의 양력계수를 곱하여 계산한다.

• 공력은 두 개의 힘인 양력과 항력으로 구성되어 있다. 즉 진행하는 방향에 대해 반대방향으로 작용하는 힘을 항력(drag force), 수직으로 작용하는 힘을 양력(lift force)이라 하면, 다음과 같이 양력과 항력에 대해 각각 쓸 수 있다.

$$L=\frac{1}{2}\rho V^2 SC_L$$

$$D=\frac{1}{2}\rho V^2 SC_D$$

여기에서 $1/2pV^2$은 물체표면을 흐르는 공기의 동압(dynamic pressure)이고, S는 날개면적이다. 그리고 은 양력계수(lift coefficient)이고, 는 항력계수(drag coefficient)이다.

• 양력(L)과 항력(D)을 무차원 계수인 양력계수(lift coefficient)와 항력계수(drag coefficient)로 나타내면 다음과 같다.

$$C_L=\frac{L}{1/2\rho V^2 S}$$

$$C_D=\frac{D}{1/2\rho V^2 S}$$

• 공력계수 C_L와 C_D은 같은 형태의 드론이라 할지라도 드론의 자세인 받음각(angle of attack), 그리고 드론이 비행하는 주위 공기의 점성(viscosity)과 압축성(compressibility)에 의해 결정되는 값이다.

$$C_L = C_L\ (a, M, Re)$$
$$C_D = C_D\ (a, M, Re)$$

여기에서 양력계수와 항력계수에 영향을 미치는 요소는 받음각(angle of attack, a) 그리고 두 개의 무차원수는 마하수(M), 레리놀즈수(R_e)다.

$$\text{마하수}\,(MachNumber) = \left(\frac{V}{a}\right)$$

$$\text{레이놀즈수}\,(ReynoldsNumber) = \left(\frac{\rho Vl}{\mu}\right)$$

• 결국 드론의 공기력인 양력과 항력은 공기밀도, 비행속도, 날개 면적, 그리고 공력계수에 따라 결정되는데 무차원 계수인 공력계수는 레이놀즈수(R_e)와 마하수(M), 받음각(a)의 함수가 된다. 여기에서 레이놀즈수는 공기 점성(viscosity)의 영향계수로써 점성력에 대한 관성력의 비이고, 마하수는 공기 압축성(compressibility)의 정도를 나타내는 것으로 소리속도에 대한 비행속도의 비를 나타낸다. 끝으로 받음각(a)은 드론에 불어오는 상대풍(relative wind)과 날개의 시위선이 이루는 각도를 말한다.

• 항공역학은 주로 양력과 항력, 즉 양력계수와 항력계수를 결정하는 것이 핵심내용이다. 그런데 아무리 간단한 형태를 갖는 비행체라도 양력계수와 항력계수를 계산하는 것이 쉽지 않다. 항공 공학자들은 드론에 작용하는 양력계수와 항력계수를 정확하고 빠르게 계산하거나 측정하는 것을 전문적으로 연구한다. 이 공력계수를 구하기 위해 실험을 하거나 최근에는 전산유체역학 기법을 이용하여 계산한다. 어느 드론의 양력계수와 항력계수를 안다면 아주 유용하다. 다음 예제는 드론의 양력계수와 항력계수를 안다고 가정하고 양력과 항력을 쉽게 계산할 수 있음을 보여 주고 있다. 드론을 조종하는 조종사는 이러한 양력계수나 항력계수를 직접 계산할 필요는 없겠지만 이러한 계수들이 비행에 어떻게 영향을 미치는가를 잘 이해하는 것이 필요하다.

예제 10도의 받음각(a)을 가진 비행자세에서 100 m/s 속도로 표준해면고도를 비행하는 고정익드론의 제원과 공력특성이 다음과 같을 때 양력(L)과 항력(D)을 계산하라. 날개 폭(b):3.6 m, 평균날개 시위($\bar{C}$):0.6 m, 양력계수(C_L):0.83, 항력계수(C_D):0.05, 해면고도에서의 공기밀도(p): 1.225kg/m^3

풀이 $L=\frac{1}{2}(1.225\text{kg/m}^3)\,(100\text{m/s})^2\,(0.6\text{m}\times 3.6\text{m})\,(0.83)=10980.9\text{N}$

$L=\frac{1}{2}(1.225\text{kg/m}^3)\,(100\text{m/s})^2\,(0.6\text{m}\times 3.6\text{m})\,(0.05)=661.5\text{N}$

4) 회전날개(rotor blade)

- 회전익드론의 로터 단면(rotor blade section)도 고정익드론의 날개처럼 각 부위에 따라 다른 형상의 에어포일들로 조합된다.
- 회전익 항공기의 로터 에어포일은 양력(lift)을 발생 시킨다.

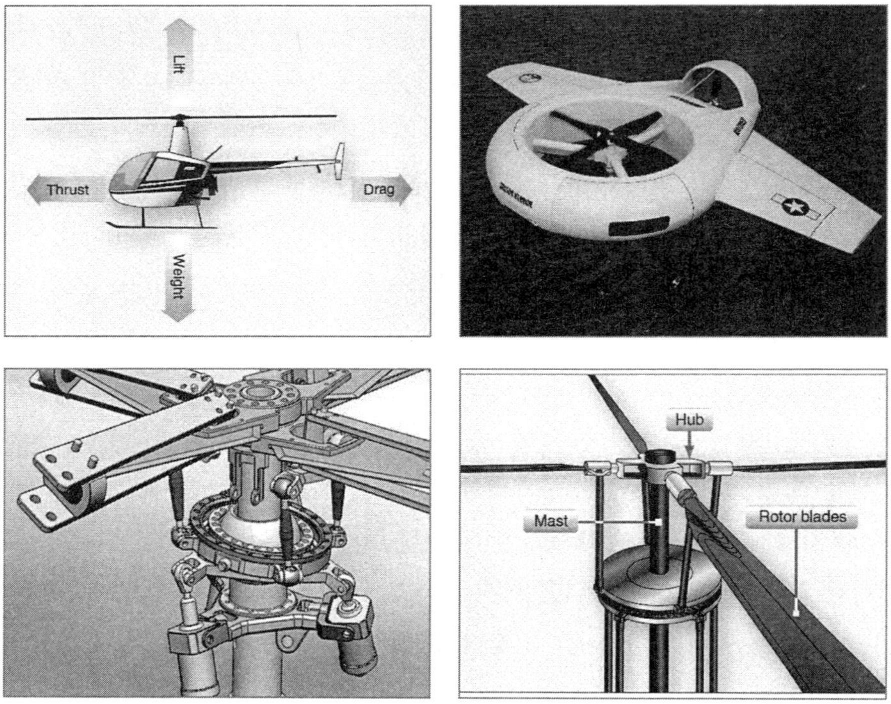

〈회전날개의 구조〉

가. 회전날개의 속도분포

- 프로펠러와 달리 회전날개는 양력발생을 기본 임무로 하고 있기 때문에 양력발생에 가장 큰 영향요소인 속도분포와 받음각이 각 위치별로 다르게 적용된다.

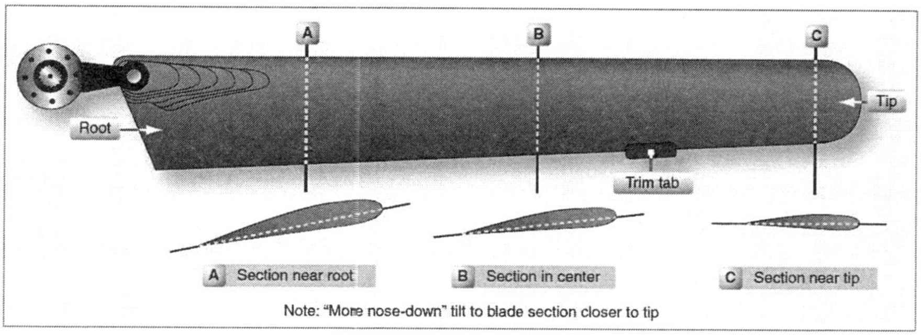

〈회전날개의 각 위치별 받음각〉

• 로터의 회전면 위치에 따라 속도분포는 깃의 위치, 그리고 드론이 정지비행을 할 때와 전진비행을 할 때에 따라 달라진다.

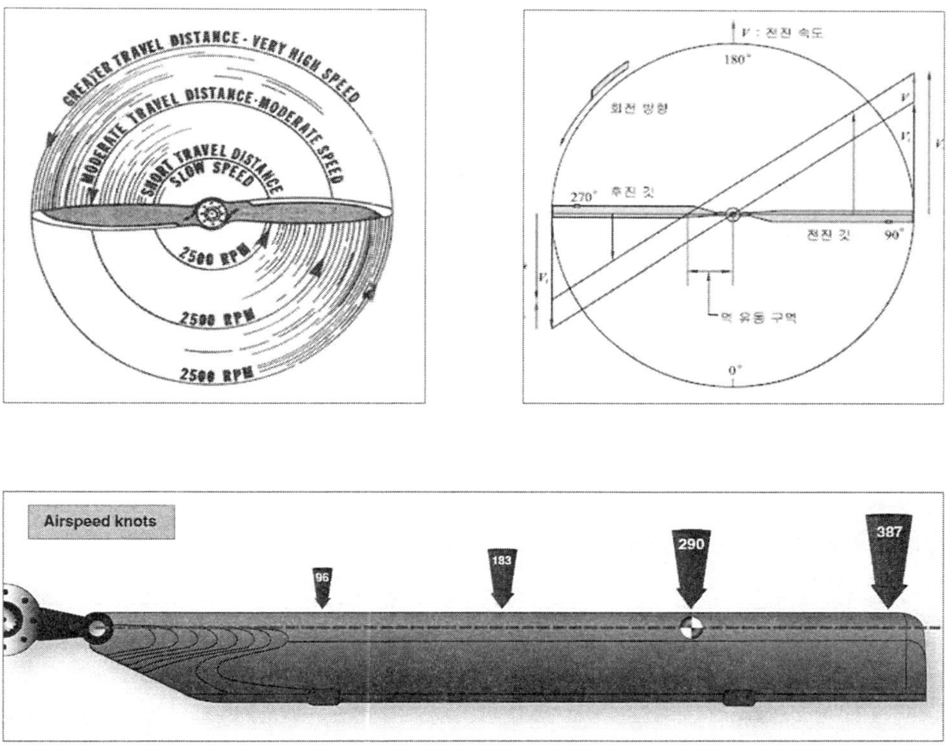

〈각 부위별 속도 차이〉

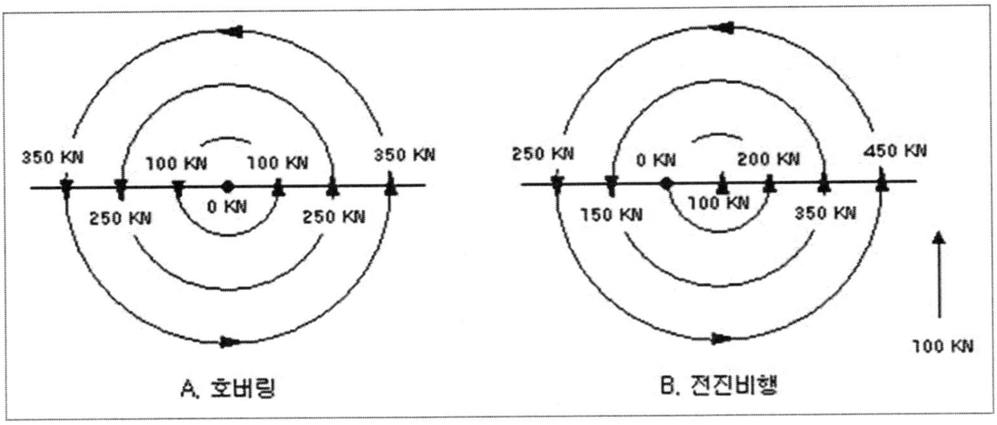

〈정지 비행과 전진비행시의 속도〉

나. 회전날개의 배치형태

• 회전날개는 개수와 배열에 따라 다음과 같이 분류한다.[3]

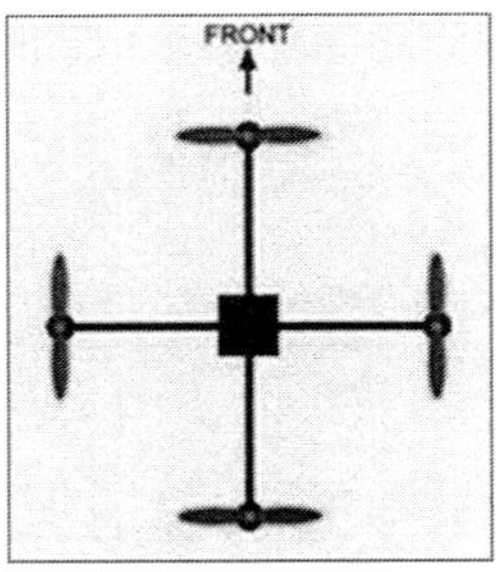

① Quad−rotor (+형)

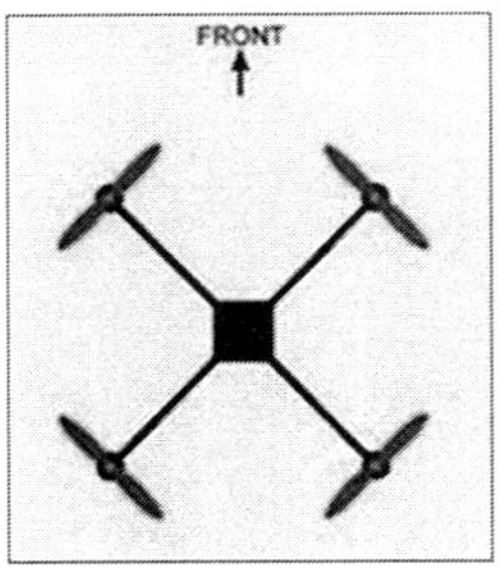

② Quad−rotor (x형)

3 goprodrones.blogspot.com

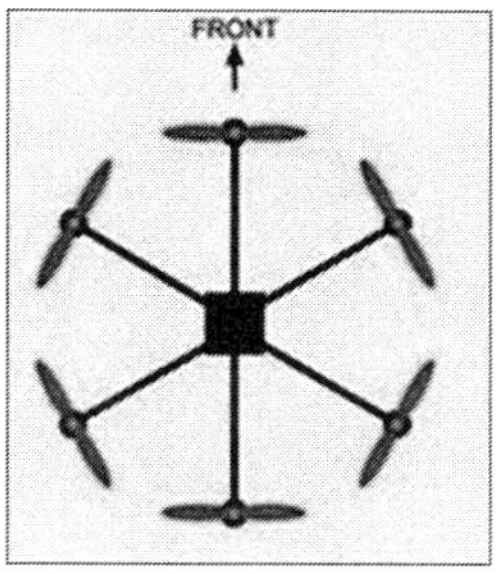

③ Hexa−rotor(v형)

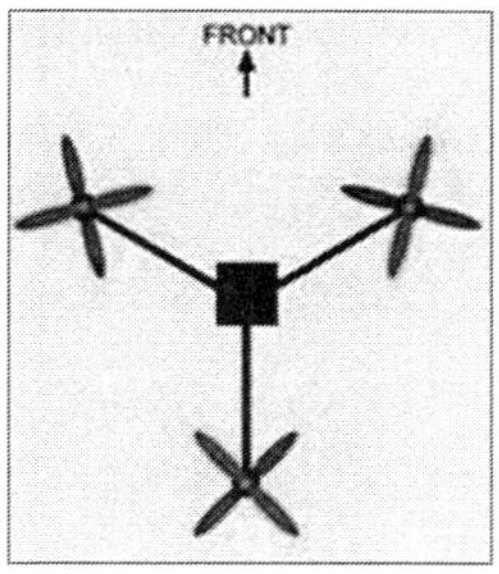

④ Hexa−rotor(Y6형)(upper and lower)

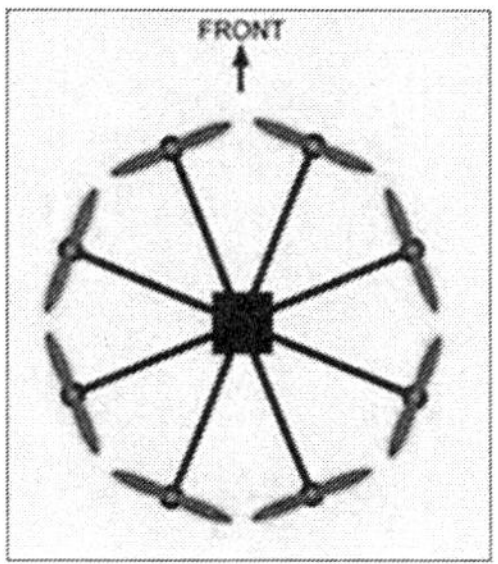

③ Octa−rotor(v형)

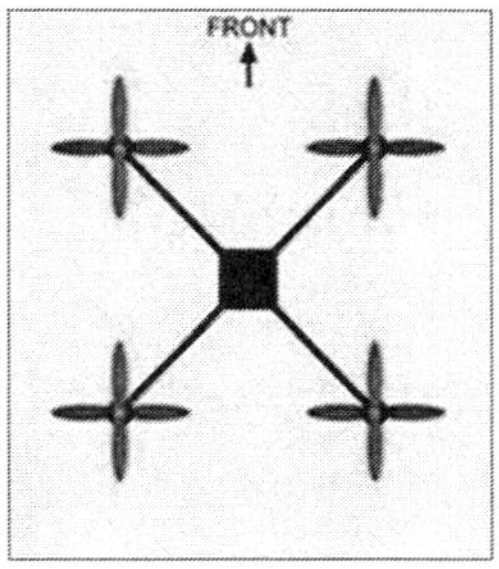

④ X8−rotor(upper and lower)

다. 회전날개의 회전방향

· Quad−rotor(+형)드론의 경우 좌우로터는 반시계방향으로, 앞뒤로터는 시계방향으로 회전한다.[4]

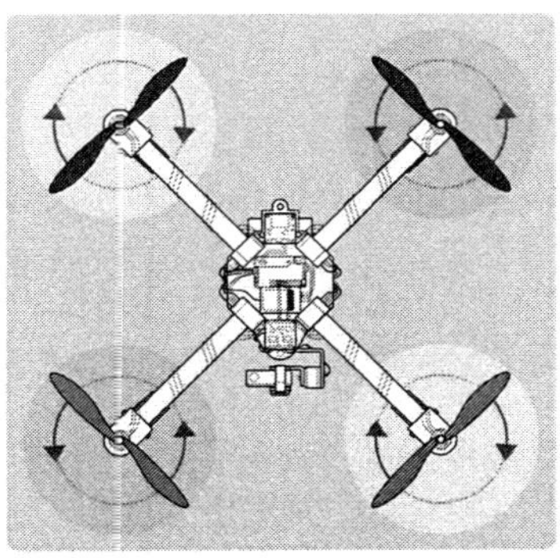

〈자기권과 밴앨런벨트〉

4 https://kr.pinterest.com/source/code.google.ccm

• 회전 깃(roto blade)은 빨간색의 시계방향(clockwise)으로 회전하는 깃과 파란색의 반시계방향(anti-clockwise)의 rotor가 있다.

▶ 회전날개의 지면효과

• 회전날개에서도 날개끝와류는 vortex ring을 형성한다. 이러한 날개끝 와류에 의한 영향은 회전하는 날개를 가진 드론이 회전날개 직경의 1/2정도의 높이에서 정지비행하면 약10%정도의 양력이 증가하고 1/4정도의 높이에서는 약 20% 정도의 양력이 증가한다. 이를 지면효과(ground effect)라 한다. 이러한 효과는 고정익 드론에서도 나타난다.

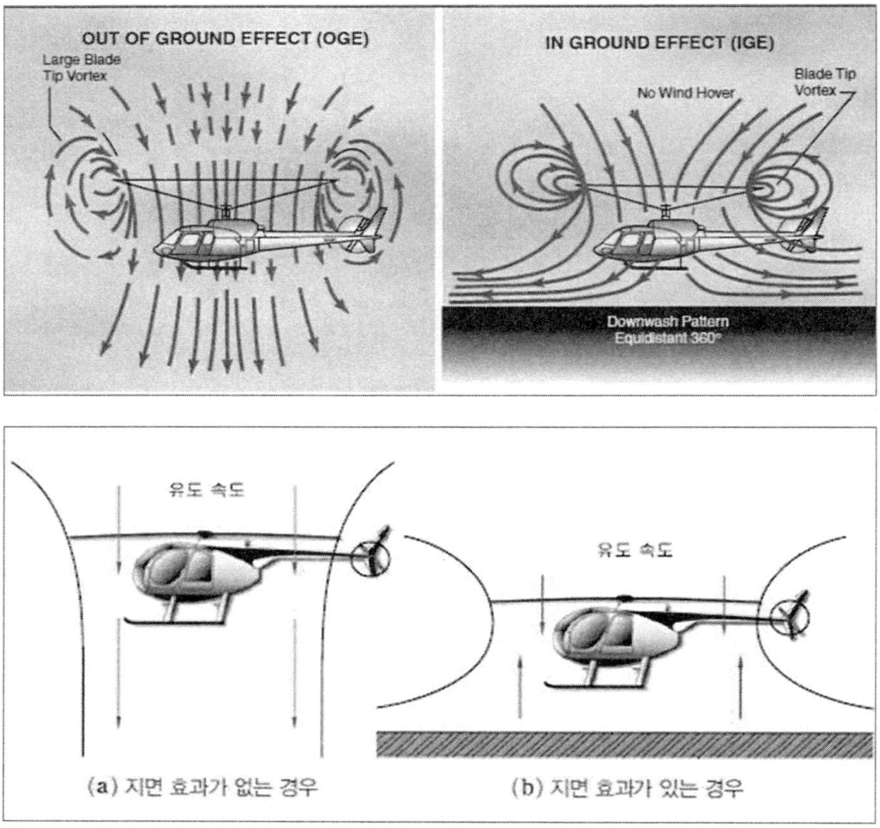

〈날개끝 와류와 지면효과〉

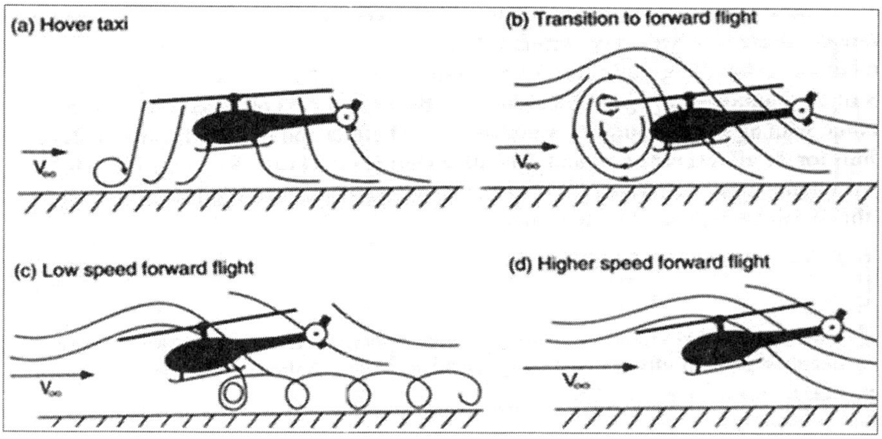

• 드론이 전진비행을 하게 되면 지면효과는 감소된다.

3.4 항력과 추력

1) 항력

• 항력(drag)은 양력과 같은 공기력이며 서로 분가분의 관계를 가지고 있다. 단지 드론의 진행하는 방향에 대해 반대 방향으로 작용한다. 일반적인 운반체의 항력은 표면마찰 항력과 압력항력으로 나누는 것이 일반적이다. 그러나 드론과 같은 항공기에 있어서 전체적인 항력은 양력과 무관한 항력(유해항력:parasite drag)과 양력발생으로 인하여 발생하는 항력(유도항력,induced drag)으로 크게 나눈다.

• 표면마찰 항력과 압력항력은 양력 발생과 무관하게 발생하는 항력이라 하여 유해항력(parasite drag)이라 하고, 양력발생을 위해 불가피하게 발생하는 항력을 유도항력(induced drag)으로 분류하고 있다. 유도항력은 유한한 가로세로비를 갖는 날개에서 양력발생과 더불어 불가피하게 발생하는 항력이고, 유도항력을 뺀 나머지 항력을 유해항력이라 한다. 유해항력은 여러 가지 항력요소로 구성되어 있다.

• 이 유해 항력의 주요한 발생원인은 공기의 점성으로 인한 전단응력분포(shear stress distribution)의 표면마찰 항력(skin friction drag)과 압력분포(pressure distribution)에 의한 압력 항력(pressure drag)이다. 이 두 종류의 유해항력 성분들은 다시 여러 항력 종류로 다음과 같이 구분한다.

▶ **유해항력**(parasite drag)

- 유해항력(parasite drag)은 날개에서 발생한 유도항력을 뺀 나머지 드론 전체의 항력을 말한다. 유해항력은 양력발생과는 직접적인 관계는 없으며 다음과 같은 여러 항력성분들이 포함된다.

① 표면마찰 항력(skin friction drag)

• 드론표면을 따라 흐르는 공기의 점성으로 전단응력(viscous shearing stresses)이 물체표면에 접선방향으로 작용하여 발생하는 항력이다. 점성에 의해 물체 표면에 발달한 경계층이 층류경계층(laminar boundary layer)과 난류경계층(turbulent boundary layer)을 이루는 형태에 따라 항력의 크기가 달라진다.

② 압력항력(pressure drag)

- 122물체표면에 대해 접선방향으로 작용하는 표면마찰 항력과는 달리 드론의 표면에 수직으로 작용하는 압력분포의 차이에 의해서 발생하는 항력이다. 이것은 드론이 어떤 형태(形態, form)를 가졌느냐에 따라 달라진다.
- 예를 들면 평판을 바람이 불어오는 방향에 대해 뉘어 놓았을 때와 세워 놓았을 때를 비교할 수 있다. 뉘어놓았을 때는 표면마찰항력은 크지만 형태항력을 최소가 될 것이다. 그러나 평판을 세워 놓았을 때 표면 마찰항력은 거의 없지만 형태항력은 최대가 될 것이다. 수직으로 세워놓은 평판에 작용하는 항력이 100%라면 구의 형태는 50%이고 유선형의 물체는 5%정도의 압력항력이 발생한다. 따라서 일반적인 운반체는 대부분의 항력이 표면마찰항력과 압력항력으로 구성되어 있는데 날씬 비(fineness ratio), 즉 물체 두께에 대한 길이 비가 클수록 표면마찰항력이 크고, 반대로 작으면 압력항력이 커진다.
- 에어포일과 이에 비해 아주 작은 원의 항력계수는 같다. 왜냐하면 원은 압력항력이 크고 표면마찰 항력이 작은데 비해 에어포일은 압력항력이 적고 표면마찰 항력이 커서 결국 같은 항력 값을 갖는다.

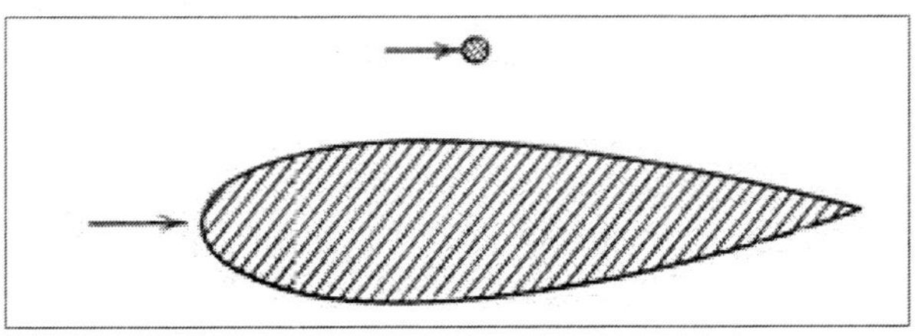

〈자기권과 밴앨런벨트〉

• 골프공의 경우 표면마찰 항력은 다소 증가해도 압력항력을 줄이기 위해 볼의 표면을 거칠게 하는 딤플(dimple)을 만들어 놓았다. 딤플이 있는 공이 전체 항력이 작아 비거리가 더 길어지기 때문이다.

• 이는 흐름의 분리에 의한 차이에서 오는 것으로 딤플이 있는 공이 없는 공보다 흐름의 분리가 늦게 일어 나가 때문이다. 공기 중을 나는 물체표면에는 공기의 끈끈한 점성 때문에 공기흐름의 속도가 지연되는 경계층(boundary layer)이 형성된다. 이러한 경계층에는 층류 경계층(laminar boundary layer)과 난류 경계층(turbulent boundary layer)이 있는데 난류경계층이 층류경계층보다 흐름의 분리(flow separation)가 늦다.

• 공의 표면으로부터 경계층이 분리되는 흐름의 분리는 압력항력이 급증하게 하는 요인이 된다. 결과적으로 흐름의 분리는 표면마찰항력은 줄어들지만 압력항력이 급증하기 때문에 전체 항력이 커지는 것이다. 따라서 표면이 거친 공은 공의 표면을 따라 흐르는 경계층이 늦게 분리되므로 항력이 감소하게 되고 그만큼 멀리 날아갈 수 있다. 골프 볼의 표면을 거칠게 하는 것은 흐름분리의 지연을 통해 전체 항력을 감소하고 비거리를 증가시키기 위한 방법이다. 이러한 항력을 감소하는 원리는 비행체의 여러 부분에 다양한 방법으로 적용되고 있다.

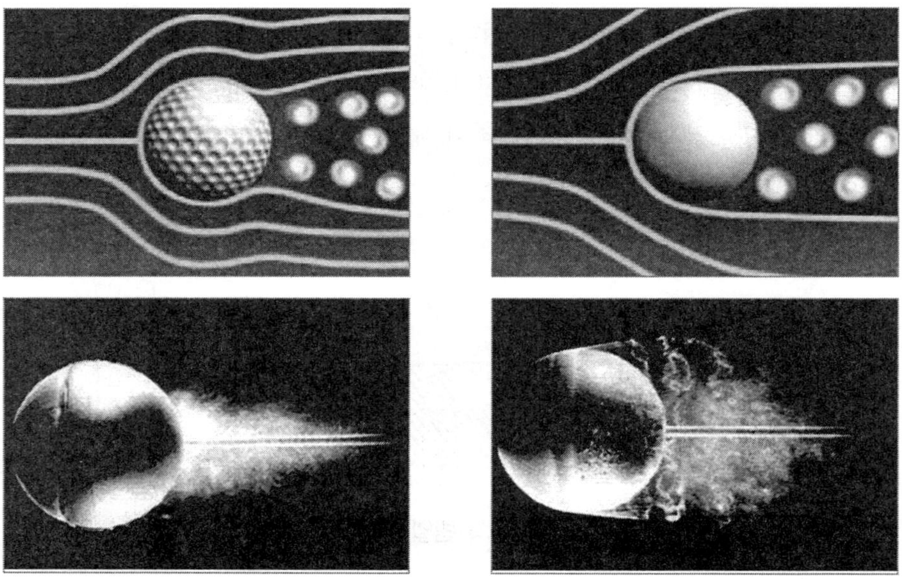

〈딤플이 있는 공과 없는 공의 흐름분리〉

③ 조파항력(wave drag)

• 드론이 천음속 이상으로 비행할 때 공기의 압축성 영향에 의해 충격파가 발생하는데 이로 인한 항력을 말한다. 드론에 충격파가 발생하면 충격파에 의해 드론 주위에 압력이 증가하여 되어 발생하게 되는 일종의 압력항력이다

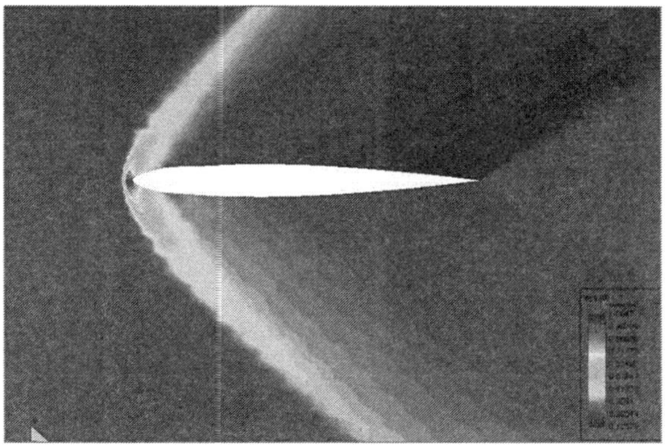

〈충격파 발생으로 인한 항력〉

④ 간섭 항력(interference drag)

• 드론을 구성하는 구성품 들의 각각의 항력을 모두 합한 것보다 각 구성품을 조립한 비행기의 항력이 더 크다. 이것은 조립된 여러 구성품들 사이에 공기흐름의 상호작용에 의해 발생한 항력이다. 이러한 공기흐름의 상호 간섭현상은 흐름분리나 소용돌이 또는 충돌들로 인해 항력이 증가되었기 때문이다. 특히 드론의 경우 외부 장착물 사이의 간섭은 드론의 성능을 매우 제한하기도 한다.

▶ 유도항력

• 유도항력(induced drag)은 날개에서 발생하는 양력에 의해 불가피하게 발생하는 항력으로 양력이 없으면 유도항력도 없다. 유도항력은 유한한 가로세로비를 갖는 양력면의 날개 뒷전 와류(trailing edge vortex)에 의해 발생하는 항력이다. 이처럼 유도항력은 날개가 양력을 발생시킴으로써 불가피하게 발생하는 항력이므로 양력의 크기와 날개 형태에 따라 다음과 같은 식으로 항력계수가 주어진다.

$$C_{Di}=\frac{C_L{}^2}{\pi eAR}$$

여기에서 날개 끝 효율계수(span efficiency factor:) 는 0보다 크고 1보다 적은 값이다. 가로세로비가 큰 날개는 유도항력이 적다. 따라서 장기체공드론은 비교적 가로세로비가 크다.

2) 추력

• 비행기에 장착하는 동력장치는 공기흐름을 통하여 추력을 얻는 공기흡입엔진(air-breathing engine)을 사용한다. 공기를 이용하여 추력을 얻는 원리에 따라 프로펠러 비행기와 제트 비행기를 구분할 수 있다.

• 왕복기관(reciprocating engine)이나 터보 프롭 기관(turboprop engine)은 프로펠러(propeller)를 구동시켜 추력을 얻는 기관이고, 터보제트(turbojet)나 터보팬(turbofan)은 공기를 분사시켜 추력을 얻는 분사추진기관(jet propulsion engine)이

가. 프로펠러의 부분명칭 및 용어

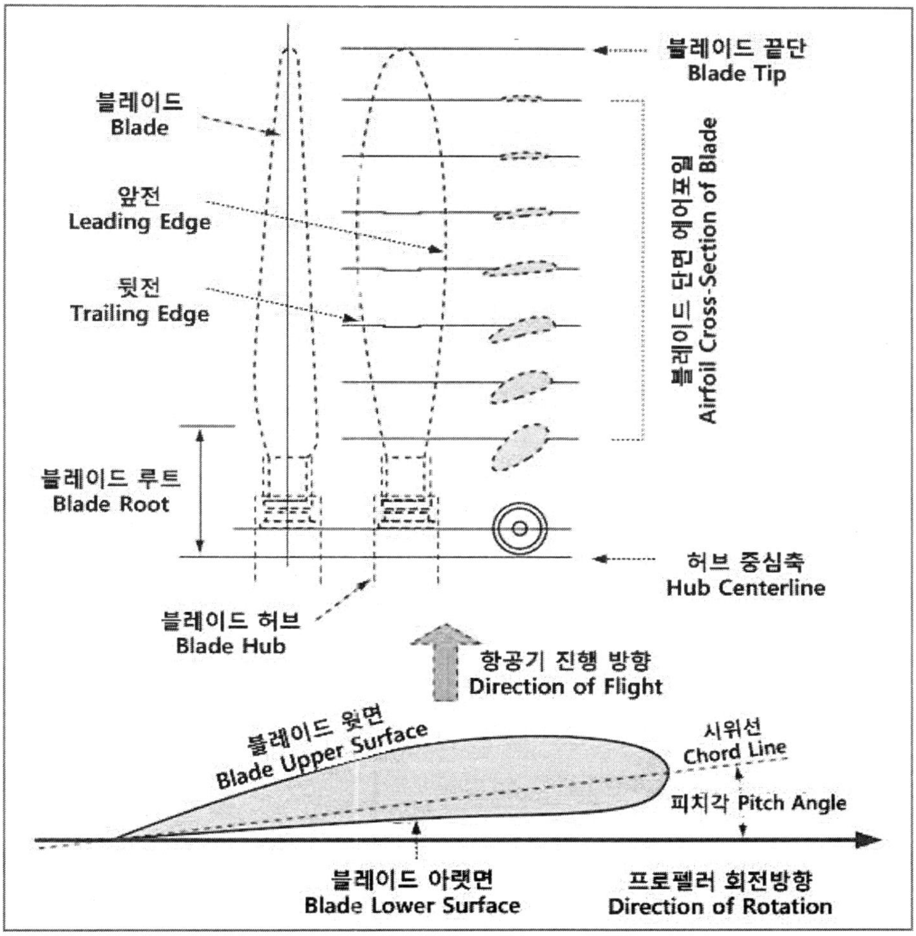

〈프로델러 구조 및 각 부분 명칭〉

▶ 부분명칭

- 깃(· blade)
- 깃 중앙부(blade hub)
- 깃 쪽지(blade shank)–hub에 가장 가까운 쪽
- 깃 밑동(blade butt)
- 깃 끝(blade tip)

- 깃 뿌리(blade root)−hub에 가장 먼 쪽
- 깃 앞전(blade leading edge)
- 깃 뒷전(blade trailing edge)
- 회전면(plane of rotation)−축(shaft)에 수직한 깃의 회전면을 포함한 가상 면
- 프로펠러 깃(blade)의 각 부위에 따른 에어포일의 형태가 다르다.

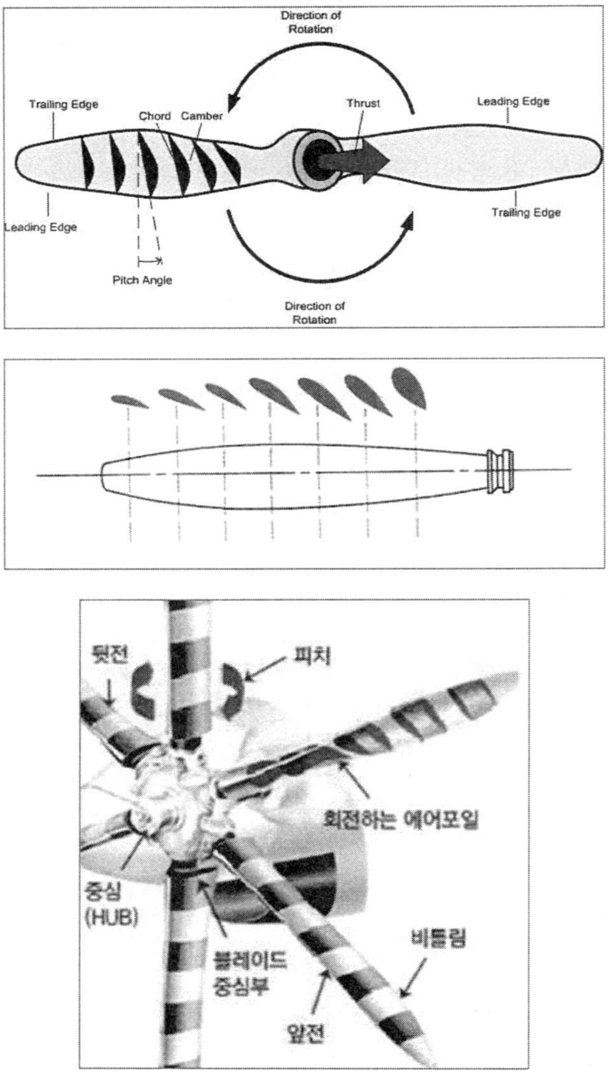

〈각 부위에 따른 단면 형상 변화〉

▶ **프로펠러의 피치**

- 피치(pitch) : 프로펠러가 1 회전할 때 전진하는 거리
  – 한번 회전할 때 전진 거리가 짧으면 낮은 피치(작은 깃 각): 높은 회전수
  – 한번 회전할 때 전진 거리가 길면 높은 피치(큰 깃 각): 낮은 회전수

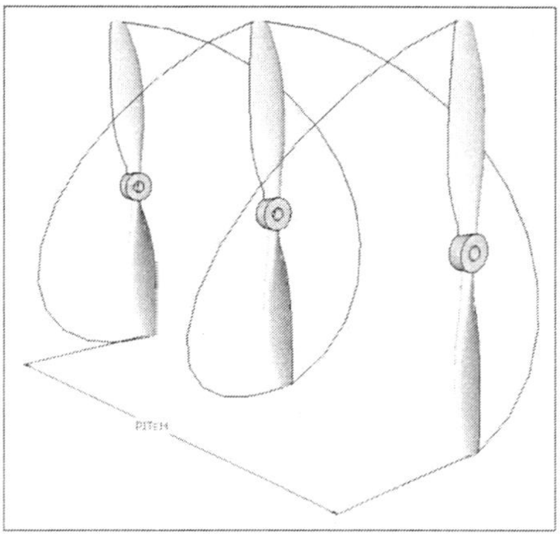

〈프로펠러 피치〉

▶ 피치(pitch)의 종류: Low pitch, High pitch, feathering

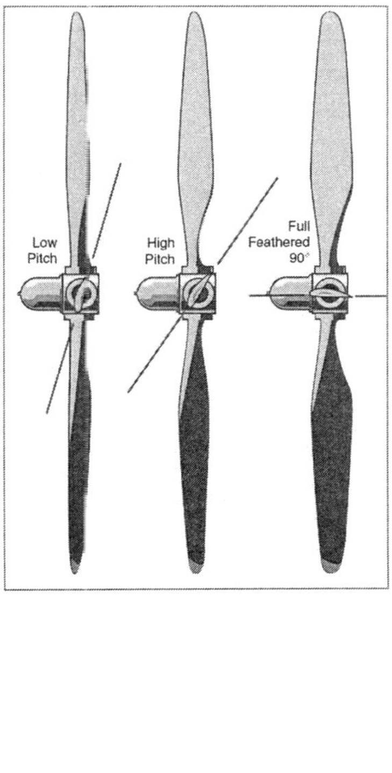

① 고정피치(fixed-pitch) 프로펠러: 깃 각이 하나의 고정된 크기로 만들어진 프로펠러로서 경비행기에 많이 사용

② 조정피치(adjustable pitch) 프로펠러: 지상에서 공구를 이용하여 깃각을 조절할 수 있는 것으로 경비행기에 사용

③ 가변피치(variable-pitch) 프로펠러: 비행 중에 조종사에 의해서 또는 자동적으로 깃각을 변경시킬 수 있음

④ 이단 가변피치 프로펠러 : 저피치와 고피치의 두 가지 중 조종사가 선택

⑤ 정속(constant speed) 프로펠러 : 기관의 회전속도(rpm)를 일정하게 유지할 수 있도록 깃각을 자동적으로 변경한다.

⑥ 페더링(feathering): 깃각이 거의 직각이 되도록 깃각을 증가시키는 것으로서, 비행 중 기관 고장으로 정지되었을 때 프로펠러의 회전을 중지시킴으로써 고장의 확산을 방지하고 항력을 감소시킨다.

▶ **피치각과 회전수**

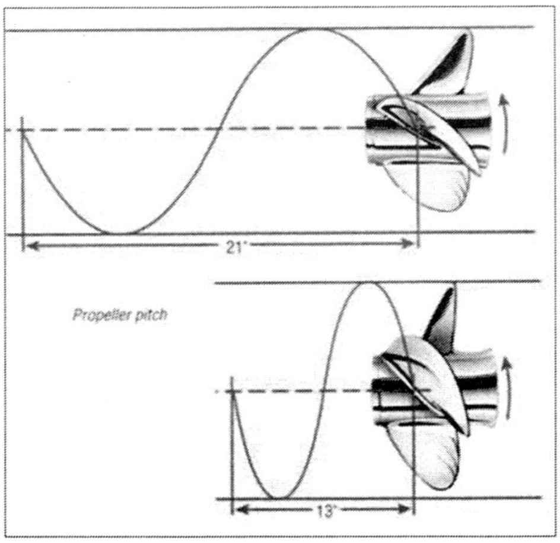

〈High Pitch-Low RPM(상), Low Pitch-High RPM(하)〉

- 한번 회전할 때 전진거리가 짧으면 낮은 피치(작은 깃각): 높은 회전수
- 한번 회전할 때 전진 거리가 길면 높은 피치(큰 깃 각): 낮은 회전
- 프로펠러가 1회전할 때 전진하는 거리는 기하학적 피치(geometric pitch)와 실

효적 피치(effective pitch)가 있는데 이 차이를 미끄럼(slip)이라고 한다.

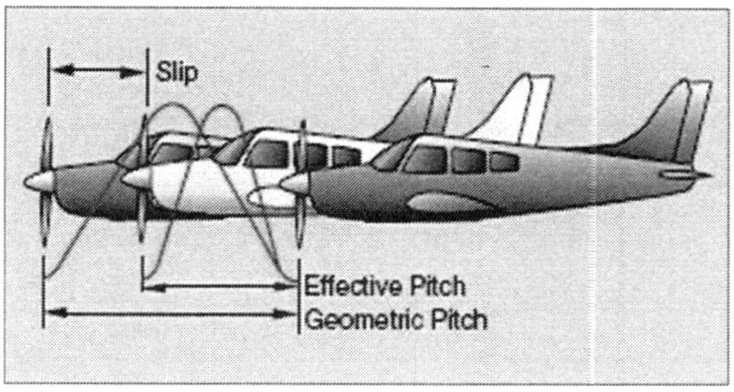

〈피치의 slip 현상〉

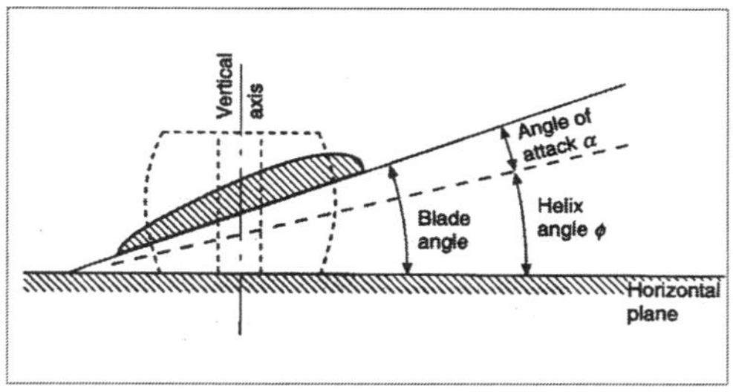

〈여러 각들의 관계〉

▶ 피치각, 받음각, 나선각의 관계

- 나선 각(helix angle) :프로펠러의 회전면과 유입되는 속도벡터 사이의 각(ϕ)
- 피치 각(blade angle or pitch angle) : 프로펠러의 회전면과 시위선의 각(β)
- 피치 각(pitch angle or blade angle) = 받음각(angle of attack) +나선 각 (helix angle)

나 . 프로펠러의 종류

▶ 재료에 의한 분류: 목재, 금속재료, 복합재료

▶ 깃 수에 의한 분류: 2 엽, 3 엽, 4 엽, 6 엽 등

2엽(2-blade)

3엽(3-blade)

2엽(2-blade)

3엽(3-blade)

▶ 회전방향에 따른 분류: 이중 반전형(counter rotating)

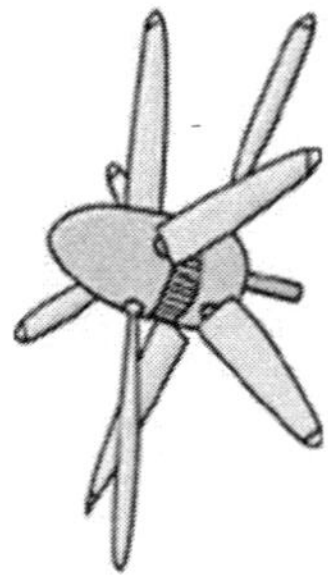

▶ 장착방법에 의한 분류: 끄는 형(tractor), 미는 형(pusher),

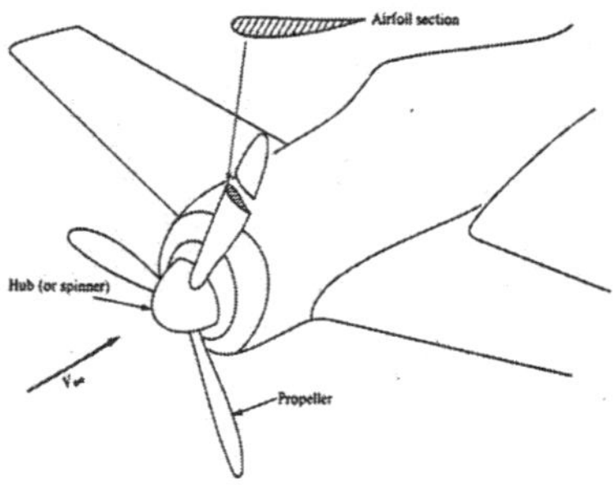

Tractor type propeller

pusher type propeller

다. 프로펠러에 의한 추력시스템

• 프로펠러 시스템은 블레이드, 가변피치 허브시스템, 스피너, 거버너 등으로 구성된다. 다음은 3엽 정속피치 프로펠러 시스템을 보여주고 있다.

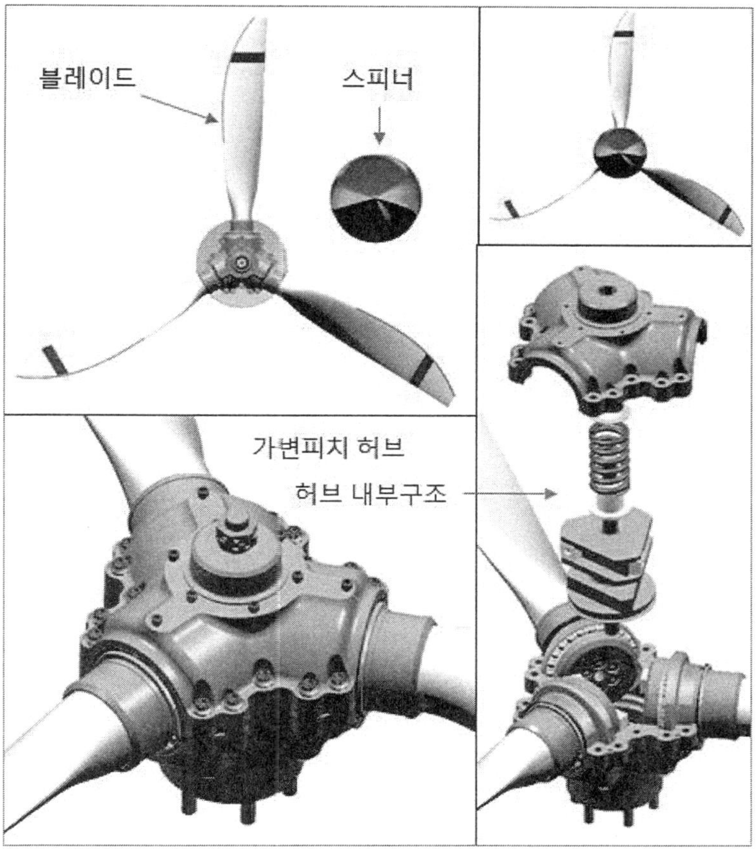

〈프로펠러 시스템 구성〉

• 블레이드 절단면인 에어포일로 유입되는 유입(합력)속도(Resultant Velocity)는 비행속도(Air Speed)와 프로펠러 회전속도(Rotation Speed)로부터 결정된다.

• 블레이드 단면을 흐르는 공기는 에어포일의 윗면과 아랫면에 압력 차이를 발생시키고, 이 압력 차이는 양력과 항력을 유발한다.

• 에어포일에 발생하는 양력과 항력을 항공기 진행 방향과 프로펠러 회전방향 성분으로 분해하여 추력(Thrust)과 토크(Torque)를 계산한다.

• 일반적으로 드론 프로펠러는 순항(Cruise) 조건에서 최고의 효율을 갖도록 설계된다. 따라서 설계 초기 값으로 주어지는 프로펠러 회전속도 및 비행속도가 달라지고, 따라서 블레이드 단면에 발생하는 힘 조건이 변하게 된다. 변화된 블레이드 주변 공력

특성에 따라서 블레이드 형상을 변경시키는 것이 최적 설계이다.

• 드론 순항 조건으로부터 순항속도, 순항출력(토크) 및 회전수, 그리고 비행고도를 결정할 수 있다.

• 순항조건에서 엔진으로부터 공급되는 출력으로부터 토크가 계산되고, 이 일정한 토크 조건에서 추력을 극대화 할 수 있는 에어포일, 시위선 길이 및 피치 각(Pitch Angle)분포를 결정하여 효율을 극대화한다.

• 다음은 프로펠러 블레이드 단면에 작용하는 힘 및 속도 성분을 분해한 것이다.

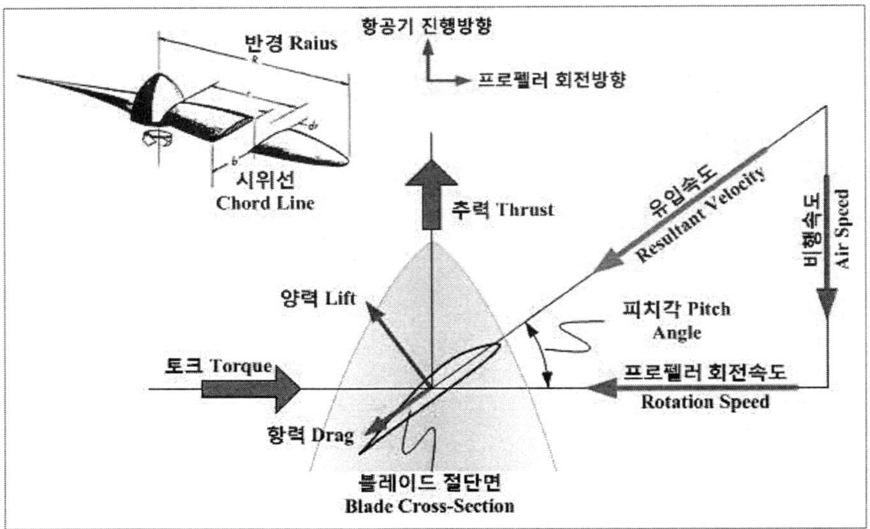

〈블레이드 단면에 작용하는 힘 및 속도성분〉

• 비행기의 날개는 양력발생 장치이고 프로펠러는 추력장치이지만 어떤 면에서는 공통점을 가지고 있다. 날개와 프로펠러는 단면이 에어포일로 되어 있고 공기력을 발생시킨다는 점에서는 유사하다. 단지 프로펠러에 의해서 얻어지는 추력은 프로펠러 회전면(A)을 지나는 공기의 질량흐름률(m_{air})과 프로펠러를 지난 공기흐름의 속도 차에 의해서 얻어진다.

$$T_{Di} = \dot{m}_{air}(\Delta V) = \rho VA(\Delta V)$$

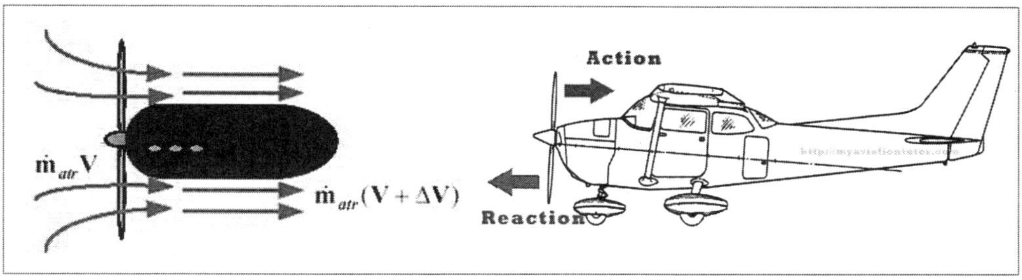
Action
ṁ_atr V
ṁ_atr (V + ΔV)
Reaction

〈프로펠러에 의한 추력〉

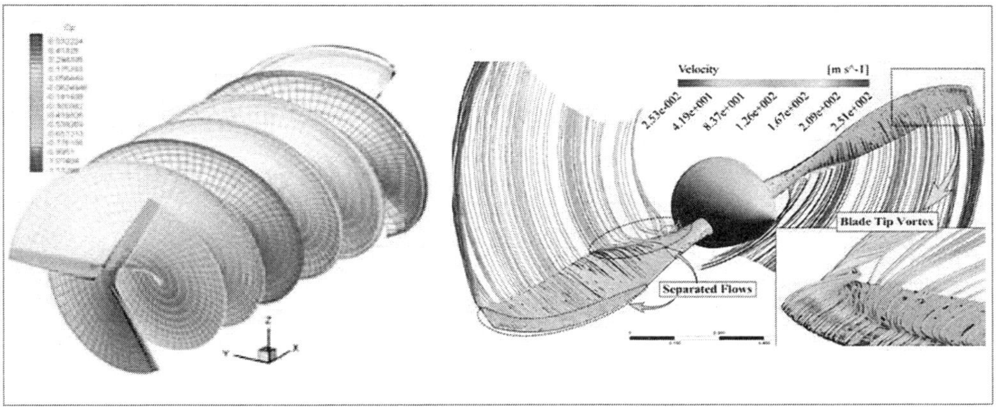
Velocity
[m s^-1]
2.53e-002
4.19e+001
8.37e+001
1.26e+002
1.67e+002
2.09e+002
2.51e+002
Blade Tip Vortex
Separated Flows

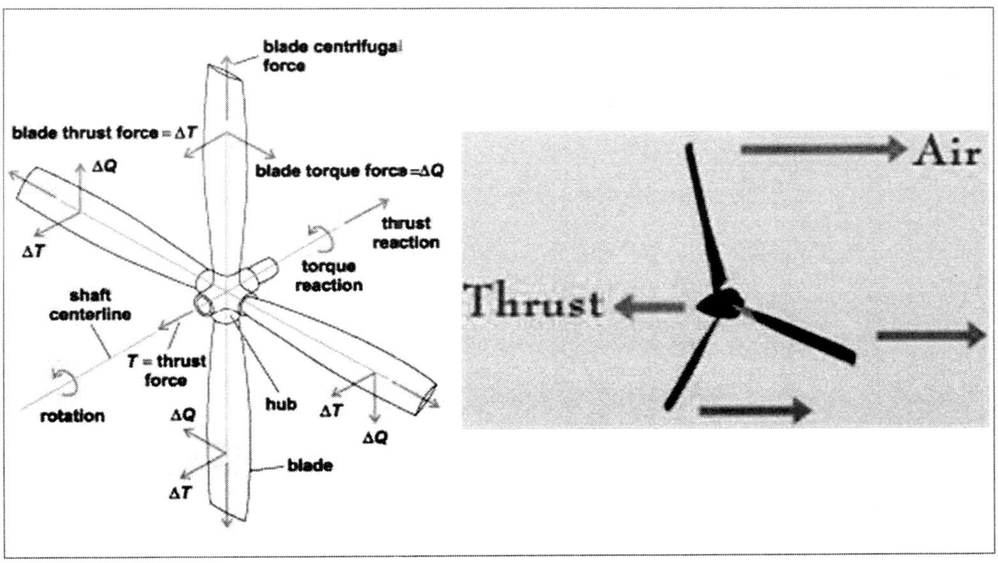
blade centrifugal force
blade thrust force = ΔT
ΔQ
blade torque force = ΔQ
ΔT
thrust reaction
torque reaction
shaft centerline
T = thrust force
rotation
ΔQ
hub
ΔT
ΔQ
blade
ΔT
Air
Thrust

▶ **분사추진기관에 의한 추력**

- 분사추진(jet propulsion)기관의 추력은 공기흡입구에 유입되는 질량흐름률과 분사구(exhaust nozzle)로 분출되는 질량흐름률의 차에 의한 운동량 추력(momentum thrust)과 분사구의 압력과 대기 압력의 차이에 의해 발생하는 압력 추력(pressure thrust)에 의해서 전체추력이 얻어진다.

$$T=(\dot{m}_{air}+\dot{m}_{fuel})V_e-\dot{m}_{air}V_\infty+(P_e-P_\infty)=A_e$$

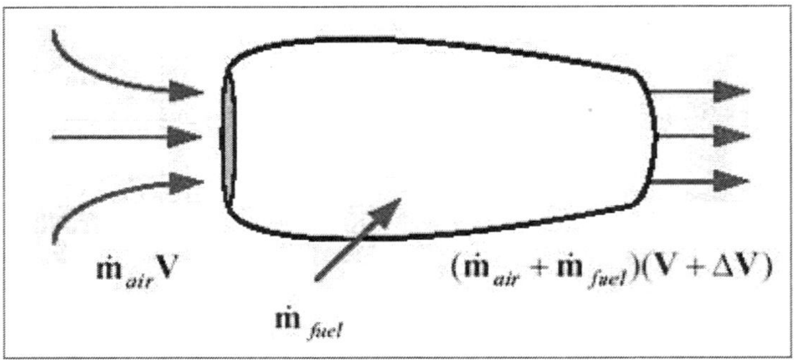

〈제트기관에 의한 추력〉

연습 문제

01 다음 어느 경우에 에어포일의 실속 받음각에 도달하게 되는가?

① 최대 양항비(L/D)일 때
② 에어포일 주위에 공기흐름의 순환이 발생할 때
③ 최소 항력계수일 때
④ 최대 양력계수일 때
⑤ 최대 항력계수일 때

02 에어포일의 받음각에 대한 설명 중 틀린 것은?

① 시위선와 상대적으로 불어오는 공기흐름의 방향과 이루는 각이다.
② 시위선과 수평선이 이루는 각이다.
③ 받음각이 증가하면 양력계수는 증가한다.
④ 시위선과 에어포일이 진행하는 방향과 이루는 각이다.
⑤ 에어포일의 공력중심은 받음각이 변해도 변하지 않는다.

03 날개길이가 무한대인 날개에 대한 설명 중 틀린 것은?

① 2차원 흐름이다.
② 실속이 일어나지 않는다.
③ 유도항력이 크다.
④ 날개 끝 소용돌이(wing tip vortex)가 발생하지 않는다.
⑤ 가로세로비(Aspect Ratio)가 무한대이다.

해답

01. 4 **02.** 2 **03.** 3

04 날개의 평균공력시위(Mean Aerodynamic Chord)에 대한 설명으로 맞는 것은?

① 날개 끝 시위와 날개 뿌리 시위를 합한 길이의 반이다.
② 날개길이의 25%되는 위치의 시위이다.
③ 날개면적에서 도심을 지나는 기하평균시위이다.
④ 날개의 양력과 항력이 작용하는 점의 시위이다.
⑤ 날개길이의 중앙을 지나는 시위이다.

05 아음속 날개에서 발생하지 않는 항력은?

① 마찰항력(friction drag)
② 형상항력(profile drag)
③ 유도항력(induced drag)
④ 유해항력(parasite drag)
⑤ 조파항력(wave drag)

06 초임계에어포일(supercritical airfoil)이 층류에어포일과 비교할 때 그 특징은?

① 앞전이 뾰족하다.
② 윗면의 곡면정도가 크다.
③ 뒷전이 두껍다.
④ 뒷전 아랫면의 상향곡면 정도가 크다.
⑤ 대칭형 에어포일과 유사하다.

07 날개의 가로세로비(AR : Aspect Ratio)는?
(c=chord, b=span, s=wing area)

① $AR=s/b$ ② $AR=c/b$ ③ $AR=b^2/s$ ④ $AR=s/c$ ⑤ $AR=b/s$

해답

04. 2 **05.** 5 **06.** 4 **07.** 3

08 날개에 고양력 장치를 하는 이유는?

① 실속속도를 크게 하기 위하여
② 항속거리를 크게 하기 위하여
③ 활주거리를 짧게 하기 위하여
④ 활공비를 작게 하기 위하여
⑤ 부양속도를 크게 하기 위하여

09 날개의 가로세로비(AR : Aspect Ratio)가 아닌 것은?
(c=chord, b=span, s=wing area)

① $AR=b/c$　② $AR=\frac{b^2}{bc}$　③ $AR=\frac{b^2}{s}$　④ $AR=s/c^2$　⑤ $AR=b/s$

10 드론에 작용하는 힘 중 최대 크기의 순서가 바른 것은?

① 추력 〉 양력 〉 중력 〉 항력
② 양력 〉 항력 〉 추력 〉 중력
③ 양력 〉 중력 〉 추력 〉 항력
④ 추력 〉 중력 〉 양력 〉 항력
⑤ 양력 〉 중력 〉 항력 〉 추력

11 다음 항 중 맞지 않은 것은?

① 양력과 항력은 공기흐름이 없으면 발생하지 않는다.
② 평판도 양력이 발생할 수 있다.
③ 대칭형 에어포일은 받음각이 없으면 양력발생은 없다.
④ 대칭형 에어포일은 받음각이 없으면 양력과 항력발생은 없다.
⑤ 대칭형 에어포일은 주로 꼬리날개에 많이 사용한다.

해답

08. 3　**09.** 5　**10.** 3　**11.** 4

12 레이놀즈수를 나타내는 식 중 맞는 것은?

① $\frac{(면적)\times(속도)}{(밀도)\times(점성\ 계수)}$ ② $\frac{(관의직경)\times(속도)}{(점성\ 계수)}$ ③ $\frac{(속도)\times(점성\ 계수)}{(길이)}$

④ $\frac{(속도)\times(밀도)\times(길이)}{(점성\ 계수)}$ ⑤ $\frac{(속도)\times(밀도)\times(압력)}{(점성\ 계수)}$

13 마하수에 대한 설명 중 틀린 것은?

① $M=\frac{V}{a}=\frac{(비행속도)}{(음속)}$

② 해면 표준대기에서 음속은 340m/s이다.

③ 마하수는 물리학자 Ernst Mach가 처음으로 정의하였다.

④ 같은 조건으로 비행할 경우 여름철에 마하수가 높게 나타난다.

⑤ 마하수는 무차원계수이다.

14 경계층의 특성에 관한 설명 중 틀린 것은?

① 표면마찰항력의 원인이 된다.

② 경계층은 공기의 점성력에 의해 생긴다.

③ 경계층의 두께는 레이놀즈수에 따라 달라진다.

④ 경계층은 공기의 압축성에 의해 생긴다.

⑤ 경계층이 분리되면 실속의 원인 된다.

15 층류와 난류의 성질을 나타낸 설명에서 틀린 것은?

① 난류를 후류(wake) 또는 와류(vortex)라고도 한다.

② 층류는 난류보다 마찰항력이 적다.

③ 난류는 층류보다 흐름분리가 잘 일어나지 않는다.

④ 난류는 층류보다 속도의 변화가 크다.

⑤ 층류에서 난류로 변하기 전에 천이영역이 존재한다.

해답

12. 4 **13.** 4 **14.** 4 **15.** 1

16 다음 항목들 중 공력계수의 변수가 아닌 것은?

① 레이놀즈수 ② 마하수 ③ 받음각 ④ 에어포일 형태 ⑤ 공력중심

17 날개의 후퇴각을 크게 하면 임계마하수를 높일 수 있는 이유는?

① 최대 양력계수(C_{Lmax})가 작기 때문이다.
② 압력중심의 이동이 작기 때문이다.
③ 받음각이 낮아지기 때문이다.
④ 날개시위 방향으로 불어오는 공기흐름 속도가 줄어들기 때문이다.
⑤ 항력이 작아지기 때문이다.

18 후퇴익에 대한 설명 중 맞지 않은 것은?

① 후퇴익은 저속에서 공력특성이 좋다.
② 후퇴익은 일반적으로 테이퍼를 주지 않는다.
③ 후퇴익은 고속에서 조파항력이 크다.
④ 후퇴익은 날개 끝 실속을 일으키기 쉽다.
⑤ 후퇴익은 임계마하수를 낮추는 방법이다.

19 비행기가 실속에 들어가는 주된 원인이 되는 것은?

① 스핀에 들어가기 때문이다.
② 받음각의 증가로 흐름분리가 발생하기 때문이다.
③ 플랩을 작동하지 않았기 때문이다.
④ 추력이 부족하기 때문이다.
⑤ 급상승 비행을 하기 때문이다.

해답

16. 5 17. 5 18. 3 19. 2

20 조파항력(wave drag)에 대한 설명 중 맞는 것은?

① 공기와 비행기와의 마찰항력이다.
② 충격파발생에 의한 압력항력이다.
③ 난기류를 만났을 때 발생한다.
④ 측풍을 만났을 때 발생한다.
⑤ 대형기의 후방 난기류를 만났을 때 발생한다.

21 항력에 관한 설명 중 틀린 것은?

① 임계 마하수항력발산 마하수 〈 M=1.0
② 비행기의 항력은 유해항력과 유도항력으로 이루어진다.
③ 양력이 없으면 발생하지 않는 항력은 유도항력이다.
④ 항력은 받음각 증가와 함께 선형적으로 증가한다.
⑤ 유해항력은 양력발생과 무관하게 발생하는 항력이다.

22 대기에서 소리속도에 영향이 가장 큰 것은?

① 점성 ② 기온 ③ 압축성 ④ 밀도 ⑤ 공기흐름 속도

23 공기력(aerodynamic force)으로만 짝지어진 항은?

① 양력 - 항력 ② 중력 - 부력 ③ 양력 - 중력
④ 추력 - 응력 ⑤ 항력 - 중력

24 다음 3차원 날개의 전체 항력을 잘 나타낸 항은?

① 형상항력+유도항력 ② 유해항력+유도항력
③ 압력항력+유도항력 ④ 형태항력+조파항력
⑤ 압력항력+표면마찰 항력+형상항력

해답

20. 2 **21.** 4 **22.** 2 **23.** 1 **24.** 2

25 드론을 설계할 때는 일반적으로 양력은 최대화 하고 항력은 최소로 해야 한다. 이러한 목표를 달성하기 위한 최적의 날개 단면 형태가 에어포일이다. 다음 중 적당한 설명이 아닌 것은?

① 앞전과 뒷전을 잇는 시위선이 있다.

② 일반적으로 캠버가 있다.

③ 1884년 영국의 H. F. Phillips에 의하여 특허가 이루어졌다.

④ 1930년대 미국의 NACA에서 에어포일의 형상변수를 표준화하였다.

⑤ 비행기의 날개는 반드시 단일 어 어포일을 사용한다.

26 다음 양력과 항력에 관한 설명에서 맞는 항을 골라라.

① 양력관계식은 $L=\frac{1}{2}\rho V^2 SC_L$ 이고, 항력은 $D=\frac{1}{2}\rho V^2 SC_D$ 이다.

② 동일한 비행기에 대해서 양력과 항력은 크기가 같고 방향이 반대이다.

③ 둘 다 베르누이 공식으로 계산할 수 있다.

④ 양력과 항력은 독립적으로 발생한다.

⑤ 첨단기술을 이용하면 비행중인 항공기의 항력을 없앨 수 있다.

27 베르누이 방정식에 대한 설명이다. 옳은 항을 골라라.

① 베르누이 방정식은 모든 유체흐름에 적용 가능하다.

② 베르누이 방정식은 압축성과 비압축성 방정식이 다르다.

③ $P+\frac{1}{2}\rho V^2=P_t$로 나타내며, 여기에서 P는 정압이고, $\frac{1}{2}\rho V^2$은 동압으로써 이 두 압력을 피토튜브로 측정하여 전체압력(P_t)을 속도계로 표시한다.

④ 유체의 운동에너지를 위치에너지로 나타낸 것이다.

⑤ 유체의 운동에너지를 열에너지로 나타낸 것이다.

해답

25. 5 **26.** 1 **27.** 2

28 공기흐름의 정체점(stagnation point)란 무엇인가?

① 공기흐름이 층류에서 난류로 바뀌는 점이다.
② 공기 흐름의 분리가 발생하는 점이다.
③ 공기흐름의 속도가 0이 되는 점이다.
④ 공기흐름의 와류가 발생하는 점이다.
⑤ 경계층이 발달하기 시작하는 점이다.

29 양력발생을 위한 드론 날개에 대한 설명이다. 잘못 설명한 항은?

① 양력발생을 위한 가장 큰 영향 요소는 공기흐름의 속도이다.
② 공기 밀도가 낮으면 항력뿐만 아니라 양력도 감소한다.
③ 받음각이 증가하면 지속적으로 양력과 항력은 증가한다.
④ 저속에서는 직선형 날개가 고속으로 갈수록 후퇴각을 갖는 날개가 유효하다.
⑤ winglet은 날개끝 와류를 줄여 유도항력을 감소시킨다.

30 다음 초음속 비행에 대한 설명이다. 틀린 것은?

① 마하수는 소리속도에 대한 비행 속도이다.
② 충격파 각이 클수록 조파항력이 적다.
③ 충격파란 공기흐름의 운동에너지가 감소하면서 발생하는 일종의 내부에너지 증가로 공기의 압력, 온도, 밀도가 상승한다.
④ 충격파가 발생하면 충격음(sonic boom)이 발생한다.
⑤ 조종사는 충격음을 들을 수 없다.

31 임계 마하수(Critical Mach Number)란 무엇인가?

① 최초 충격파가 발생하는 비행 마하수
② 조파항력이 급증하기 시작하는 비행 마하수
③ 드론이 마하 1로 비행하기 시작하는 마하수

해답

28. 3 **29.** 3 **30.** 2 **31.** 4

④ 드론의 어느 한 부분이라도 마하 1에 도달할 때의 비행 마하수
⑤ 충격파가 안정하게 발생했을 때의 마하수

32 임계 받음각(critical angle of attack)이란 무엇인가?

① 비행마하수가 1에 도달하는 받음각
② 층류가 난류로 바뀌는 받음각
③ 항력이 최소가 되는 받음각
④ 실속이 일어나는 받음각
⑤ 이륙을 시작하게 되는 받음각

33 실속(stall)이 일어나는 것과 가장 관계가 깊은 것은?

① 속도 ② 고도 ③ 상승각 ④ 선회각 ⑤ 받음각

34 고양력 장치와 가장 거리가 먼 것은?

① flap ② strake ③ canard ④ canard ⑤ spoiler

35 경계층 제어장치가 아닌 것은?

① stall fence ② slat ③ slot ④ swept back ⑤ vortex generator

36 테이퍼 형 날개에 대한 특성을 잘못 설명한 것은?

① 날개 끝에서부터 실속이 발달하기 시작한다.
② 날개 뿌리 쪽으로 공력의 발생이 집중된다.
③ 테이퍼를 주면 날개 구조강도 특성이 좋아진다.
④ 테이퍼비는 Ct/Cr이다.
⑤ 테이퍼비는 b^2/S 이다.

해답

32. 4 33. 5 34. 5 35. 4 36. 5

37 날개의 가로세로비(aspect ratio)에 대한 설명 중 맞는 것은?

① 가로세로비가 크면 양항비도 크다.
② 가로세로비가 크면 활공거리는 줄어든다.
③ 가로세로비가 크면 유도항력도 커진다.
④ 가로세로비가 크면 항속시간이 줄어든다.
⑤ 가로세로비가 크면 고속성능이 좋아진다.

38 날개 윗면을 돌출시켜 양력 감소뿐 아니라 항력을 증가시키는 장치는?

① slot ② slat ③ spoiler ④ vortex generator ⑤ stall fence

39 드론의 항공역학에 관한 설명이다 잘못된 항은?

① 드론에 작용하는 주요한 힘은 양력, 항력, 추력, 중력이다.
② 드론이 움직이지 않으면 양력과 항력은 없다.
③ 드론의 비행은 추력으로부터 시작한다.
④ 비행 중에 드론에 작용하는 힘들을 순간적으로 무중력, 무양력, 무항력 상태로 만들 수 있다.
⑤ 배면비행상태에서도 양력은 발생한다.

40 드론 날개에 winglet를 장착하는 이유로 타당하지 않은 것은?

① 유도항력을 감소시킨다.
② wing tip vortex를 감소시킨다.
③ 다소의 양력과 추력을 증가시킨다.
④ 날개의 구조강도를 증가 시킨다.

해답

37. 1 **38.** 3 **39.** 4 **40.** 1 **40.** 1 **40.** 4

41 드론의 받음각에 대한 설명으로 옳은 것은?

① 날개단면(airfoil)의 시위선과 공기흐름의 방향과 이루는 각이다.
② 날개단면(airfoil)의 캠버와 공기흐름 방향과 이루는 각이다.
③ 날개단면 (airfoil)의 캠버와 시위선이 이루는 각이다.
④ 날개단면(airfoil)의 시위선과 상대풍이 이루는 각이다.

42 드론에 작용하는 항력에 대한 설명 중 맞는 것은?

① 공기 속도에 비례 한다. ② 공기 속도의 제곱에 비례 한다.
③ 공기 속도의 3승에 비례 한다. ④ 공기 속도에 반비례 한다.

43 플랩을 내리면 어떤 현상이 일어나는가?

① 양력 증가, 항력 감소 ② 양력 감소, 항력 증가
③ 양력, 항력 증가 ④ 양력, 항력 감소

44 드론 날개에 작용하는 양력에 대한 설명 중 맞는 것은?

① 밀도 자승에 비례 ② 날개면적의 제곱에 비례
③ 속도 자승에 비례 ④ 양력계수의 제곱에 비례

45 플랩를 설치하는 목적으로 타당한 것은 어느 것인가?

① 이. 착륙 비행 중 양력을 크게 하기 위해
② 순항비행 중 양력을 크게 하기 의해
③ 순항비행 중 항력을 작게 하기 위해
④ 이.착륙 비행 중 항력을 작게 하기 위해

해답

41. 4 **42.** 2 **43.** 3 **44.** 3 **45.** 1

46 드론의 실속(stall)에 대한 설명으로 틀린 것은 어느 것인가?

① 드론이 비행 고도를 더 이상 유지할 수 없는 상태를 말한다.
② 비행받음각이 임계받음각 보다 클 때 일어나는 현상이다.
③ 날개에서 공기흐름의 분리 현상이 발생했을 때 일어난다.
④ 양력이 급격하게 증가할 때 발생한다.

47 받음각이 일정할 때 양력은 고도의 증가에 따라 어떻게 되겠는가?

① 증가한다. ② 일정하다. ③ 감소한다. ④ 감소 후 증가한다.

48 받음각은 주 날개의 시위선과 무엇이 이루는 각을 말하는가?

① 캠버(camber) ② 수평선 ③ 상대풍 ④ 양력

49 비행 중 항력이 추력보다 크면?

① 가속도 비행 ② 감속도 비행 ③ 등속도 비행 ④ 정지비행

50 다음은 실속(stall)속도에 대한 설명이다. 틀린 것은?

① 양력계수가 최대일 때의 속도를 실속(stall)속도라 한다.
② 실속(stall)속도가 클수록 비행성능은 양호하다.
③ 실속(stall)속도가 작을수록 착륙속도는 작아진다.
④ 고 양력 장치는 이착륙비행에서 실속 성능을 향상시킨다.

51 드론이 이착륙할 때 짧은 활주거리를 저속으로 안전하게 비행하게 하는 고양력 장치는?

① 선회타(aileron) ② 승강타(elevator)
③ 방향타(rudder) ④ 플랩(flap)

해답

46. 4 **47.** 3 **48.** 3 **49.** 2 **50.** 2 **51.** 4

52 드론의 양력과 무관하게 발생하는 모든 항력을 무엇이라 하는가?

① 압력항력　② 유도항력　③ 형상항력　④ 유해항력

53 드론이 수평비행 중 등속도 비행을 하기 위해서는?

① 항력이 양력보다 커야한다.　② 양력과 항력이 같아야 한다.
③ 항력과 추력이 같아야한다.　④ 양력과 무게가 같아야 한다.

54 자이로를 이용한 계기가 아닌 것은?

① 선회경사계　② 방향지시계　③ 자세계　④ 속도계

55 드론의 무게가 450kg이다. 이 비행기가 정상선회를 할 때 2배의 하중계수가 작용하고 있다면 이 비행기의 선회 경사각은 얼마인가?

① 70°　② 60°　③ 45°　④ 30°

56 드론이 지면 또는 수면에 접근함에 따라 날개끝의 와류가 지면에 부딪혀 항력이 감소하고 양력이 증가하는 현상을 무엇이라 하는가?

① 대기효과　② 날개효과　③ 지면효과　④ 간섭효과

57 다음 중 지면효과(Ground effect)와 관계가 먼 것은?

① 이륙과정에서 정상속도 보다 낮은 속도로 이륙이 가능하다.
② Ground effect의 고도는 날개길이(span)의 1/2이하이다.
③ 지면효과가 있는 고도에서는 유도항력이 감소한다.
④ 착륙과정에서 활주거리가 짧아진다.

해답

52. 4　**53.** 3　**54.** 4　**55.** 2　**56.** 3　**57.** 4

58 실속(stall)이 일어나는 가장 큰 원인은 무엇인가?

① 속도가 없어지므로　② 받음각이 너무 커져서
③ 엔진의 출력이 부족해서　④ 불안정한 대기 때문에

59 드론에 작용하는 주요한 힘을 설명한 것 중 틀린 것은?

① 양력은 비행방향과 수직으로 작용하는 힘을 말한다.
② 항력은 비방향의 반대방향으로 작용하는 힘을 말한다.
③ 추력은 프로펠러 또는 터보제트엔진 등에 의하여 생성되는 진행방향으로 작용하는 힘을 말한다.
④ 중력이란 드론 무게를 말하며 드론의 부양력을 제공한다.

60 속도계의 작동 원리는?

① 전압과 정압의 압력차를 측정한 동압계
② 공기밀도를 측정하는 밀도계
③ 대기압을 측정하는 압력계
④ 고도를 측정하는 고도계

61 다음 중 유해항력이 아닌 것은?

① 형상항력　② 유도항력　③ 표면 마찰항력　④ 간섭항력

62 드론이 일정고도에서 등속수평비행을 하고 있다. 맞는 조건은?

① 양력=항력, 추력=중력　② 양력=중력, 추력=항력
③ 추력〉항력, 양력〉중력　④ 추력=항력, 양력〈중력

해답

58. 2　**59.** 4　**60.** 1　**61.** 2　**62.** 2

63 상대풍(Relative Wind)에 관련된 설명 중 맞는 것은?

① 드론의 진행방향과 평행하게 흐르는 공기 흐름이다.
② 프로펠러 후류에 의해 형성되는 공기 흐름을 말한다.
③ 드론 비행할 때 날개끝의 압력차에 의해 형성되는 공기 흐름이다.
④ 드론이 진행할 때 옆으로 흐르게 하는 옆바람이다.

64 앞전(leading edge)과 뒷전(trail:ng edge)를 연결하는 직선을 무엇이라고 하는가?

① 캠버(camber) ② 에어포일(airfoil)
③ 시위선(chord line) ④ 받음각(AOA)(AoA)

65 상대풍(relative airflow)과 시위선(chord line)이 이루는 각을 무엇이라고 하는가?

① 캠버(camber) ② 에어코일(airfoil)
③ 시위선(chord line) ④ 받음각(angle of attack)

66 항력에 대한 설명 중 틀린 것은?

① 유해항력은 드론 속도가 증가할수록 증가한다.
② 유도항력은 드론 속도가 증가할수록 증가한다.
③ 최소항력 조건의 속도로 비행하면 가장 멀리 날아갈 수 있다.
④ 받음각이 증가하면 유도항력도 증가한다.

67 단순 pitot관은 주로 무엇을 측정하는데 사용하는가?

① 정압(static pressure) ② 동압(dynamic pressure)
③ 전압(total pressure) ④ 온도(temperature)

해답

63. 1 **64.** 3 **65.** 4 **66.** 2 **67.** 3

68 프로펠러 직경을 결정하는 가장 중요한 요소는?

① 엔진속도(engine speed) ② 익단속도(blade tip speed)
③ 프로펠러 무게(propeller weight) ④ idle rpm

69 고정피치 프로펠러(fixed pitch propeller) 설계 시 최대 효율 기준은?

① 이륙시 ② 상승시 ③ 순항시 ④ 최대출력 사용시

70 다음 설명 중 맞는 것은 어느 것인가?

① 유체속도가 빠르면 압력은 낮아진다.
② 유체속도는 압력에 비례를 한다.
③ 유체압력은 속도와 비례를 한다.
④ 유체속도는 압력과 무관하다.

71 받음각이 증가하여 흐름의 분리 현상이 발생하면 양력과 항력의 변화는?

① 양력과 항력이 모두 증가한다.
② 양력과 항력이 모두 감소한다.
③ 양력은 증가하고 항력은 감소한다.
④ 양력은 감소하고 항력은 증가한다.

72 양력이 커짐에 따라 커지는 값은?

① 항력 ② 동력 ③ 추력 ④ 중력

73 다음 중 틀린 설명은?

① 항력보다 추력이 크면 가속비행 중이다.
② 항력보다 추력이 작으면 감속비행 중이다.

해답

68. 2 **69.** 3 **70.** 1 **71.** 4 **72.** 1 **73.** 3

③ 양력보다 드론 무게가 크면 상승 중이다.

④ 수평비행 시에는 양력과 드론 무게가 같다.

74 다음 중 틀린 설명은?

① 양력은 비행기 속도와 비례한다.

② 양력은 비행기 속도의 제곱에 비례한다.

③ 양력은 날개면적에 비례한다.

④ 양력은 공기밀도에 비례한다.

75 비행 성능에 영향을 미치는 요소가 아닌 것은?

① 드론 무게 ② 드론의 날개크기 ③ 비행중인 고도 ④ 엔진형식

76 플랩의 역할이 아닌 것은?

① 양력을 증가시킨다. ② 항력을 증가시킨다.

③ 이착륙 거리를 짧게 한다. ④ 연료소모율을 감소시킨다.

77 프로펠러에 관한 설명 중 맞는 것은?

① Pitch angle은 blade angle이라고도 하며 프로펠러의 회전 면과 시위선이 이루는 각이다.

② Pitch는 프로펠러가 1회전 할 때 전진하는 거리이며 pitch angle은 advance angle이라고도 한다.

③ Helix angle은 프로펠러의 회전면과 유입되는 속도벡터 사이의 각으로 blade angle이라고도 한다.

④ 받음각과 pitch angle의 합은 Helix angle이다.

⑤ Pitch angle + blade angle = helix angle

해답

74. 1 **75.** 4 **76.** 4 **77.** 1

78 프로펠러의 추력 발생 원리에 관한 설명이다. 틀린 것은 ?

① 프로펠러의 추력은 전후의 압력차와 회전면의 면적에 의해 결정 된다.

$T = A \Delta P$

② 프로펠러의 추진원리는 Rankine & Froude등이 운동량 이론(momentum theory)으로 설명하였다.

③ 프로펠러의 추력은 전후의 속도변화에 회전면의 면적에 의해 결정된다.

$T = A\rho\left(P + \frac{v}{2}\right)v$

④ 프로펠러의 효율은 추력이 증가하면 증가한다.

⑤ 프로펠러의 효율은 비행속도가 감소하면 감소한다.

79 프로펠러가 회전할 때 깃의 허브에서 끝으로 빠져나가려는 응력이 발생한다. 다음 중 어떤 응력이 발생하는가?

① 추력 ② 굽힘력 ③ 원심력 ④ 비틀림력

80 헬리콥터드론이 제자리비행 상태를 유지하기 위해서는?

① 항력이 양력보다 커야한다. ② 양력과 항력이 같아야 한다.
③ 항력과 추력이 같아야한다. ④ 양력과 무게가 같아야 한다.

81 헬리콥터에 작용하는 4가지 힘으로 맞는 것은 어느 것인가?

① 추력(Thrust), 양력(Lift), 항력(Drag), 무게(Weight)
② 추력, 양력, 무게, 하중
③ 추력(Thrust), 모멘트(Moment), 항력(Drag), 중력(Weight)
④ 비틀림력(Torque), 양력(Lift), 항력(Drag), 중력(Weight)

해답

78. 4 **79.** 3 **80.** 4 **81.** 1

82 헬리콥터 드론이 등속도 수평 비행 상태를 유지하기 위해서 요구되는 조건으로 맞는 것은?

① 추력(T) = 항력(D), 양력(L) = 중력(W)
② 추력(T) = 항력(D), 양력(L) 〉 중력(W)
③ 추력(T) 〉 항력(D), 양력(L) = 중력(W)
④ 추력(T) = 항력(D), 양력(L) 〉 중력(W)

83 추력을 양력에 포함시키고, 항력을 헬리콥터 중력에 포함했을 때, 헬리콥터드론이 정지 비행을 하기 위한 조건은?

① 양력(L) = 중력(W)　　② 양력(L) 〉 중력(W)
③ 양력(L) 〈 중력(W)　　④ 양력(L) ≤ 중력(W)

84 추력을 양력에 포함시키고, 항력을 헬리콥터 드론 중력에 포함했을 때, 헬리콥터드론이 수직 상승 비행을 하기 요구되는 조건은?

① 양력(L) = 중력(W)　　② 양력(L) 〉 중력(W)
③ 양력(L) 〈 중력(W)　　④ 양력(L) ≤ 중력(W)

85 추력을 양력에 포함시키고, 항력을 헬리콥터드론 중력에 포함했을 때, 헬리콥터가 수직 하강 비행을 하기 위해서 요구되는 조건은?

① 양력(L) = 중력(W)　　② 양력(L) 〉 중력(W)
③ 양력(L) 〈 중력(W)　　④ 양력(L) ≤ 중력(W)

86 헬기가 착륙 시 지면 또는 수면에 접근함에 따라 날개끝의 와류가 지면에 부딪혀 항력이 감소하여 지면 가까운 고도에서 비행기가 침하하지 않고 머무는 현상을 무엇이라 하는가?

① 대기효과　　② 날개효과　　③ 지면효과　　④ 간섭효과

해답

82. 1　**83.** 1　**84.** 2　**85.** 3　**86.** 3

87 헬리콥터가 비행 시 익단 부분의 양력 발생 효율을 감소시키며, 선행하는 Blade의(　　) 는 후행하는 Blade의 양력 발생에 심각한 영향을 준다. 이러한 익단(　　) 때문에 제자리비행이 정속비행보다 많은 동력이 필요하게 된다. 괄호 안에 알맞은 말은?

① 상승기류　② 하강기류　③ 와류　④ 난기류

88 헬리콥터가 지면 가까이에서 호버링할 때 공기의 하향 흐름이 지면에 부딪히게 되고 헬리콥터와 지면 사이의 공기를 압축하여 공기 압력을 높이게 되어 호버링 위치에 헬리콥터를 유지시키는데 도움을 주는 쿠션 역할을 한다. 이러한 효과를 (　　)라 한다. 알맞은 말은?

① 상승기류　② 지면효과　③ 전이양력　④ 양력불균형

89 지면효과는 주로터와 지면과의 고도가 멀어질수록 감소한다. 주 로터의 고도가 주 로터 직경의 약 얼마 높이 일 때 0으로 감소하나?

① $1\frac{1}{2}$　② $1\frac{2}{3}$　③ $1\frac{1}{4}$　④ $1\frac{1}{3}$

90 우회전을 하는 단일 회전익 계통의 헬리콥터는 hovering 시 기체는 어느 방향으로 편류하려는 경향이 생기나?

① 우측　② 좌측　③ 전방　④ 후방

해답

87. 3　**88.** 2　**89.** 3　**90.** 2

제4장

드론제작 재료 및 구조

4.1 드론제작구조

• 드론에는 기본적으로 양력, 항력, 중력, 추력의 네 종류의 힘이 작용하고 비행 상태에 따라 추가적인 하중이 작용한다. 또한 돌풍(gust)등과 같은 예측하기 힘든 요소에 의한 하중이 비행 중에 가해진다. 드론은 이러한 여러 비행 상태에 대해 강건한 드론 기체 구조 및 재료를 기반으로 설계해야 한다.

• 특히, 드론은 4D(Dangerous, Difficult, Dirty, Dull)임무를 수행해야 하는 무인항공기이기 때문에 그 주어진 임무에 따라 설계요구조건을 만족하기 위한 구조 및 재료가 요구된다. 초 경량화(ultra light weight)를 기본으로 높은 비강도(high strength to weight), 높은 비강성(high stiffness to weight), 내부식성, 내충격성, 내피로성, 내파괴성, 내마모성을 통한 최적설계 및 제작 용이성, 지능화, 은밀화, 부품일체화 용이성, 공탄성력 제고는 물론 초연결화를 고려해야 할 때도 있다.

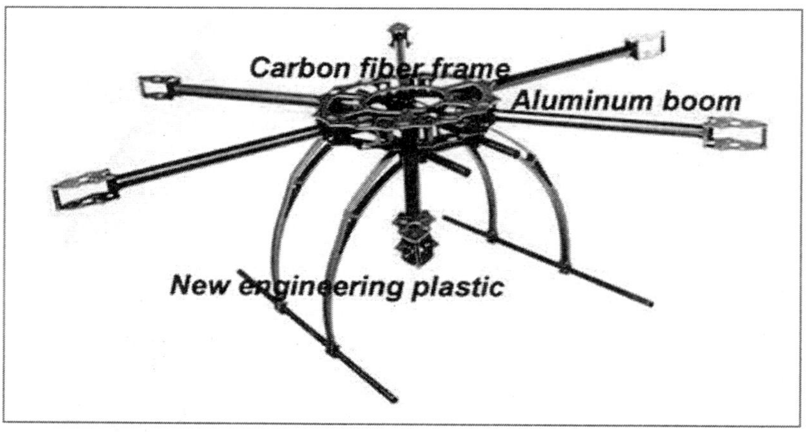

1) 드론에 작용하는 힘

• 힘(force)은 물체의 운동과 변형을 일으키는 요인으로 외력(external force)과 내력(internal force)으로 구분한다.

가. 외력과 내력

(1) 외력(external force)

- 외력은 드론의 구조물에 외부로부터 작용하는 힘들(양력, 항력, 중력, 추력)을 말하며 이를 하중(load)이라고 한다.
- 하중(load)은 구조물에 작용하는 외력으로 다음과 같이 분류한다.
  - 작용 면적에 따라 : 집중하중(concentrated load)
    분포하중(distributed load)
  - 작용 시간에 따라 : 정적하중(static load)
    동적하중(dynamic load)

(2) 내력(internal force)

- 내력은 외력인 하중이 드론구조물에 가해 졌을 때 그 힘의 크기에 대응하여 재료 내에 생기는 저항력이며, 이를 응력(stress)이라 한다.
- 응력(stress)은 외력인 하중이 재료에 가해졌을 때 이에 대응하는 내력으로서 저항력을 말하며 다음과 같이 분류한다.
  - 하중이 가해지는 방향에 따라 ① 인장응력(tension stress), ② 압축응력(compression stress), ③ 전단응력(shear stress), ④ 비틀림응력(twisting stress), ⑤ 굽힘 응력(bending stress)이 있다.
  - 하중이 가하는 상태에 따라 열응력(thermal stress) 등이 있다.
  - 응력(σ=F/A)의 단위는 N/m^2, lb/in^2 이며, 같은 크기의 힘이라도 넓은 면에 작용할 때와 작은 면에 작용할 때 발생하는 변형의 크기가 다르므로 단순히 힘의 크기만으로 구조에 미치는 영향을 결정할 수 없다.

① 인장응력(tension stress)

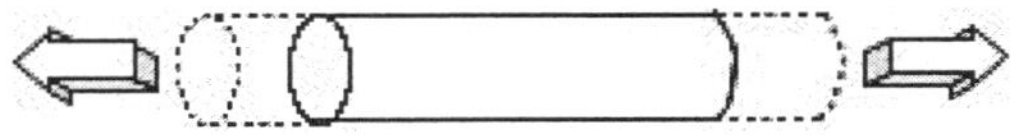

② 압축응력(compression stress)

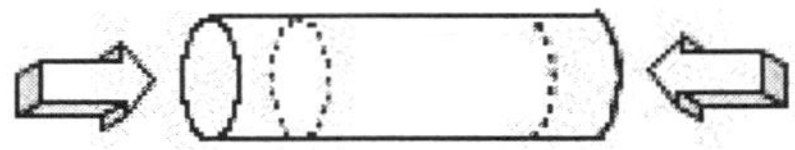

③ 전단응력(shear stress)

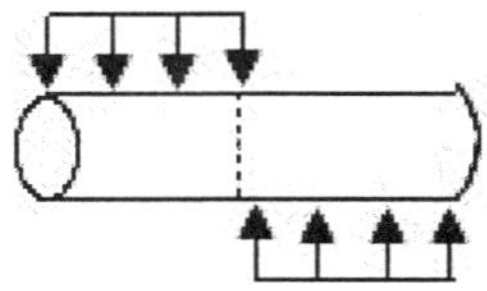

④ 비틀림 응력(twisting)

⑤ 굽힘 모멘트(bending stress)

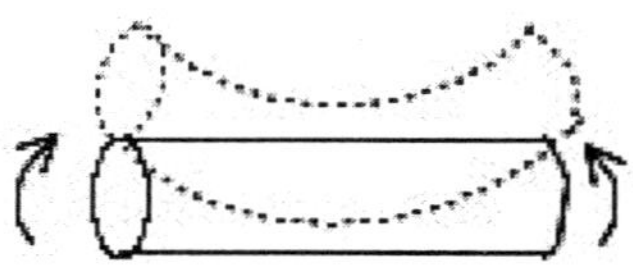

- 강도(strength): 하중에 의해 견딜 수 있는 저항력
- 강성(stiffness): 하중에 대해 외형이 변형하지 않는 정도

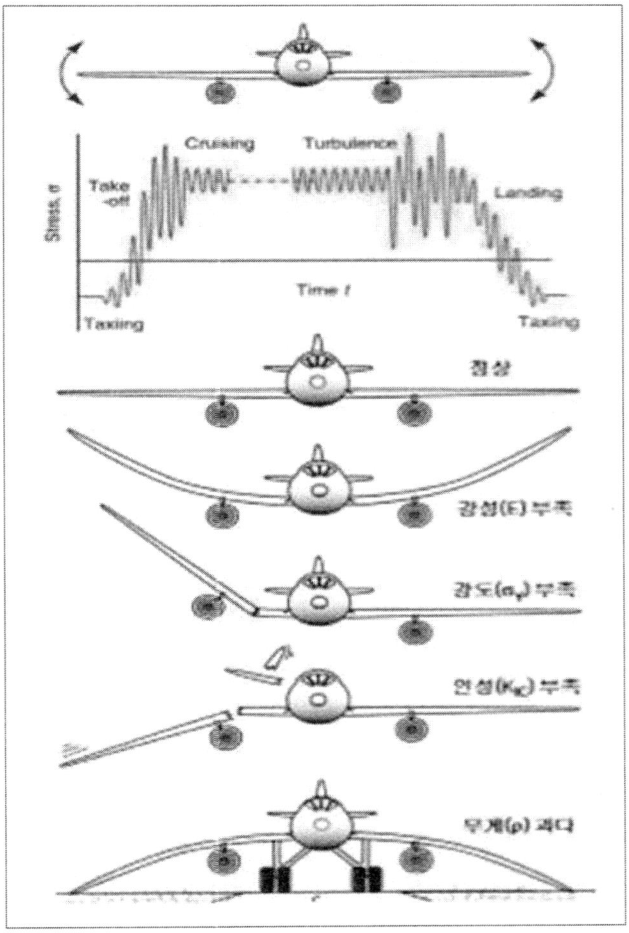

〈항공기구조에 작용하는 강도와 강성〉

나. 하중계수(load factor)

$$n = \frac{\text{드론에 작용하는 힘}}{\text{드론의 무게}} = \frac{L}{W}$$

- 제한하중계수(limit load factor) : 드론유형에 따른 하중계수의 최대치
- 파괴하중계수(ultimate load factor) : 실제 드론 설계에 사용하는 하중계수
  - 파괴하중계수는 제한하중계수에 안전율(안전계수 1.2~1.5)을 곱한 값

2) 드론의 구조형식

가. 트러스구조

• 트러스구조는 직선봉의 부재를 삼각형 단위로 접합한 구조형식으로 트러스(Truss)와 표피(skin)로 구성되어 있다.

• 하중은 주로 트러스가 받고 외피(skin)는 하중을 전달만 한다.

• 제작비용이 저렴하고 구조가 간단하나 내부 공간 마련이 어렵고 외형의 각진 부분이 많아 유연하지 못하다.

• 지주(beam), 세로대(longeron), 그리고 외피(skin)로 구성된다.

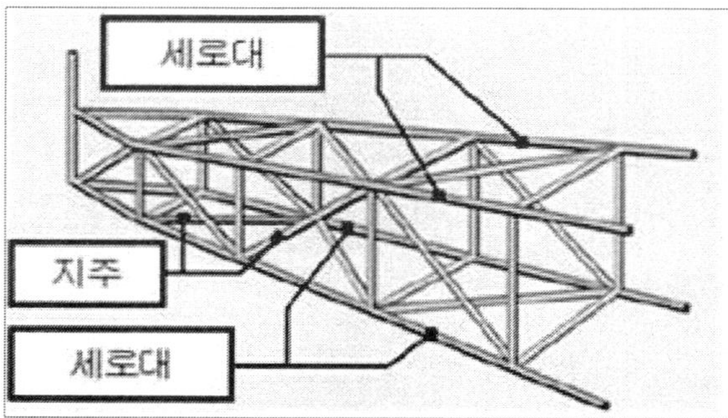

〈후방동체의 트러스 구조〉

나. 응력 외피 구조

• 응력외피구조는 외피도 드론에 작용하는 하중의 일부를 담당하게 하는 구조로 Monocoque구조와 Semi-monocoque구조가 있다.

- Monocoque구조는 골조와 외피가 일체형이어서 내부 공간 마련이 쉬우나, 외피가 두꺼워 무겁고 균열에 의한 작은 손상에도 구조전체가 약화되기 쉽다.

• Semi-monocoque구조는 골조와 외피를 조립하여 외피도 응력을 지지하도록 만든 구조로 monocoque에 비해 내부 공간 마련이 쉽고 외피가 얇아 전체적인 무게가 가볍다.

- 모노코크 구조: 정형재(former), 응력외피(skin), 격벽(bulkhead)

– 세미 모노코크 구조: 정형재(former), 응력외피(skin), 격벽(bulkhead), 세로지(stringer)

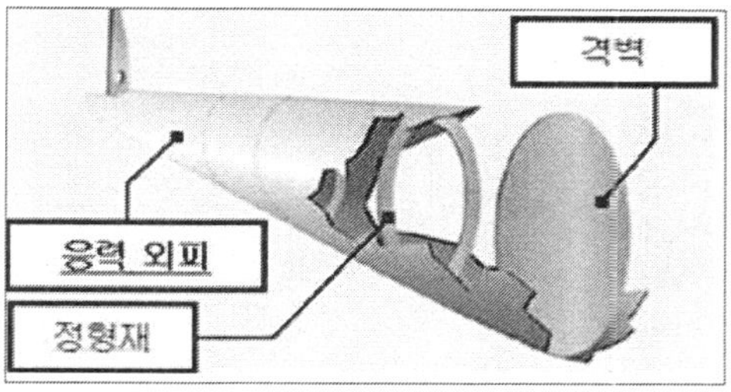

〈모노코크 후방동체 구조〉

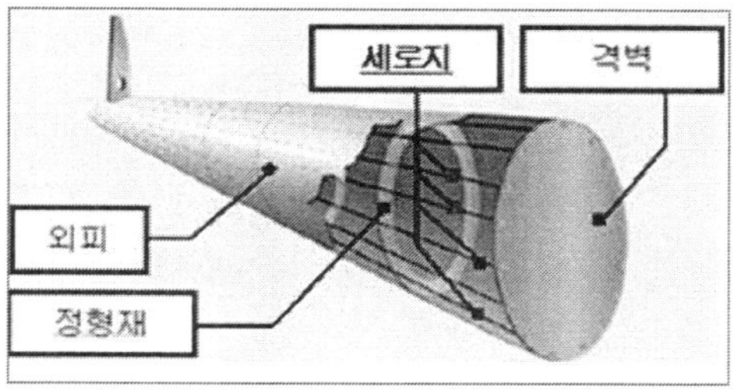

〈모노코크 후방동체 구조〉

다. Sandwich 구조

• 축방향의 인장과 압축하중을 지지하는 외판(facing)사이에 수직한 방향의 심재(core)를 넣어 압축하중을 지지하도록 접착제로 접착시킨 구조다.

• 샌드위치 구조는 거품 형, 발사 형, 허니컴 형, 그리고 파동 형이 있다.

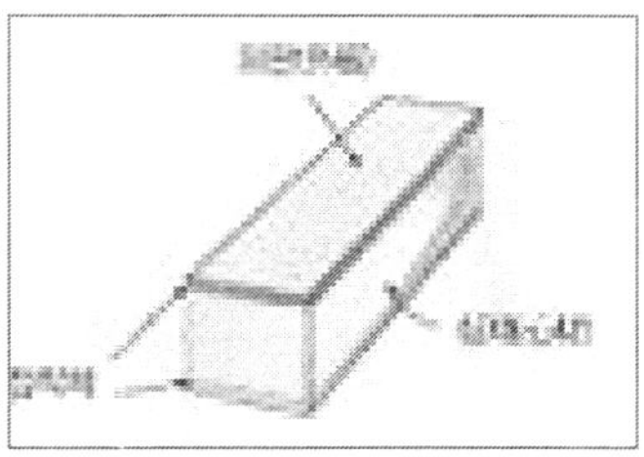

〈샌드위치 구조〉

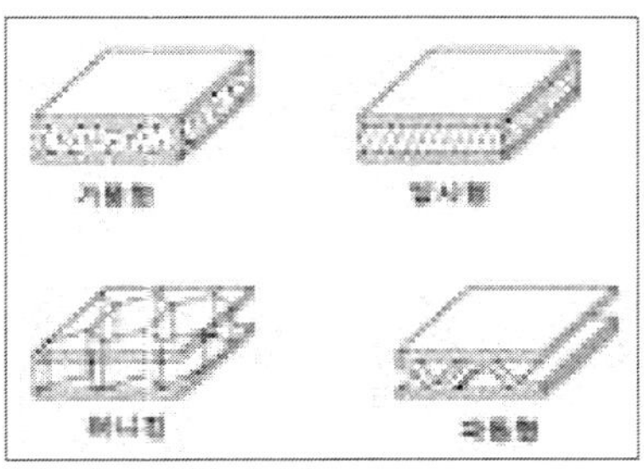

〈샌드위치 구조〉

• 샌드위치구조는 단위 면적 당 강도가 높고, 반복 하중에 강하며, 방음, 방열특성이 우수하지만 손상상태를 파악하기 어렵고 고온에 약하다.

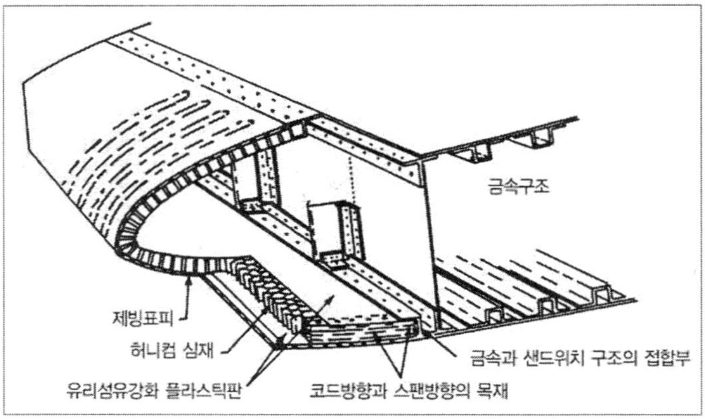

〈날개에 사용된 샌드위치 구조〉

라. Fail-safe 구조

• Fail-safe구조는 어느 부분에 파손이 생기더라도 다른 구조요소가 하중을 담당하게 하여 치명적인 파괴 또는 과도한 변형을 가져오지 않는 구조로 다음과 같은 형태의 구조들로 나눌 수 있다.

① 다중하중경로구조(redundant structure) : 한 부재가 파손되더라도 그 부재가 담당하던 하중을 다른 부재가 분담하는 구조

② 이중구조(double structure): 하나의 큰 부재 대신 두개 이상의 작은 부재를 사용하여 한 부재가 균열이 발생하여 강도를 잃어도 다른 부재가 하중을 지지하는 구조

③ 대치구조(back-up structure) : 한 부재의 파손에 대비해서 그 부재가 파손되었을 때 하중을 지지할 수 있는 예비 부재를 갖는 구조

④ 하중 경감 구조(load dropping structure): 강성이 큰 부재는 강성이 작은 부재보다 더 많은 하중을 받는 원리를 이용하여, 어느 한 부재가 파괴되기 시작하면서 강성이 저하되고 변형이 발생할 경우, 아직 강성이 저하되지 않은 부재로

많은 하중이 전달되어 파괴가 시작된 부재의 완전파괴를 방지하는 구조

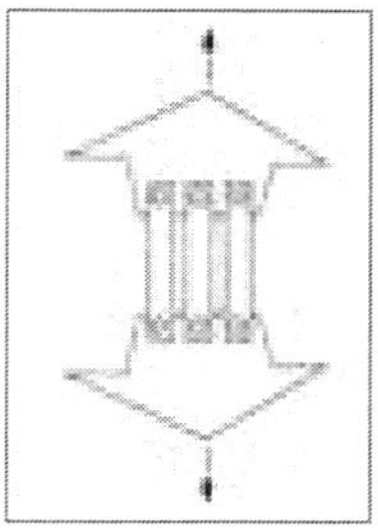

〈다중하중경로〉

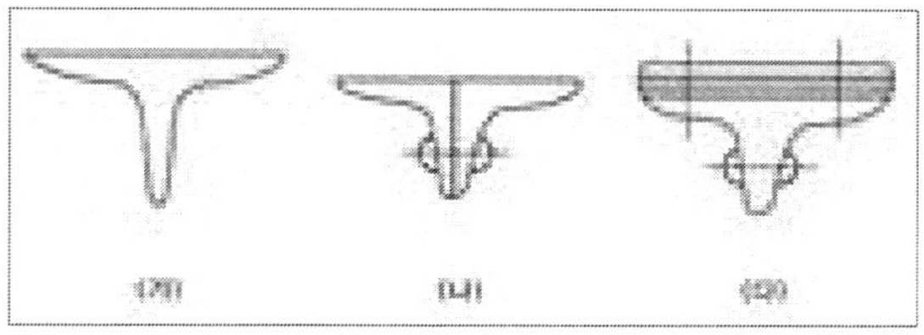

〈모노코크 후방동체 구조〉

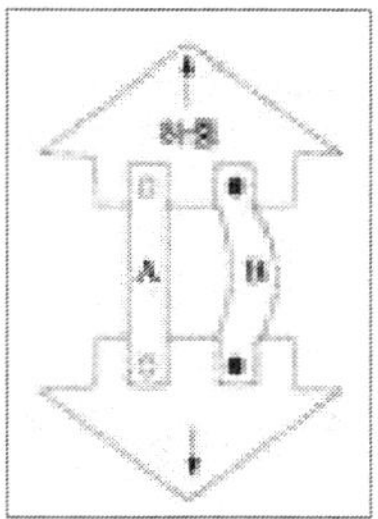

〈다중하중경로〉

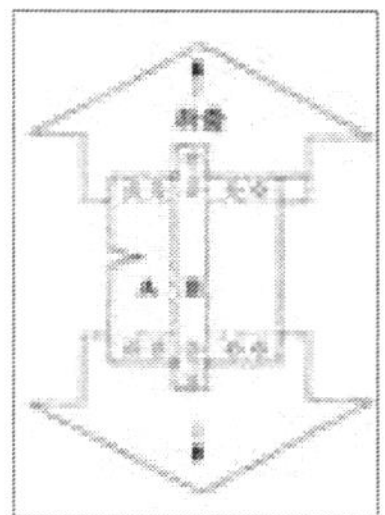

〈모노코크 후방동체 구조〉

마. 드론의 날개 구조

• 드론의 날개는 필요한 대부분의 양력을 발생하기 때문에 날개의 외형은 최대의 양항비를 갖도록 에어포일 형상을 기본으로 구성한다. 고정익 드론의 날개를 구성하는 주요 부재는 날개 보(spar), 리브(rib), 세로대(longeron), 세로지(stringer), 외피(skin) 등이다.

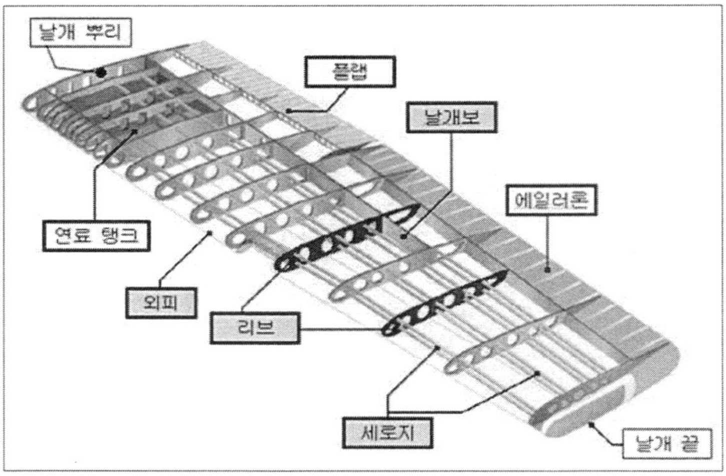

〈날개의 기본구조〉

– 리브(rib)의 종류에는 트러스 형태의 조립형 리브와 판을 찍어 낸 스탬프형 리브 등이 있다.

– 세로지(stringer)는 날개의 휨 강도나 비틀림 강도를 증가시켜 주는 역할을 하며, 날개의 길이방향으로 리브주위에 배치한다. 세로지의 단면은 보통 L 형, M 형, Z형 등이 있으며, 요즈음에는 두꺼운 알루미늄 합금 판을 깎아내어 세로지와 외피를 일체로 만든 패널(panel)형도 있다.

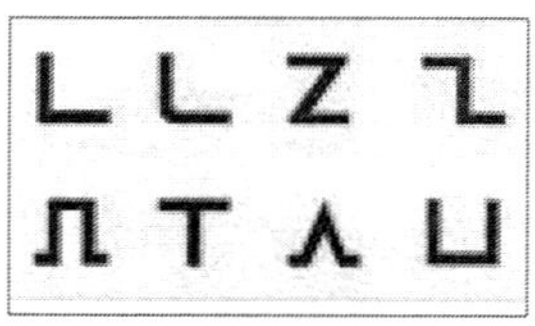

〈세로지의 단면형태〉

–외피(skin)는 응력외피형 날개에서 날개에 발생하는 응력을 담당하기 때문에 응력외피(stressed skin)라고 하며, 날개 보(spar)와 함께 전단력, 굽힘 및 비틀림 모멘트를 분담하므로 높은 강도가 요구되므로 강력한 소재를 사용한다.

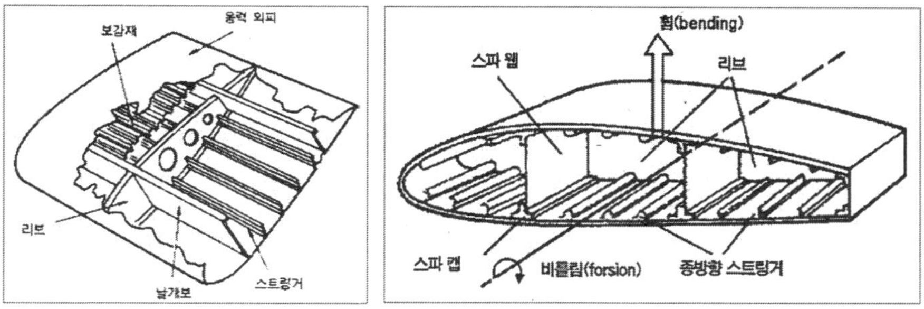

〈응력외피 형 날개〉

• 일반적으로 드론날개는 트러스, 응력외피, 샌드위치 구조 중 한 가지만 사용하는 것이 아니라 부분적으로 여러 구조를 같이 조합하여 사용한다. 특히, 날개뿌리는 날개에 작용하는 양력을 모아서 동체에 전달하므로 충분한 강도가 필요하다.

• 회전익 드론의 경우는 단지 깃(blade)으로서의 역할만 하므로 그 구조가 고정익 드론과는 다르다.

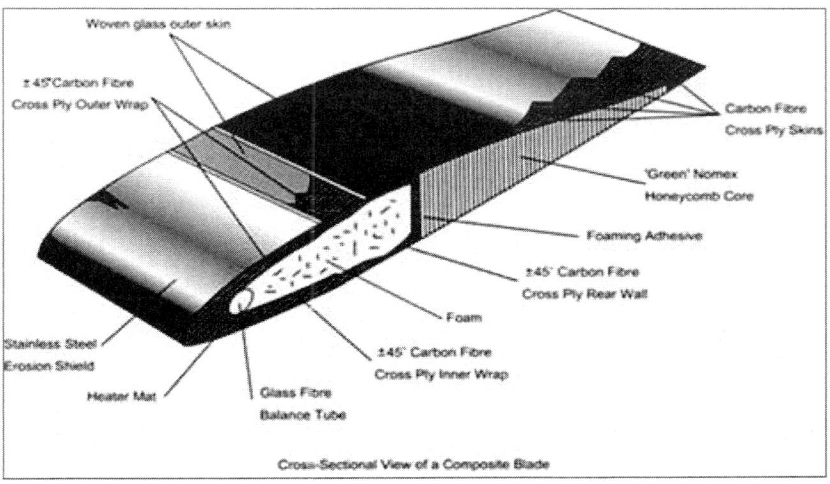

〈회전익 드론 날개 구조〉

4.2 드론 제작 재료

1) 드론재료특성

• 재료역학(mechanics of material)은 여러 가지 하중을 받는 고체의 거동을 다루는 응용역학의 한 분야다. 따라서 어떤 재료가 하중을 받으면 탄성한계범위 내에서 응력(stress)과 변형률(strain)이 발생한다.

가. 응력

• 응력(stress, σ)은 하중이 재료에 가해졌을 때 이에 대응하는 저항력이므로 단위면적 당 힘의 단위(unit)를 갖는다. 응력을 식으로 나타내면 다음과 같다.

– 응력식: $\sigma = \frac{P}{A}$

– 이 식은 재료의 단면에 균일하게 분포될 때 만 성립하고, SI단위에서 힘은 뉴턴(N)으로 면적은 제곱미터(m^2), N/m^2로 표시한다.

나. 변형률

• 변형률(strain)은 신장량(δ)이라고도 하는데 곧은 재료는 축방향의 하중을 받으면 길이가 변화한다. 즉, 인장을 받으면 길어지고 압축을 받으면 짧아지는 것이 신장량이다.

• 어떤 재료의 신장량(δ)은 재료의 전부분에 걸쳐 같다고 하고 그 신장된 구간길이를 전체길이(L)로 나누고 여기에 전체 신장량(δ)을 곱한 것과 같다. 이 양을 단위 길이 당 신장량 또는 변형률이라 하고 희랍 문자(θ)로 나타낸다.

$$\theta = \frac{\delta}{L}$$

• 재료가 인장을 받으면 변형률은 인장변형률(tensile strain)로 재료가 늘어남을 말하고 재료가 압축을 받으면 변형률은 압축변형률(compressive strain)이고 통상 음(−)으로 나타낸다.

• 따라서 수직변형률은 두 길이의 비(ratio)이므로 무차원양(dimensionless quantity)이 되어 단위가 없다.

다. 재료의 기계적 거동

• 드론을 설계할 때는 드론의 재료가 하중을 받을 때 어떻게 거동하는가를 이해해야 한다. 이러한 재료의 기계적 거동(mechanical behavior)은 시험기를 통해서 측정한다. 일반적으로 이러한 재료의 거동을 살피기 위해 인장시험기(tensile−test machine)나 신장측정기(extensometer)같은 시험기들을 이용해 정적시험(static test)과 동적시험(dynamic test)을 수행한다.

• 이상과 같은 시험기들을 이용하여 재료의 기계적 거동을 측정해 보면 각 재료들이 어떤 특성들을 가지고 있는 재료인가를 알 수 있다.

- 탄성(elasticity)재료: 주어진 하중을 제거하면 원래 치수로 돌아가는 성질을 가진 재료
- 소성(plastic)재료: 탄성한도에서의 변형률이상에서 비탄성적인 변형이 일어나는 성질을 갖는 재료
- 연성(ductile)재료: 파단이 되기까지 큰 영구 변형률에 견디는 재료(철사로 늘어지게 하는 성질)
- 취성(brittle)재료: 인장력이 주어졌을 때 비교적 작은 변형률 값에서 파단 되는 재료(콘크리트, 돌, 유리, 세라믹 재료)

2) 금속재료

• 드론에 사용되는 금속재료의 종류는 알루미늄 합금, 티탄 합금, 마그네슘 합금 등

의 경합금과 고장력강, 내식강 등이 주로 사용되며, 고온에는 내열강이 사용된다.

• 일반적으로 드론의 구조재료는 가볍고 강도가 커야하므로 비강도(인장강도/비중)를 기준으로 비교한다. 비강도가 크다는 것은 무게에 비하여 인장강도가 큰 것을 의미한다.

가. 알루미늄합금

• 알루미늄합금은 용도에 따라 가공용 알루미늄합금과 주조용 알루미늄합금의 두 가지로 분류된다.

- 가공용 알루미늄합금은 단조, 압연, 발, 압출 등의 가공에 의해 판재, 봉재, 관재, 선재 등을 만들 수 있는 알루미늄합금이다.
- 주조용 알루미늄합금은 주조를 통하여 여러 가지 자유로운 형상으로 제작할 수 있는 알루미늄합금이다.

• 알루미늄은 제조과정에서 가공열처리조건에 의해 얻어진 기계적 성질에 따라 특성기호가 주어지며[1], 알루미늄합금은 다음과 같은 종류가 있다.

나. 내식성 알루미늄합금

• AL1100 : 순도 99% 이상의 순수 알루미늄으로 내식성이 우수하다. 매우 유연하고 가공성이 우수하지만 구조재로 사용하기에는 강도가 약하다. 항공기의 연료나 윤활유의 탱크 및 파이프 등에 사용된다.

• AL3003 : 망간을 1.5%정도 함유시켜 순수 알루미늄의 내식성을 유지한 채 강도를 높인 합금이다. 가공성과 용접성이 양호하여 용접을 해야 하는 비구조 부분에 많이 사용된다.

• AL5056 : 마그네슘을 많이 포함하므로 용접성이 떨어지고, 장시간 사용한 경우 내식성도 떨어진다. 큰 강도를 가지고 있으므로 항공기의 리벳 재료로 주로 사용된다.

• AL6061, AL6063 : 알루미늄-마그네슘-규소계의 합금으로 내식성과 용접성, 성형가공성도 우수하여 항공기의 기수부분의 덮개(nose cowl), 날개 끝(wing tip), 기관

1 미국 알루미늄 협회(Aluminum Association of America)규격

덮개(engine cover) 등에 사용된다.

다. 고강도 알루미늄 합금

• 고강도 알루미늄 합금은 내식성보다 강도를 높인 것으로 두랄루민(duralumin)을 말하는 것으로 현재 항공기 재료로 가장 많이 사용되고 있는 알루미늄합금이다.

• AL2014 : 알루미늄에 구리를 4.5 % 함유한 알루미늄-구리-마그네슘합금이다. 응력에 대한 저항성을 향상시킨 것으로 항공기엔진의 과급기(supercharger), 임펠러(impeller) 등에 사용되고 있다.

• AL2017 : 흔히 두랄루민(duralumin)으로 불리며, 알루미늄에 구리와 마그네슘을 첨가한 것으로 대표적인 가공용 알루미늄합금이다. 두랄루민은 강도가 탄소강과 비슷하면서 무게가 매우 가벼워 항공기발달에 큰 기여를 하였으며, 초기에는 항공기 응력외피로 많이 사용하였고, 최근에는 이것을 개량한 2024를 주로 사용하고, 2017은 리벳으로만 사용되고 있다.

• AL2024 : AL2017의 마그네슘 양을 1.5% 증가하여 인장 강도를 향상시킨 합금으로 초두랄루민(super duralumin)이라고도 부른다. 파괴에 대한 저항성이 우수하고 피로 강도도 양호해 인장하중이 크게 작용하는 대형 항공기 날개 밑면의 외피나 동체의 외피 등으로 사용된다.

• AL7075 : 아연과 마그네슘을 첨가한 알루미늄-아연-마그네슘계의 합금으로 알루미늄합금 중 가장 강한 인장강도를 갖는다. 강도가 강하여 동체의 프레임 등 큰 응력이 작용하는 곳에 사용된다.

라. 티탄 합금

• 티탄(titanium)합금은 알루미늄 합금보다 비강도와 내열성이 크고, 내식성이 양호하므로 항공기 엔진재료로 이용되고 있다.

• 티탄합금의 규격은 상품명, MIL규격[2] 및 AMS규격[3]으로 분류하여 표시하는데, 상품명으로 분류한 티탄합금의 종류는 다음과 같다.

---

2 미국 군사규격(Military Specification)
3 미국 자동차기술협회의 항공재료규격(AMS: Aeronautical Material Specification)

(1) 순수 티탄

- 다른 티탄합금에 비해 강도는 낮지만, 연성과 내식성이 우수하고, 용접성도 좋아서 바닥패널(floor panel)이나 방화벽 등에 사용된다.

(2) Ti-5 Al-2.5Sn 합금

- 고온강도와 크리프 파괴강도가 우수하며, 용접성도 순수 티탄처럼 양호하다. 가스터빈기관의 케이스 등에 사용된다.

(3) T-6Al-4V 합금

- 인장강도, 피로강도와 소성가공성이 우수하다. 티탄 합금 중 가장 잘 알려진 합금으로, 고속 항공기의 기계구조재료, 가스터빈 기관의 압축기 깃과 압축기 디스크로도 폭넓게 사용되고 있다.

(4) Ti-8Al-1Mo-1V 합금

- 강도는 Ti-6Al-4V 합금보다 떨어지지만, 고온에서는 다른 티탄 합금보다 우수한 크리프 강도가 높고 용접성도 좋다.

마. 강

- 강(steel)이란 순철의 기계적 성질이나 내식성, 내열성 등의 성질향상을 위해 각종 원소를 첨가한 것으로 탄소강, 고장력강, 내식강 등이 있다.

(1) 탄소강

- 철에 탄소함유량이 약 13% 포함된 강이며, 소량의 규소, 망간, 인, 황 등을 포함하는 것이 보통이다. 탄소강에 탄소함유량이 많을수록 경도는 증가하나 인성이 떨어지고 충격에 약하며, 용접하기도 어렵다.

(2) 고장력강

- 인장강도와 내구성이 높아서 구조재료나 부품 등에 널리 쓰이며 다음과 같은

종류들이 있다.

- 니켈강 : 탄소강에 니켈을 약 5%이내로 부가하여 인장강도와 경도를 높이고 고온에서의 기계적 성질이 양호하다. 강도가 높고 내마멸성 및 내식성이 우수하여 고온에서 사용하는 재료에 적합하다. 볼트, 링크, 핀 등의 부품에 많이 사용된다.
- 크롬강 : 탄소강에 크롬을 1~2% 함유시킨 것으로 충격과 부식에 강하다. 상온에서 자체 경화되는 특성이 있어서 강도 및 경도가 높고 내마멸성이 좋아 내연기관의 부품이나 기어나 밸브의 재료로 쓰인다.
- 니켈-크롬강 : 니켈강에 크롬을 0.8~1.5% 함유시킨 것으로 적당한 열처리에 의하여 경도와 강도 및 인성을 높인 강이다. 강도를 요하는 봉재나 판재, 그리고 기계 동력을 전달하는 축, 기어, 캠, 피스톤 등에 널리 사용된다.
- 니켈-크롬-몰리브덴강 : 니켈-크롬강에 약간의 몰리브덴을 첨가한 강으로 구조용 합금강 중에서 가장 우수한 강이다. 왕복 기관의 크랭크축이나 항공기의 착륙 장치, 고강도 볼트 등에 사용된다.

(3) 내식용 합금강

- 금속의 부식을 향상시킨 강이 내식강이다. 내식강 중에서 대표적인 스테인리스강(stainless steel)은 크롬계 스테인리스강과 크롬-니켈계 스테인리스강이 있다.
- 크롬계 스테인리스강 : 탄소강에 약13%의 크롬을 함유시킨 강이다. 내식성과 강도를 요하는 가스터빈기관의 흡입유도 깃 및 압축기 깃 등에 주로 사용된다.
  - 크롬-니켈계 스테인리스강 : 크롬계 스테인리스강에 니켈을 첨가한 강으로, 크롬계 스테인리스강에 비하여 내식성이 높고 연성이 매우 좋으며, 우수한 내식성으로 인해 기관의 부품이나 방화벽, 안전결선 등에 사용된다.

3) 비금속 재료

- 항공용 재료는 재료선택과 무게감소를 위해 금속재료 외에도 비금속 재료인 플라스틱, 고무, 섬유 등을 많이 사용한다.

가. 플라스틱

• 플라스틱(plastic)은 고분자화합물의 일종으로, 합성수지에 충진제, 안정제, 착색제 등을 적당히 넣고 성형한 물질이다. 플라스틱은 열경화성(thermosets)수지와 열가소성(thermoplastics)수지로 크게 나뉜다.

(1) 열경화성 플라스틱

- 특성 : 열에 의해 한번 굳어진 다음에는 다시 가열해도 부드러워지지 않고 녹지도 않는다.
- 종류 : 페놀 수지, 아미노 수지, 에폭시 수지 등

(2) 열가소성 플라스틱

- 특성 : 열을 가할 때마다 부드럽고 유연하게 되거나 녹으며, 냉각되면 단단하게 굳어진다.
- 종류 : 폴리염화비닐 수지, 폴리스티렌 수지, 폴리에틸렌 수지, 폴리프로필렌 수지, 아크릴수지, 나일론 등

나. 고무

• 고무는 공기, 액체, 가스 등의 누설을 방지하거나, 진동과 소음을 방지하기 위한 부분에 주로 사용된다. 고무에는 천연고무와 합성고무가 있는데 천연고무는 윤활유나 연료 등에 접촉되면 변질되므로 항공기에는 거의 사용하지 않는다. 천연고무(natural rubber)의 단점을 보완한 합성고무(synthetic rubber)는 다음과 같은 여러 종류가 개발되어 항공기용으로 많이 사용되고 있다.

• 니트릴 고무(nitryl rubber)는 내유성, 내열성, 내마멸성이 우수하다. 하지만 굴곡성과 유연성, 내오존성, 그리고 저온특성이 좋지 않다. 이 합성고무는 오일 실, 개스킷, 연료 탱크, 호스 등을 제작할 때 주로 사용된다.

• 부틸 고무(butyl rubber)는 가스침투방지와 기후에 대한 저항성이 매우 우수하다. 내열성, 노화성, 내오존성이 좋고, 산화제에도 강한 특성이 있다. 호스나 패킹 및 진공 시일 등에 주로 사용된다.

• 플루오르 고무(butyl rubber)는 실리콘고무와 함께 초내열성과 내식성을 가진 고무다. 용도는 오일 실, 패킹, 내약품성 호스 등으로 사용된다.

• 실리콘 고무(silicone rubber)는 내열성과 내한성이 우수하여 사용온도범위가 매우 넓으며, 기후에 대한 저항성과 전기절연특성이 매우 우수하다. 단점으로는 강도가 낮고, 가격이 비싸다. 용도로는 고온장소의 전선피복, 패킹, 개스킷, 방진고무 등의 항공기 각종 부품 제조하는데 사용된다.

다. 복합 재료

• 복합재료(composite material)란 두 가지 이상의 재료를 일체화하여 단일 재료로는 얻을 수 없는 우수한 성질을 갖도록 한 합성재료를 말한다. 복합재료는 고체상태의 강화재(reinforce material)와 이들을 결합시키는 액체나 분말형태의 모재(matrix)를 결합하여 제작한다.

• 이러한 복합 재료는 겹쳐서 단든 적층구조재료(laminate construction)와 얇은 두 외피 사이에 벌집형태(honeycomb)등의 코어(core)를 넣어 결합시킨 샌드위치 구조재료(sandwich construction)가 항공기 제작에 많이 사용되고 있다.

• 복합 재료로 만든 구조재료가 기존의 기계적으로 결합한 구조재료에 비해 가지는 장점은 다음과 같다.

- 무게 당 강도비가 매우 높다. 알루미늄 합금에 비해 약 30%의 인장 · 압축 강도가 증가하는 동시에 무게도 약 20% 이상 줄일 수 있다.
- 복잡한 형태나 공기역학적인 곡선형태의 부품제작이 용이하다.
- 유연성이 크고 진동에 대한 내구성이 커서 피로강도가 높다.
- 복합구조재료를 결합할 때 사용되는 접착제는 서로 다른 재료사이에서 절연체의 역할을 하므로 부식을 최소화할 수 있다.
- 복합 구조재의 제작이 단순하고 비용이 절감된다.
- 부품일체화 제작을 통해 부품수를 줄일 수 있다.

(1) 강화재

• 복합재료를 제작할 때에 사용되는 강화재는 입자형과 섬유형이 있다. 항공기

부품에 사용되는 강화재는 통상 섬유형 강화재이다. 강화재로 쓰이는 강화섬유의 종류에는 유리섬유, 탄소흑연섬유, 아라미드섬유, 보론섬유, 세라믹섬유 등이 있다.

- 유리섬유(fiber glass)는 용해된 이산화규소의 가느다란 가닥으로 만든 섬유로 전기절연성이 뛰어나고 내수성, 내산성 등 화학적 내구성이 좋으며 열팽창률도 낮다. 다른 강화섬유보다 기계적 강도가 낮아 항공기 탑재용 레이돔이나 객실내부구조물 등과 같은 2차 구조물에 많이 사용되며 가격도 저렴하다.
- 탄소 · 흑연섬유(carbon/graphite fiber)는 넓은 의미로 탄소섬유라고 부르지만 엄밀히 구분하면 탄소섬유(carbon fiber)와 흑연 섬유(graphite fiber)로 나뉜다.
  - 탄소섬유는 폴리아크릴로니트릴(PAN:polyacrylonitrile)이란 합성고무원료를 1316 ℃에서 저온 분해하여 93~95%의 탄소함유량을 가지는 섬유이다.
  - 흑연섬유는 폴리아크릴로니트릴을 1899~3010℃에서 고온 분해하여 99%이상의 탄소를 함유한 섬유이다.
  - 탄소 · 흑연섬유는 열팽창계수가 작기 때문에 사용온도의 변동이 크더라도 치수안정성이 우수하고, 강도와 견고성이 크기 때문에 항공기의 1차 구조재료 제작에 사용된다.
- 아라미드섬유(aramid fiber)는 방향족 폴리아미드섬유에 붙여진 이름이다. 케블러(kevlar)는 미국 듀폰사에서 생산하는 아라미드 섬유의 등록 상표이다. 아라미드 섬유는 가볍고 인장강도가 크며 유연성이 크다는 장점을 가지고 있다. 아라미드복합재료는 알루미늄 합금(7075-T6)보다 인장강도가 4배 이상 높기 때문에 높은 응력과 진동을 받는 항공기 부품제작에 이상적인 재료이다. 아라미드 복합재료의 단점은 온도변화에 대한 신축성이 크고, 수분흡수성 문제를 일으킬 수 있다.
- 보론섬유(boron fiber)는 텅스텐의 가는 필라멘트에 보론(붕소)을 중첩(deposition)시켜 만든다. 보론섬유는 뛰어난 압축강도와 경도를 가지고 있다. 열팽창률이 크고 금속과의 점착성이 좋으나 취급이 어려운 결점이 있고 가격이 비싸다. 보론 섬유는 여러 종류의 실용금속과 쉽게 반응하므로 강화섬유금속(FRM: fiber reinforced metallics)과 같은 복합재료를 만들 때에는 실리콘 탄

화물인 탄화규소(SiC)나 보론탄화물인 탄화붕소등의 피막을 씌운 보론 섬유를 사용한다.

- 세라믹 섬유(ceramic fiber)는 높은 온도가 요구되는 곳에 사용된다. 세라믹은 기본적으로 내열성, 내식성, 그리고 내마모성이 탁월하다. 세라믹섬유는 1200℃의 고온에서도 거의 원래의 강도와 유연성을 유지한다. 세라믹복합재료는 열 저항이 크고 열 분산이 빠르게 일어난다. 세라믹 섬유는 주로 금속모재와 함께 사용하여 경도성과 강성을 크게 향상시키고 경량화를 도모하는데 적합한 복합섬유이다.

(2) 모재

- 모재(matrix)는 일종의 접착재료다. 플라스틱형태로 강화섬유와 서로 결합하여 강화섬유에 강도를 줄 뿐만 아니라 하중을 강화섬유에 전달한다. 복합소재의 강도는 모재가 강화섬유에 응력을 전달하는 능력에 달려있다.
- 복합재료의 대표적인 모재로는 유리섬유보강 플라스틱(FRP: fiber glass reinforced plastic), 섬유보강금속(FRM: fiber reinforced metallics), 섬유보강세라믹(FRC: fiber glass reinforced ceramic) 등이 있다.
- 유리섬유보강플라스틱(FRP: fiber glass reinforced plastic)은 일찍부터 사용되어 왔던 폴리에스테르 수지를 들 수 있다. 그러나 이 수지는 항공기의 1차 구조재료에 필요한 충분한 강도를 가지지 못하고, 취성이 강했기 때문에 유리섬유와 함께 2차 구조재료의 제작에 많이 사용되었다. 근래에는 높은 온도에서도 경도를 유지하는 에폭시 수지가 항공기용으로 새롭게 개발되어 모재로서 광범위하게 사용되고 있다. 유리 섬유 보강 플라스틱의 모재는 강화섬유에 침투하는 수지와 이를 경화시키는 촉매제(catalyst) 또는 경화제(hardener)로 구성된다.

- 섬유보강금속(FRM: fiber reinforced metallics)으로서는 가볍고 인장강도가 큰 것을 요구할 때에는 알루미늄, 티타늄, 마그네슘과 같은 저밀도의 금속을 사용하고, 내열성을 고려할 때에는 철이나 구리계의 금속을 사용한다. 알루미늄이나 알루미늄합금은 항공기 구조재료로 많이 사용되기도 하지만, 금속모재로

서도 많이 사용된다. 마그네슘은 용해될 때 타기 쉽고 부식에 약하지만, 가벼워서 일부 용도로는 유용하다. 티타늄은 비강도, 고온강도, 내식성 등이 우수한 금속 모재이다.

- 섬유보강세라믹(FRC:fiber glass reinforced ceramic)은 내열합금도 견디지 못하는 1000℃ 이상의 높은 온도에 대한 내열성이 있어서 모재로는 산화물계열인 알루미나, 지르코니아나 비산화물계열인 탄화규소, 질화규소 등이 있다. 비산화물 계열은 산화물계열에 비해 열전도율이 높고, 열팽창률이 작아서 열 충격에 대한 성능이 우수하다. 세라믹은 균열에 대한 파괴인성이 낮은 재료이므로, 파괴인성을 높이려면 보강섬유를 결합하는 것이 효과적이다. 또, 세라믹은 강성이 높고 신축성이 작다. 그 때문에 섬유 보강 세라믹은 고탄성 보강 섬유를 사용하여 보강 섬유가 하중을 분담하기 전에 모재의 파괴가 일어나지 않도록 하는 것이 바람직하다. 보강섬유로는 탄소섬유나 세라믹섬유가 사용된다.
- 탄소 · 탄소 복합 재료(carbon−carbon composite material)는 특수한 복합 재료로 보강섬유뿐만 아니라 모재도 탄소를 사용하는 복합재료로 내열성과 내마멸성이 우수하다. 탄소 · 탄소 복합재료의 용도는 항공기의 제동 디스크나 로켓 노즐 등에 실용화되고 있다.

연습 문제

01 드론에 작용하는 외력(external force)으로 주요하중에 해당되지 아닌 것은?

① 양력(lift force) ② 항력(drag force)
③ 중력(gravity force) ④ 추력(thrust force)
⑤ 부력(buoyance force)

02 드론에 작용하는 외력(external force) 중 가장 크게 작용하는 힘은?

① 양력(lift force) ② 항력(drag force)
③ 중력(gravity force) ④ 추력(thrust force)
⑤ 관성력(inertial force) ⑥ 돌풍(gust)

03 드론에 작용하는 내력(internal force)과 응력(stress)에 관해 잘 못 설명하고 있는 항은?

① 드론에 작용하는 외력에 저항하는 구조물내의 힘을 내력이라 한다.
② 내력은 응력(stress)발생의 원인이 된다.
③ 응력은 $\sigma=F/A$ 이며, 단위는 N/m^2, lb/in^2 이다.
④ 응력은 단위 면적당 작용하는 힘이다.
⑤ 응력은 하중발생의 원인이 된다.

해답

01. 5 **02.** 1 **03.** 5

04 다음 그림과 같이 작용하는 하중(load)은?

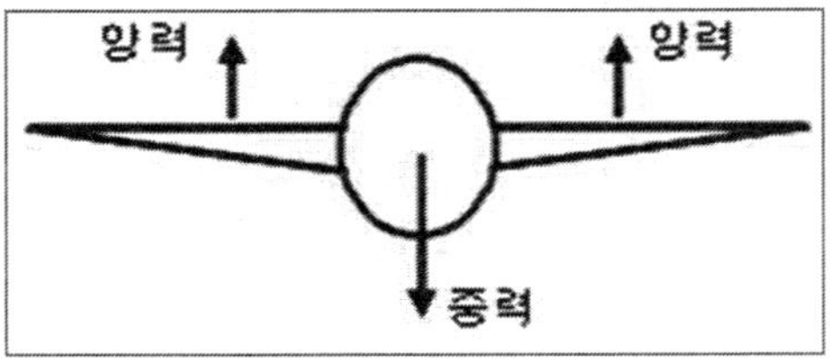

① 인장력(tension) ② 압축력(compression)
③ 전단력(shear force) ④ 굽힘 모멘트(bending moment)
⑤ 비틀림(torsion)

05 최근 고성능항공기에서 주로 사용하는 구조형식은?

① 트러스(truss) 구조 ② 골조외피(monocoque) 구조
③ 반 골조외피(semi-monocoque)구조 ④ 반 트러스(semi-truss)구조
⑤ 트러스골조외피(truss-monocoque)구조

06 골조외피(monocoque)형식과 반 골조외피(semi-monocoque)형식의 주요한 차이는?

① 외피도 하중의 일부를 담당하는 구조
② 골조와 외피가 일체형임
③ Semi-monocoque형식은 보강재를 추가로 사용
④ Monocoque형식은 보강재를 추가로 사용
⑤ Semi-monocoque형식은 외피를 추가로 사용

07 하중(load)에 대해 잘못 설명하고 있는 것은?

① 구조물에 작용하는 힘이다.
② 작용면적에 따라 집중하중(concentrated load)과 분포하중(distributed load)으로 나눈다.

해답

04. 3 05. 3 06. 3 07. 5

③ 작용시간에 따라 정적하중(static load)하중과 동적하중(dynamic load)으로 나눈다.

④ 하중계수(load factor)는 드론무게에 대한 양력발생의 크기이다.

⑤ 제한하중계수는 파괴하중계수에 안전율(safety factor)을 곱한 것이다.

08 변형률(strain)에 대한 설명으로 잘 못된 것은?

① 변형률은 신장량(δ)이라고도 한다.

② 재료가 인장을 받으면 변형률은 인장변형률(tensile strain)로 재료가 늘어남을 말한다.

③ 재료가 압축을 받으면 변형률은 압축변형률(compressive strain)이고 통상 음(-)으로 나타낸다.

④ 재료가 축 방향으로 인장을 받으면 짧아지는 신장량(δ)이 발생한다.

⑤ 변형률(ε)은 $\varepsilon = \dfrac{\delta}{L}$ 이다. 여기서 신장량(δ), 전체길이(L)를 나타냄

09 재료에 주어진 하중을 제거하면 원래 치수로 돌아가는 성질은?

① 강도(strength) ② 취성(brittle) ③ 강성(stiffness)
④ 탄성(elasticity) ⑤ 연성(ductile) ⑥ 소성(plastic)

10 파단이 되기까지 큰 영구 변형률에 견디는 재료의 성질은?

① 강도(strength) ② 취성(brittle) ③ 강성(stiffness)
④ 탄성(elasticity) ⑤ 연성(ductile) ⑥ 소성(plastic)

11 탄성한도에서의 변형률이상에서 비탄성적인 변형이 일어나는 재료의 성질은?

① 강도(strength) ② 취성(brittle) ③ 강성(stiffness)
④ 탄성(elasticity) ⑤ 연성(ductile) ⑥ 소성(plastic)

해답

08. 4 **09.** 4 **10.** 6 **11.** 5

12 인장력이 주어졌을 때 비교적 작은 변형률 값에서 파단 되는 재료의 성질은?

① 강도(strength) ② 취성(brittle) ③ 강성(stiffness)
④ 탄성(elasticity) ⑤ 연성(ductile) ⑥ 소성(plastic)

13 어느 부분에 파손이 생기더라도 다른 구조요소가 하중을 담당하게 하여 치명적인 파괴 또는 과도한 변형을 가져오지 않게 하는 구조는?

① Sandwich 구조 ② Monocoque 구조 ③ Fail-safe 구조
④ Semi-monocoque 구조 ⑤ Truss 구조

14 다음 중 날개(wing)의 구성품이 아닌 것은

① 날개 보(spar) ② 리브(rib) ③ 격벽(bulkhead)
④ 세로지(stringer) ⑤ 외피(skin) ⑥ 세로대(longeron)

15 외판(facing)사이에 심재(core)를 넣어 접착제로 접착시킨 구조다. 단위 면적 당 강도가 높고, 반복하중에 강하며 방음, 방열 특성이 우수하나 손상상태파악이 어렵고 고온에 약한 구조형식은?

① Sandwich 구조 ② Monocoque 구조 ③ Semi-monocoque 구조
④ Truss 구조 ⑤ Fail-safe 구조

16 어느 부분에 파손이 생기더라도 다른 구조요소가 하중을 담당하게 하여 치명적인 파괴나 과도한 변형이 일어나지 않는 구조는?

① Sandwich 구조 ② Monocoque 구조 ③ Semi-monocoque 구조
④ Truss 구조 ⑤ Fail-safe 구조

해답

12. 2 **13.** 3 **14.** 3 **15.** 1 **16.** 5

17 일반적인 드론의 구조 형식을 잘 설명하고 있는 항은?

① 구조형식에는 truss, spar, sandwich, fail-safe이 있다.
② Truss구조의 장점은 내부 공간을 확보할 수 있다.
③ 골조와 외피를 조립하여 외피도 응력을 지지하도록 만든 구조를 반 모노코크구조라 한다.
④ 모노코크 구조는 골조와 외피가 분리되어 있는 것이 특징이다.
⑤ 샌드위치구조의 장점은 단위면적당 강도가 높고 고온에 강하다.

18 항공기에 가장 많이 사용되는 금속재료로 무게에 비하여 강도가 높고 부식에 대한 저항성이 클 뿐 아니라 가공성이 우수한 재료는?

① 스테인레스강 ② 알루미늄 합금 ③ 동합금
④ 마그네슘 합금 ⑤ 티타늄 합금

19 초두랄루민(super duralumin)으로 불리며, 알루미늄에 구리와 마그네슘을 추가 첨가하여 인장강도를 향상시킨 알루미늄합금으로 항공기 날개나 동체의 외피로 많이 사용하는 것은?

① AL2014 ② AL2017 ③ AL2024 ④ AL7075

20 알루미늄-아연-마그네슘계의 합금으로 알루미늄합금 중 가장 강한 인장강도를 갖고 항공기 동체의 프레임 등 응력이 크게 작용하는 곳에 사용되는 것은?

① AL2014 ② AL2017 ③ AL2024 ④ AL7075

해답

17. 3 18. 2 19. 3 20. 4

21 두 종류 이상의 재료를 일체화하여 단일재료로 얻을 수 없는 우수한 성질을 갖도록 한 합성재료다. 강도중량비가 뛰어나고 강도는 평행한 방향으로 매우 강하나 수직한 방향으로는 약한 재료는?

① 복합재료 ② 알루미늄 합금 ③ 동합금
④ 마그네슘 합금 ⑤ 티타늄 합금

22 내식성, 고강도, 내열성이 강해 제트엔진의 케이스, 가스터빈 엔진의 압축기 깃(blade) 등에 사용되는 금속재료는?

① 듀랄루민 ② 티타늄 합금 ③ 스테인레스강
④ 동합금 ⑤ 알루미늄합급

23 다음 고무 중 항공용으로 잘 사용하지 않는 고무는?

① 니트릴고무(nitryl rubber) ② 플루오르 고무(butyl rubber)
③ 부틸고무(butyl rubber) ④ 천연고무(natural rubber)
⑤ 실리콘고무(silicone rubber)

24 항공기 탑재용 레이돔이나 객실내부구조물 등과 같은 2차 구조물에 많이 사용되며 가격도 저렴한 복합재료의 강화재는?

① 아라미드섬유(aramid fiber)
② 유리섬유(fiber glass)
③ 탄소 · 흑연섬유(carbon/graphite fiber)
④ 보론섬유(boron fiber)
⑤ 세라믹 섬유(ceramic fiber)

해답

21. 1 **22.** 2 **23.** 4 **24.** 2

25 강화재 뿐만 아니라 모재도 탄소를 사용하는 복합재료로 내열성과 내마모성이 우수하여 항공기의 제동 디스크나 로켓노즐 등에 많이 사용되는 재료는?

① 유리섬유보강 플라스틱(FRP: fiber glass reinforced plastic)복합재료
② 섬유보강금속(FRM: fiber reinforced metallics)복합재료
③ 섬유보강세라믹(FRC: fiber glass reinforced ceramic)복합재료
④ 섬유보강세라믹(FRC: fiber glass reinforced ceramic)복합재료

해답

25. 4

제5장

드론시스템기술

5.1 드론시스템 개발기술

1) 드론시스템 개발 요소기술

가. 드론시스템 소요기술

• 드론 시스템은 유인항공기 시스템개발과 큰 차이가 없다. 유인항공기 개발체계를 준용하여, 이를 계통별로 체계화 하면 다음 표와 같다.[1]

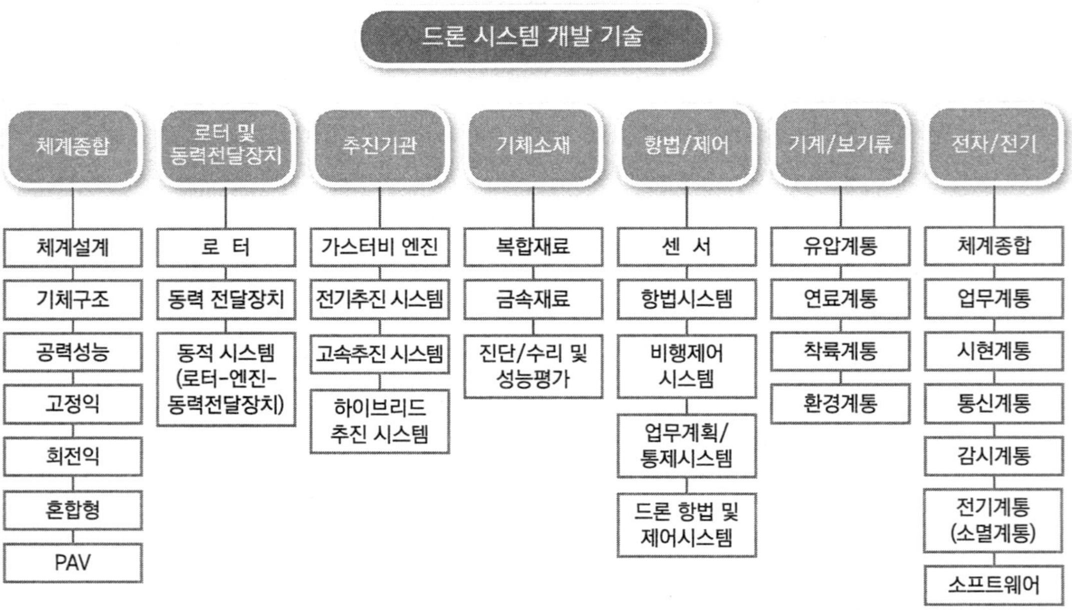

1 항공우주산업로드맵, 한국항공우주산업진흥협회, 2013년

- 체계종합기술은 개발하고자 하는 드론의 설계요구조건을 충족하기 위한 체계기술로써 기체 구조와 공력성능 등을 고려하여 드론형태가 고정익, 회전익, 그리고 고정익과 회전익의 혼합형 드론이나 아니면 개인용 유인드론이냐에 따라 체계설계기술이 적용된다.
- 로터 및 동력전달 장치에 따라 로터기술, 동력전달장치기술, 동적시스템 기술인 로터-엔진-동력전달장치 연계기술이 필요하다.
- 추진기관기술은 왕복엔진, 또는 가스터빈엔진 시스템이냐 또는 전기추진 시스템이냐에 따라 달라지며, 드론이 고속추진 시스템이냐 또는 하이브리드 시스템이냐에 따라 추진기관의 선정 및 드론시스템 전체의 선정요소들이 달라진다.
- 기체소재분야는 사용해야할 소요 소재가 금속 소재냐 아니면 복합재료냐에 따른 기체소재가 달라져야 하며 특히 드론의 진단/수리 및 성능평가의 요구수준에 따라 사용하는 기체소재에 더한 개념이 전혀 달라질 수 있다.
- 항법/제어분야에 있어서 각종센서, 항법시스템, 비행제어시스템, 임무계획 및 통제 시스템, 업무 계획 및 통제시스템, 그리고 드론의 항법 및 제어 시스템이 포함된다.
- 기계/보기류에는 유압계통, 연료계통, 착륙계통, 환경계통이다.
- 항공전자/전기계통은 체계종합, 임무 계통, 시현계통, 통신계통, 감시 계통, 관제 계통, 전기계통, 그리고 소프트웨어가 이에 속한다.

• 특히 기체의 제작기술에서 필요로 하는 드론의 각 부품소재별로 다음과 같은 설계목표를 위한 첨단기술을 필요로 한다.

- 초경량화(superlight weight)기술
- 높은 비강도(high specific strength)기술
- 높은 비강성도(high specific stiffness)기술
- 내부식성(corrosion resistance)기술
- 내피로성(fatigue resistance)기술
- 내파괴성(fracture toughness)기술
- 내충격성(shock resistance)기술
- 내열성(high temperature resistance)기술

• 최근 드론기술은 지능화, 은밀화 및 저소음화, 일체성형 및 부품일체화에 의한 제작공정시간 감소 등을 고려한 최적설계를 도모하기 위해 첨단기술개발에 주력하고 있다.

나. 드론비행체개발

• 드론비행체개발이란 무인항공기 비행체 및 탑재 장비가 정상적인 작동을 하도록 비행체 외형을 설계하고 동력장치, 임무장비 등의 주요 구성품을 선정하고 장착하도록 설계하며, 드론에 해당하는 특수 비행체의 특성을 이해하여 체계종합 수준으로 무인항공기 비행체의 설계를 수행한다.[2]

1) 무인기 형상설계	
• 무인기 설계를 위하여 개념형상을 개발하고 통합설계를 수행하여 외형선과 내부배치도를 작성하고 중량의 증감, 무게중심을 관리함으로써 최적화된 무인기형상을 개발	① 외형설계하기
	② 탑재 장비 배치하기
	③ 형상 모델링 하기
	④ 중량관리 하기
	⑤ 시험계획 수립하기
2) 무인기 성능분석	
• 무인기 요구 성능의 충족여부를 판단하기 위해서 각 비행단계(Mission Profile)에서의 성능자료를 도출하고 해석	① 임무 분석하기
	② 이착륙 성능 분석하기
	③ 조종 안정성 분석하기
	④ 운용 성능 분석하기
	⑤ 비행 성능 분석하기
3) 무인기 동력장치 장착 설계	
• 동력장치별 특성을 이해하여 적합한 동력장치를 선정하고, 비행체에 탑재하기 위한 부가적인 세부계통을 식별하고 공간과 장착방법을 설계	① 왕복엔진 설계하기
	② 가스터빈 엔진 설계하기
	③ 전기 동력장치 설계하기
	④ 엔진마운트 및 카울 설계하기

2 국가직무능력표준(NCS, national competency standards), 소형무인기비행체개발, 2017

4) 무인기 계통 설계	
• 무인기 운용에 필요한 탑재장비, 비행조종계통, 전원계통, 연료계통, 이착륙계통 설계를 수행	① 비행조종계통 설계하기 ② 전원계통 설계하기 ③ 연료계통 설계하기 ④ 이착륙계통 설계하기 ⑤ 임무장비 장착하기
5) 무인 멀티콥터 개발	
• 멀티콥터 시스템의 원리를 바탕으로 개발 요구조건에 맞는 최적화된 멀티콥터 시스템을 구성하고 설계	① 멀티콥터 개념 설정하기 ② 멀티콥터 시스템 설계하기 ③ 멀티콥터 추진시스템 설계하기 ④ 멀티콥터 비행시스템 제어 설계하기
6) 회전익 무인기 개발	
• 회전익 무인기 비행원리를 이해하여 로터시스템, 동력전달 시스템 및 반 토크 시스템을 설계	① 회전익기 비행원리개념 설정하기 ② 로터시스템 설계하기 ③ 동력전달 시스템 설계하기 ④ 반 토크 시스템 설계하기 ⑤ 틸트로터 무인기 설계하기 ⑥ 자이로콥터형 무인기 설계하기
7) 고정익 무인기 개발	
• 고정익 무인기 비행원리를 이해하여 무인기기체구조 설계, 기체제작 공정의 이해 및 체결요소를 설계하는 능력이다.	① 고정익기 비행원리개념 설정하기 ② 기체구조 설계하기 ③ 기체제작 공정 설정하기 ④ 체결 요소 결정하기
8) 무인비행선 개발	
• 무인비행선 시스템의 원리 이해를 바탕으로 개발 요구조건에 맞는 최적화된 무인비행선 시스템을 구성하고 설계	① 비행선 비행원리 개념 설정하기 ② 비행선 구조 설계하기 ③ 비행선 설계하기

다. 드론설계제작기술체계

• 드론설계제작 세부 기술체계를 기체제작 분야, 동력시스템 분야, 탑재장비 분야, 그리고 운용 및 시험 분야로 나누어 각 분야별 세부요소기술별로 분류하여 정리하면

다음과 같다.[3]

(1) 기체제작 분야

<table>
<tr><td rowspan="19">기체
제작</td><td rowspan="14">복합
재료</td><td rowspan="2">복합재료
기초소재</td><td rowspan="2">섬유</td><td colspan="2">고성능탄소섬유개발</td></tr>
<tr><td colspan="2">고성능탄소섬유생산</td></tr>
<tr><td rowspan="12">복합재료
기본구조</td><td>Matrix</td><td>resin</td><td>고온, 저온</td></tr>
<tr><td rowspan="7">복합재료
적층성형기술</td><td>filament
winding</td><td>방법, 기계, 설비</td></tr>
<tr><td rowspan="2">Prepreg</td><td>Prepreg 제작, 보관</td></tr>
<tr><td>성형용 고온고압Autoclave</td></tr>
<tr><td rowspan="2">Wet
Layup</td><td>Layup 기술</td></tr>
<tr><td>진공 유지, 진공 펌프</td></tr>
<tr><td rowspan="2">(RTM)
Resin
Transfer
Molding</td><td>RTM 기술</td></tr>
<tr><td>진공유지, 진공 펌프</td></tr>
<tr><td rowspan="2">복합재료
몰드제작기술</td><td colspan="2">정밀 기계 가공</td></tr>
<tr><td colspan="2">3-D 프린터를 이용한 몰드제작</td></tr>
<tr><td rowspan="2">복합재료
2차 가공</td><td colspan="2">레이저 절단, 플라즈마절단, Water jet</td></tr>
<tr><td>기계 가공</td><td>절삭공구, 공작기계</td></tr>
<tr><td rowspan="3">코어재료</td><td rowspan="3">샌드위치
구조용 코어</td><td rowspan="3">코어 재료
제조기법</td><td>Honeycomb</td><td>복잡형상의 Honeycomb</td></tr>
<tr><td rowspan="2">Foam</td><td>Foam절단설비(열선, 레이저)</td></tr>
<tr><td>사출성형</td></tr>
<tr><td rowspan="2">금속재료</td><td rowspan="2">경량금속 재료</td><td>금속재료 부품제작</td><td colspan="2">경량금속재료를 이용한 볼트 등 기본 기계부품</td></tr>
<tr><td>금속재료 가공</td><td colspan="2">Titanium 정밀 가공 기술</td></tr>
<tr><td rowspan="2">프로
펠러
설계</td><td>공력설계</td><td colspan="2">프로펠러 형상 설계</td><td colspan="2">고효율, 저소음 프로펠러공력 설계 도구</td></tr>
<tr><td>구조설계</td><td colspan="2">복합재료를 이용한
프로펠러구조 설계</td><td colspan="2">프로펠러 구조 설계 도구</td></tr>
<tr><td rowspan="5">프로
펠러
제작</td><td>복합재료</td><td colspan="2">복합재료를 이용한
프로펠러구조 설계</td><td colspan="2">탄소섬유를 이용한 경량 프로펠러 제작 기술</td></tr>
<tr><td rowspan="4">성능시험</td><td rowspan="4">프로펠러
성능시험</td><td rowspan="2">지상 성능시험</td><td colspan="2">지상성능시험 설비</td></tr>
<tr><td colspan="2">지상성능시험 기술</td></tr>
<tr><td rowspan="2">비행 성능시험</td><td colspan="2">비행 중 성능시험을 위한 계측장비</td></tr>
<tr><td colspan="2">비행 중 성능시험기술</td></tr>
</table>

3 한국드론산업진흥협회 홈페이지

• 기체제작 분야에서는 드론의 본체제작 기술과 프로펠러 시스템의 설계 및 제작 기술로 나누어 분류하였다. 드론 시스템의 추진기관은 여러 형태가 있지만 우리 주변에서 가장 많이 채택하고 있는 전기모터에 구동되는 프로펠러 시스템을 기준으로 한 분류체계이다.

(2) 동력시스템 분야

• 드론성능을 좌우하는 가장 핵심기술은 동력저장시스템이다. 구동시스템과 동력제어시스템 기술에 비해 보다 기술개발 요구가 높은 요소기술이다.

<table>
<tr><td rowspan="10">동력저장시스템</td><td rowspan="6">연료전지</td><td rowspan="6">연료전지시스템</td><td rowspan="3">수소저장용기</td><td>경량, 고압 용기 설계 제작 기술</td><td>제작 기술</td></tr>
<tr><td>경량 고압 용기 제작 설비</td><td>설비 제작 기술</td></tr>
<tr><td>저장용기 안전성 시험기술</td><td>시험 기술</td></tr>
<tr><td rowspan="2">연료전지</td><td>나노 촉매 코팅 기술</td><td>소재 기술</td></tr>
<tr><td>연료전지 경량화 기술</td><td>소재, 제작 기술</td></tr>
<tr><td>컴프레서</td><td>복합재료를 이용한 컴프레서 제작 기술</td><td>제작 기술</td></tr>
<tr><td rowspan="3">배터리</td><td colspan="2">배터리 팩</td><td>배터리 구조물 통합 기술</td><td>제작 기술</td></tr>
<tr><td colspan="2">배터리 관리</td><td>배터리 health monitoring 기술</td><td>전자 기술</td></tr>
<tr><td colspan="2">배터리 충전</td><td>배터리 자동충전 관리 기술</td><td>전자 기술</td></tr>
<tr><td>태양광</td><td colspan="2">태양전지</td><td>타양전지 배선, 성형 기술</td><td>제작 기술</td></tr>
<tr><td rowspan="3">구동시스템</td><td rowspan="3">구동기</td><td rowspan="3">모터</td><td rowspan="3">고효율, 경량모터 설계 및 제작기술</td><td>영구자석</td><td>소재 기술</td></tr>
<tr><td>코어</td><td>소재 기술</td></tr>
<tr><td>코일</td><td>제작 기술</td></tr>
<tr><td rowspan="2">제어시스템</td><td>구동기제어</td><td colspan="2">모터제어</td><td>고효율 BLDC모터 제어 기술</td><td>전자 기술</td></tr>
<tr><td>전력제어</td><td colspan="2">충전 및 방전 전력관리기술</td><td>배터리, 연료전지, 태양전지 통합 충전, 방전 전력관리</td><td>통합 전자 기술</td></tr>
</table>

(3) 탑재장비 분야

- 드론 탑재장비분야는 항법장비, 통신장비, 그리고 임무장비로 나눌 수 있다. 보다 자세한 기술적 분류에 의한 센서기술, 무선통신기술, 탑재임무장비 등에 대한 기술요소에 대해서는 별도로 드론의 핵심기술에서 살펴보기로 한다.

<table>
<tr><td rowspan="17">항법
장비</td><td rowspan="10">오토파일럿</td><td rowspan="9">센서</td><td>GPS</td><td>GPS 보드 및 안테나</td><td>전자 기술</td></tr>
<tr><td>IMU</td><td>IMU 보드</td><td>전자 기술</td></tr>
<tr><td>Airspeed</td><td>Air data sensor package/ Pitot tube</td><td>전자, 제작 가술</td></tr>
<tr><td rowspan="2">고도</td><td>대기압 고도 센서 보드</td><td>전자 기술</td></tr>
<tr><td>거리 측정 상대 고도</td><td>전자 기술</td></tr>
<tr><td>지자기</td><td>지자기 센서 보드</td><td>전자 기술</td></tr>
<tr><td>온도</td><td>온도 센서</td><td>전자 기술</td></tr>
<tr><td>신개념
센서</td><td>Vision/optical flow 자세/고도센서</td><td>통합 전자 기술</td></tr>
<tr><td>컴퓨터</td><td>항법
컴퓨터</td><td>소형, 경량 Integrated flight computer</td><td>전자 기술</td></tr>
<tr><td rowspan="7">안전
장비</td><td rowspan="5">센서</td><td rowspan="2">카메라 기반</td><td>Vision 기반 장애물 식별 software 기술</td><td>software</td></tr>
<tr><td>Vision 기반 장애물 식별 hardware 기술</td><td>전자 기술</td></tr>
<tr><td rowspan="2">레이더
기반</td><td>소형, 경량 레이더 칩 개발</td><td>반도체 기술</td></tr>
<tr><td>소형, 경량 레이더 시스템 개발</td><td>통합 전자 기술</td></tr>
<tr><td>Acoustic</td><td>음파를 이용한 탐지 장비</td><td>전자 기술</td></tr>
<tr><td rowspan="2">SAA
시스템</td><td>SAA
software</td><td>식별과 tracking</td><td>software</td></tr>
<tr><td>SAA
통합</td><td>통합 SAA/DAA 시스템</td><td>통합 전자 기술</td></tr>
<tr><td rowspan="4">통신
장비</td><td rowspan="3">무선통신</td><td colspan="2" rowspan="2">통제용 무선통신</td><td>무선모뎀보드</td><td>전자 기술</td></tr>
<tr><td>안테나</td><td>전자 기술</td></tr>
<tr><td colspan="2">무선 영상전송</td><td>초경량 무선 영상 전송 시스템</td><td>전자 기술</td></tr>
<tr><td>개념</td><td colspan="2">신개념 무선 통신방식</td><td>다중 통신</td><td>통합 전자 기술</td></tr>
<tr><td rowspan="4">임무
장비</td><td rowspan="2">임무장비</td><td rowspan="2">센서</td><td rowspan="2">적외선
센서</td><td>적외선 카메라</td><td>광학 기술</td></tr>
<tr><td>적외선 카메라 보드</td><td>전자 기술</td></tr>
<tr><td rowspan="2">임무보조</td><td rowspan="2">임무
장비
마운트</td><td rowspan="2">카메라,
센서
마운트</td><td>진동 흡수 장비</td><td>제작 기술</td></tr>
<tr><td>카메라 마운트</td><td>제작 기술</td></tr>
</table>

• 특별히, 임무장비는 드론의 사용 목적에 따라서 다양하게 달라지는데, 항공 촬영을 위하여서는 비디오카메라, 멀티스팩트라 카메라, 하이퍼 스팩트라 카메라, 적외선 카메라, 스팩트로미터, 초음파 센서, LiDAR(light detection and ranging), SAR(Synthetic Aperture Radar), 또한 각종 EO(Electro−Optical)센서, IR(Infrared)카메라 등이 탑재될 수 있다. 촬영을 위해 드론에 장착한 각 종 카메라는 초점이 흔들리지 않도록 짐벌에 고정돼 있어야 한다.

– 임무장비 모듈은 드론의 활용에 따라 다양한 별도의 기술요소가 필요한데 예를 들어 공기 중에 떠다니는 각종 세균 혹은 포자를 채집하는 용도의 드론인 경우 스포트랩(Spore Traps), 농어용 드론일 경우 농약살포기 등 매우 다양한 기술소요가 있을 수 있다.

(4) 운용 및 시험 분야

• 드론설계 및 개발에서 가장 마지막 단계인 운용 및 시험평가 분야는 드론운용에 필요한 비행 시뮬레이터와 관제 시뮬레이터, 그리고 드론의 인증 평가를 위한 비행시험 기술이 필요하다.

<table>
<tr><td rowspan="5">시뮬레이터</td><td>비행 시뮬레이터</td><td colspan="2">컴포넌트별 HiTL기술</td><td>비행시험 전단계의 시뮬레이션</td><td>통합전자, software기술</td></tr>
<tr><td rowspan="4">관제 시뮬레이터</td><td rowspan="4">관제시뮬레이터개발</td><td>시뮬레이터 엔진</td><td>시뮬레이터 엔진 개발</td><td>software</td></tr>
<tr><td>디스 플레이</td><td>각종 상황인식용 디스플레이</td><td>software</td></tr>
<tr><td>통신</td><td>다수 모듈사이의 원활한 통신</td><td>통합전자, software기술</td></tr>
<tr><td>관제 시뮬레이터 운용</td><td>관제 시뮬레이터를 이용한 실제운용의 검증, 교육</td><td>시험기술</td></tr>
<tr><td rowspan="3">Scale 기체</td><td rowspan="2">Scale 기체</td><td colspan="3">비행 시험용 Scale 기체 설계</td><td>software</td></tr>
<tr><td colspan="3">Scale 기체 제작 기술</td><td>제작기술</td></tr>
<tr><td>비행 시험</td><td colspan="3">Scale 기체를 이용한 계측 기술</td><td>계측</td></tr>
<tr><td colspan="2">감항 인증</td><td colspan="3">무인항공기 감항 인증</td><td>인증</td></tr>
<tr><td colspan="2">비행 시험</td><td colspan="3">무인항공기 비행 시험</td><td>시험기술</td></tr>
</table>

2) 드론 핵심기술 체계

가. 핵심기술그룹

• 드론생태계를 구축하기에 필요한 드론개발핵심기술을 둘로 나누어 보면 임무를 위한 핵심기술그룹(core technology group for mission)과 드론운영을 위한 핵심기술그룹(core technology group for operation)이다.

- 임무수행을 위한 핵심기술그룹으로는 센싱기술, 자율비행기술, 충돌회피기술, 그리고 빅 데이터 처리기술이다.
- 운영을 위한 핵심기술그룹은 친환경 고효율 동력원과 엔진 기술, 첨단 소재 기술 등을 포함한 최적설계기술이다.

• 드론핵심기술체계를 기술위주분야로 나눈다면 드론 플랫폼 기술, 동력원 및 구동기기술, 소프트웨어 및 응용기술, 제어기술, 센서기술, 그리고 통신 및 항법교통관리기술로 나눌 수 있다.

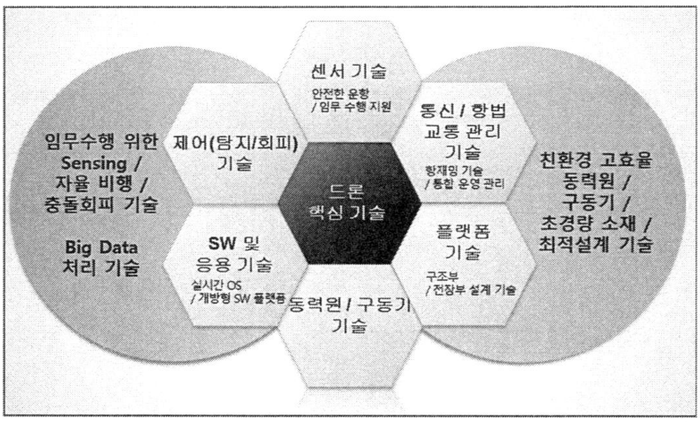

〈드론 핵심기술체계〉

나. 핵심기술개발 추진

• 드론핵심기술은 제 4차 산업혁명을 주도하는 핵심기술들이므로 드론분야 자체 기술만으로 핵심기술을 확보할 수 없다. 이는 국가차원으로 추진하는 항공기술과 ICT기

술을 비롯한 제 4차 산업혁명 기술들과 함께 개발을 추진하면서 기술적 spin off/on이 이루어져야 한다.

• 우리나라 무인이동체 사업을 추진하는 항공우주연구원 무인이동체 사업단에서는 현재 우리나라 드론의 기술수준을 진단하고 각 분야별 기술목표 달성하기 위한 중장기 핵심기술 확보로드맵을 다음과 같이 제시하고 있다.[4]

〈드론 기술 개발 목표 및 해결 방안〉

항 목	현재수준	목 표	해결방안
체공시간	20~30분	1시간 이상	- 차세대 배터리 - 전기하이브리드 엔진 - 연료전지 등 차세대 동력원
통신거리	1~2 Km	5~10 Km	
통신대상	드론-조종기	드론-드론	- 1-N 통신모뎀
자율비행	알고리즘 기반	인공지능 기반	- 인공지능기술 드론에 적용
충돌회피	기술시현	실용화	- 영상처리기술 - 고성능 드론 프로세서 - 인공지능기술적용
대인 충돌 안전성	중량제한에 따른 위험성 완화	출돌시 드론 스스로 회피	- 고장자체 진단 및 치유 - 고장시 대인/대물 회피기동 - 낙하속도 저감기술
도심운항	혼잡지역 비행금지 시계 내 비행	혼잡지역 자율비행	- 도심 무인기 교통관제기술 등

• 통신항법관제기술, 제어탐지회피기술, 센서기술, 소프트웨어응용기술, 플랫폼기술, 동력원기술은 단기, 중기, 그리고 장기적 차원에서 단계별 개발을 위한 로드맵을 작성하여 추진하고 있다.

4 한국항공우주연구원 무인 이동체 개발 사업단 장왕구 단장 발표자료, 2016

〈중장기 단계별 확보 핵심 기술〉

	현재	단기	중기	장기
통신항법관제	비표준 통신	표준 통신 및 항 재밍 항법	표준 네트워크 및 비 GNSS 항법	고용량 통신, 정밀 항법 및 차세대 ATM
제어탐지회피	조종사 외부조종 제어	자가진단 및 상황인식	자율비행 및 비행 계획수립	Swarm 다중 협력제어
센서 기술	광학기반 센서	경량 저 발열센서	모듈러 센서	퓨전 센서
SW 응용기술	Hardware기반 Avionics	IMA Avionics	S/W 기반 경량 Avionics	분산 지능형 Avionics
플랫폼 기술	경량 탄소섬유 기체 제작기술	복합재-3D프린팅 다기능 구조	스마트구조	재생형 추진
동력원 기술	엔진기반 추진	디젤하이브리드 엔진	수소하이브리드	재생형 추진

• 이상에서 살펴본 기술들은 국가 18대 미래성장 동력기술과 연관하여 기술개발을 추진하고 있다.

18대 미래 성장 동력연관 분야		
통신항법관제	스마트 자동차	5G 이동통신
	지능형로봇	
제어탐지회피	재난안전관리 스마트시스템	가상훈련시스템
센서기술	지능형 반도체	맞춤형 웰니스 케어
	착용형 스마트 기기	스마트 바이오 생산시스템
SW응용 기술	지능형 사물인터넷	실감형 콘텐츠
	빅 데이터	

플랫폼 기술	심해저/극한환경 해양플랜트	융복합 소재
	첨단소재가공시스템	
동력원 기술	멀티터미널 직류 송배전 시스템	초임계 CO2 발전 시스템
	신재생에너지 하이브리드 시스템	

다. 드론 핵심기술 체계

(1) 플랫폼 기술

공중 무인이동체	고고도 장기체공 드론	고고도 터보차저 엔진기술
		하이브리드 분산추진 및 동력시스템기술
	생체모방형 드론	생체모방형 구조규명 및 설계기술
		초소형 동력원 기술
	로봇 드론	초경량 매니퓰레이터 설계 및 제작기술
	PAV (Personal Air Vehicle)	도심지 운용을 위한 충돌 회피기술
		구조 및 고장 자율진단기술
	우주 드론	재사용 우주 무인비행체 궤도진입 및 회수기술
		단열재료 및 시스템 기술
	모선자선	비행체 분리-재결합 시스템 개발기술
		자동항법/랑데부/도킹 시스템 개발기술
		지상국-모선-자선 간의 통신시스템 개발기술
		비행시험 기술
	고속 드론	소형 드론용 터보제트 엔진기술
		3D 프린팅 엔진 제작기술
	모듈 기술	모듈 형상 설계기술
		모듈 성능 해석기술
		모듈 성능 시험기술

융복합 무인기체	정밀합체 및 분리 기술	합체 및 분리 시스템 설계기술
		모듈 간 정밀 측위 제어기술
		모듈 간 충돌 방지기술
		모듈 간 통신기술
		모듈 정밀 제어기술
		자동 합체 및 분리기술
		모듈 군집 운용을 위한 상황 인식기술
		합체 및 분리 시험기술
	모듈 분리-합체형 (군집형)	동력 시스템 분배기술
		모듈 간 동력 전송기술
		모듈 상태 진단기술
		모듈 간 임무 설정 및 조정기술
		자율화, 협업 의사 결정기술
		통합 임무 수행 시험기술

(2) 탐지 및 인식기술

항행센서	차세대 위성항법기술	다중 GNSS환경에서 이종GNSS신호분할/결합을 통한 항법해석 향상기술
		군집비행용 위성항법 기반 상대벡터 도출기술
	고정밀 INS복합 항법 기술	고속 이동 무인이동체용 High dynamics 관성복합항법기술
		비가시영역등 장애물 환경에 강인한 투과성 네트워크 측위 연동 관성복합항법기술
		고장 감지 및 배제 기능을 포함하는 redundant sensor 시스템 기술
	정밀 실내위치추적기술	동적시변 자기장계를 이용한 장애물 투과형 실내영역 위치 추적 기술
	영상인식기반 탐지기술	탐지 회피를 위한 영상이미지 인식 고속 처리기술

탐지센서	차세대 거리센서 기술	수직해상도가 향상된 3차원 LiDAR센서
		CMOS센서 기반 고해상도 3차원 영상 센서
		무인이동체용 고성능 레이더 기술 (근거리용 FMCW 레이더, UWB 레이더, 소형/경량 다차원 레이더)
		초음파센서 성능향상 기술 (장거리탐지 성능 향상,온도/습도에 강건한 초음파 센서기술)
	통신-네트워크탐지기술	무인 이동체용 경량 ADS-B 탐지 회피 기술
	융복합센서를 활용한 탐지기술	탐지 및 회피용 정밀센서의 Multi-function 활용기술
임무센서	이미징 센서	EO/IR센서기술: 무인 이동체에 탑재 가능한 소형/경량화된 주야간 영상을 얻기 위한 고해상도 전자광학/적외선 영상 센서 기술
		경량 분광센서 (Multi-Spectral, Hyper-Spectral)센서 기술
		공중 무인 이동체에 탑재를 위한 경량-저전력 SAR
	환경 탐지 센서	대기환경 및 다중 유해물질 감지가 가능한 복합환경 센서 기술
	전파탐지센서	

(3) 통신기술

통신미디어	무인 이동체 무선(전파)통신	무인 이동체 주파수혼선 최소화, 통신채널 극대화 기술개발
		무인 이동체 통신지연 최소화 및 대역폭품질보장기술개발
		다수 무인 이동체 지원통신기지국시스템 기술개발
		무인 이동체 제어용.임무용무선통신모뎀기술개발
		무인 이동체 위성통신소형.경량모뎀기술개발
		무인 이동체 제어용표준통신프로토콜기술개발
		무인 이동체 임무용무선통신프로토콜기술개발
		무인 이동체에 최적화된 안테나 기술 개발
	무인 이동체 수중 통신	무인 이동체용 근거리/광대역 수중통신 모뎀기술
		무인 이동체용 수중 음파를 이용한 통신 프로토콜기술
	무인 이동체 광통신	무선 광(레이저통신)통신기술
		무선 가시광(Li-Fi)통신기술

(4) 이동 및 동력원

동력원	차세대 배터리	LiB용 고용량 상용 양극을 이용한 리튬금속전지 무인이동체 파워 팩 시스템
		리튬-황 이차전지 파우치 셀의 에너지밀도 향상을 위한 부품기술
		고율방전 전고체 이차전지 기술을 이용한 무인이동체 파워 팩 시스템
	무인이동체용경량/고효율연료전지	연료전지 동력원을 이용한 무인이동체 통합설계 기술
		무인이동체용 수소연료전지 하이브리드 파워 팩 시스템
		장시간 체공을 위한 무인기용 연료전지 추진 동력원
	무인이동체용 스마트 엔진	하이브리드 분산추진용 고효율 팬 기술 개발
		고고도 무인기용 Heavy Fuel 엔진 시스템 기술 개발
		3D 프린팅 기반 스마트 소형 가스터빈엔진 개발
		지능형 소형엔진 상태 감시 및 진단 시스템
		엔진 열회수를 이용한 잉여 전력 생산 기술
	무인이동체용 하이브리드 추진	무인이동체용 플러그인 하이브리드 추진시스템 개발
		재사용 무인우주비행체용 초고효율 복합추진기관의 모드 천이 기술
		Hybrid Magnetic Bearing 통합형 무인이동체 구동용 전동기 모듈 개발
		항공용 터보-제너레이터 분산추진시스템 개발
		수직이착륙 무인기용 멀티 분산전기추진형 고효율 추력시스템 기술 개발
	에너지 관리 및 전송	레이저를 이용한 무인항공기 무선 충전시스템 개발
		무인이동체규격/용도별전원시스템최적화및배터리적정규모산정
이동 및 작업	구동장치	고효율/고속응답/경량 전기모터 기술
		화성탐사용 동축반전형 무인 헬리콥터 로터시스템
		유인 드론용 Quiet Ducted Fan 기술
		환경적응 및 임무수행 효율 향상을 위한 저진동 시스템
	작동기	소형 무인 이동체에 장착하여 작업이 가능한 경량-고토크 전기식 작동기

(5) 자율지능

자가 운영	자동 계획 수립 및 스케쥴링기술	다중 임무 설정 기술 임무 세분화 및 평가 기술 중요도 기반 임무 재설정 기술
	계층화된 조종 결정 구조	단계별 전략 수립을 위한 지능 기술
	확률적 임무수행 예측	빅 데이터를 활용한 임무 과정 및 데이터 처리 기술
상황 인식	센서 데이터 분석 및 융합 기술	3D SLAM 및 정밀 위치 인식 기술 다수/다종 센서 구성 및 데이터 처리 기술 학습 기반 데이터 분석 기술
	학습을 통한 상황 분류 및 인식	학습을 이용한 물체 인식 학습을 이용한 음성/언어 인식 인식 정보 기반 상황 분류 기술
	미래예측을 통한 동작결과 예측	동작/매니퓰레이션 시뮬레이션 기술 시뮬레이션 기반 동작/매니퓰레이션 평가 기술
자가 건전성 관리	HW/SW 건전성 진단 기술	소리/진동 등 신호를 활용한 고장 진단 기술 건전성 분석을 통한 임무수행 판단 기술 데이터 기반 이상유무의 판단 능력 향상 기술
	자기치유기술	손상 치유를 위한 매니퓰레이션 기술 자기 치유 소재를 활용한 치유 기술
	손상 적응기술	여유자유도 설계 및 고장 대응 기술 국소손상에 적응한 긴급 변형기동 기술
지능 협업	무인이동체간 통신 인터페이스	다수 이동체 정보 공유를 위한 무선 통신 인터페이스 거리정브 기반 정보 공유 기술
	임무분석 및 임무 분산 할당 방법론	개체 특성을 고려한 임무 분산 할당 기술 임무 필요 자원 분석 기술 임무 도중 이동체 투입 및 제외 기술
	협동운송 및 매니퓰레이션 기술	협동 임무중인 이동체 사이의 정보교환 기술 외란 적응형 이동 기술
	동종/이동 군집무인 이동체 시뮬레이션기술	분산제어 시스템 시뮬레이션 기술 통신 상태 변화 시뮬레이션 기술 환경 구현 및 상호작용 시뮬레이션 기술
	병렬 처리 기술	분산화 시스템 기반 데이터 처리 기술

(6) 자율지능

휴먼 인터페이스	가상환경/가상현실 (Virtual Environment/ Virtual Reality)	실시간 3D공간지도 구성기술 및 추적기술
		다중 운용자를 지원하는 VR/AR 공간에서의 협업 기술
		운용자를 위한 무인 이동체관점 VR구현 기술
		VR 운용시 불편감 (멀미, 넘어짐 등)저감 기술
	NUI (Natural User nterface)	자연어 인식을 통한 무인 이동체 운용기술
		생체 정보 (뇌파, 시선 등)을 활용한 무인이동체 운용 기술
		제스처 등 이미지 기반 무인이동체 운용 기술
원격 운용	직접운용 (Direct Operation)	무인 이동체의 원격 수동제어(manual control)로 인한 지연 완화 기술
		운용자 상황인식(situational awareness) 향상 기술
		숙련도등의 개인차를 고려한 인터페이스 개발
	감시제어 (Supervisory Control)	감시 제어 운용자의 피로도/과부하 완화기술
		다양한 자율레벨의 무인 이동체 감시 제어 기술
		복합무인시스템에서의운용자상태감시제어기술
		복수 무인 이동체 운용자 최소화 방안 연구
	의사결정지원시스템 (Decision Supportool)	복잡한 통합 결정 및 확률 시스템에 대한 검증 기술
		제한된 시간과 정보 조건에서 의사결정 지원 기술
		고사용성 인터페이스 개발(직관성, 훈련시간 최소화 등)
		운용자 의사결정 향상을 위한 지표 개발
상호 작용 기술	운용자 의도인식과 대응기술 (Intent Recognition and Reaction)	운용자 의도 인식/파악 기술
		파악된 운용자 의도 대응 방안 연구
	피드백 인터페이스 (Feedback Display)	인간-무인이동체간의 신속/정확한 소통을 위한 피드백 인터페이스 기술
	상호작용 아키텍처 (Interaction Architecture)	인간-무인이동체 상호작용 소프트웨어 프레임워크 개발
		인간-무인이동체 상호작용 모델링 지표 개발

협력 기술	성능지표개발 (In-Line Performance Metrics)	무인이동체 운용자의 협력성능 지표 개발
		복수 무인이동체 운용자의 성능 지표 개발
	HMI 상호신뢰성 연구 (Trust and Reliability)	무인 이동체와 운용자간 신뢰성 측정 및 향상 기술 개발

(7) 시스템 개발 기술

개발 체계	요구도 수립	사회/기술변화를 고려한 수요분석 및 시스템요구도 도출기술
		인간-시스템간 역할과 적정자율화 운용개념(ConOps)도출기술
		Overall Efficiency Criterion(OEC) 도출기술
	설계, 개발	신기술 다급 용이성을 고려한 오픈설계 소프트웨어 플랫폼 기술
		제작, 운용상의 불확실성을 고려한 설계 및 의사결정 기술
		신기술 식별, 평가, 선택, 적용을 통한 효율적 시스템 설계 기술
		신속한 시장 접근성 확보를 위한 Rapid Prototyping 기술
		다품종 소량 제작을 고려한 플랫폼 기반의 모듈화 설계 기술
		시뮬레이션을 이용한 DB구축 및 기계학습을 통한 성능 향상 설계
	시험평가	단일시스템, 인간-시스템, 시스템 간 상호작용의 시험평가지표도출
		단일시스템, 인간-시스템, 시스템 간 상호작용의 시험평가 절차/환경 개발
		단일시스템, 인간-시스템, 시스템 간 상호작용 반영이 가능한 Virtual Test 환경 개발
		Virtual Test Vehicle 개발
		HILS(Hardware In Loop System), 시뮬레이터 개발
		운용성 평가 분석 도구 개발

	인증	인증 절차, 기준 개발
		윤리성을 고려한 인증 기법 개발
		다수 이종 무인이동체 협업 시스템의 인증 기법 개발
	운용	시뮬레이터 기반 조종/정비훈련 시스템
		시스템의 자율성을 고려한 운용훈련/정비 방안 도출
소프트웨어 체계	무인이동체 S/W 공통 아키텍처 기술	무인이동체 공통 요구사항 분석 기술
		공통 아키텍처 요소 식별 및 표현
		공통 아키텍처 평가 및 개선 기술
	도메인 별 무인이동체 S/W 제품계열 개발	개별 무인이동체 요구사항 분석 기술
		개별 무인이동체 아키텍처 기술
		개별 무인이동체 S/W 개발 기술
	무인이동체 S/W 핵심 자산화 기술	핵심 자산 개발 기술
		핵심 자산 품질 고도화 기술
		핵심 자산 저장(Repository) 기술
	도메인 별 무인이동체 S/W 플랫폼 기술	무인 이동체 제어를 위한 RTOS 기술
		무인 이동체 미션응용을 위한 OS 기술
		무인 이동체 응용을 위한 미들웨어기술
	무인이동체 S/W 프레임워크 기술	무인 이동체 SDK 기술
		S/W 보안 및 검증 프레임워크 기술
		무인 이동체 Ui/UX 기술
		무인 이동체 S/W 조립 지원도구 기술
하드웨어 체계	다기능구조	복합재 구조전지 기술
		전자부품 일체형 구조
		안테나 일체형 구조
		센서 및 작동기 일체형 구조

	신개념 재료/구조	대변형 복합재료 기술
		모핑기술을 적용한 생체모방형 무인 이동체 구조개발
	자율진단 및 자가 치유구조	IT기반 비파괴 구조안전 자율진단
		재료 내 함유된 복원물질 또는 외부 자극에 의한 자체복원기술
		자가 손상탐지 및 치유 융합구조 기술
	맞춤형 제작기술	복합재료 3D 프린팅 구조 개발 기술
		인공지능 기반 복합재료 최적구조설계 S/W 개발

5.2 드론핵심 세부 기술

1) 글로벌 위성항법시스템(GNSS)

• 글로벌 위성항법장치(GNSS; Global Navigation Satellite System)는 인공위성을 사용하여 수신 장치를 가지고 있는 이용자에게 현재의 3차원 위치정보(위도, 경도 및 고도)와 속도 및 시간을 알려주는 시스템이다. 이러한 위성항법장치로는 미국 국방성에서 운영하는 GPS(Global Positioning System)와 러시아의 GLONASS, 유럽의 갈릴레오(Galileo)를 대표적인 시스템으로 알고 있으나 국지적으로 운영되는 일본의 준천정(Quasi-Zenith)QZSS, 중국의 북두(Beidou), 인도의 인도 지역항법장치가 있다.

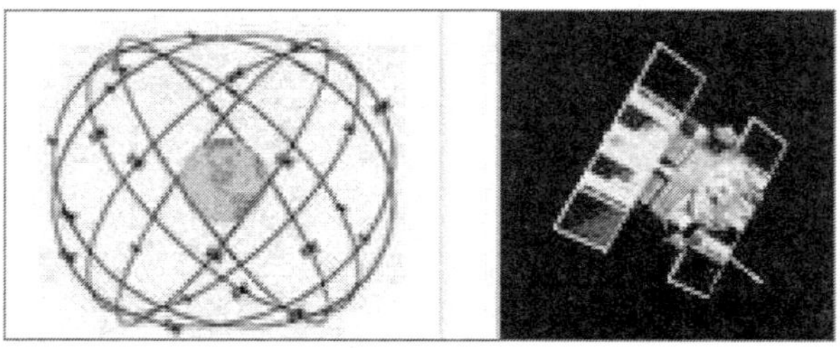

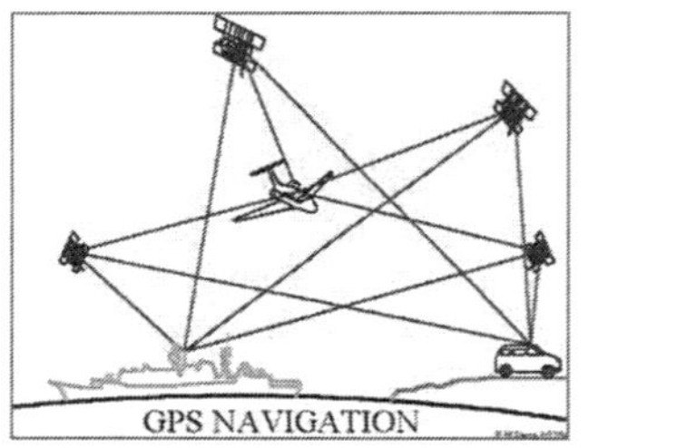

• GNSS수신기는 인공위성으로부터 신호를 수신해야 하는 특성 때문에 일반적으로 드론의 윗부분에 장착한다. 멀티콥터의 경우에는 별도의 기둥(Mast)을 세우고 그 위에 GNSS를 설치하여 신호를 확실히 수신하도록 한다. 한편, GNSS 수신기가 드론본체에서 멀리 떨어져 설치되기 때문에 앞서 언급한 바와 같이 나침반 센서는 다른 전자제품의 전자기장 간섭에 민감하므로 일반적으로 나침반 센서를 함께 장착한다.

가. 미국의 GPS

• 대표적인 글로벌 위성항법장치(GNSS)로 알려져 있는 미국의 GPS는 예비위성 3개를 포함하여 모두 24개의 NAVSTAR위성을 지구의 적도면 주위로 고르게 배치된 6개의 서로 다른 궤도면에 각각 4개의 위성이 55도 기울기를 갖도록 구성되어 있다.

• 매우 기본적인 개념으로서 GPS는 인공위성으로부터 수신기까지 신호가 도달하는데 걸린 시간, 즉 거리를 측정함으로써 드론의 위치를 측정한다. GPS 신호로부터 추정한 위치(x,y)의 오차는 수 m 정도이다. GPS에 의한 고도(z) 추정 값은 위치오차보다 크다. 이러한 GPS오차에도 불구하고 앞서 기술하였듯이 다른 여러 센서들에 의한 측정값들을 분석함으로써 비행조정 장치는 GPS모듈을 이용하여 드론이 경로점(Way-Points)을 따라 비행하게 하거나 제자지로 돌아오게 하는 등 이륙부터 착륙까지 자동비행이 가능하도록 한다.

• 이러한 GNSS모듈은 다양한 위성항법 신호를 수신할 수 있으며, 센서의 가격도 저렴한 편이다. 일반적으로 GPS와 GLONASS신호를 수신하는 GNSS 모듈로는 Ublox Neo 7N, Ublox Neo M8N13 등이 있다.

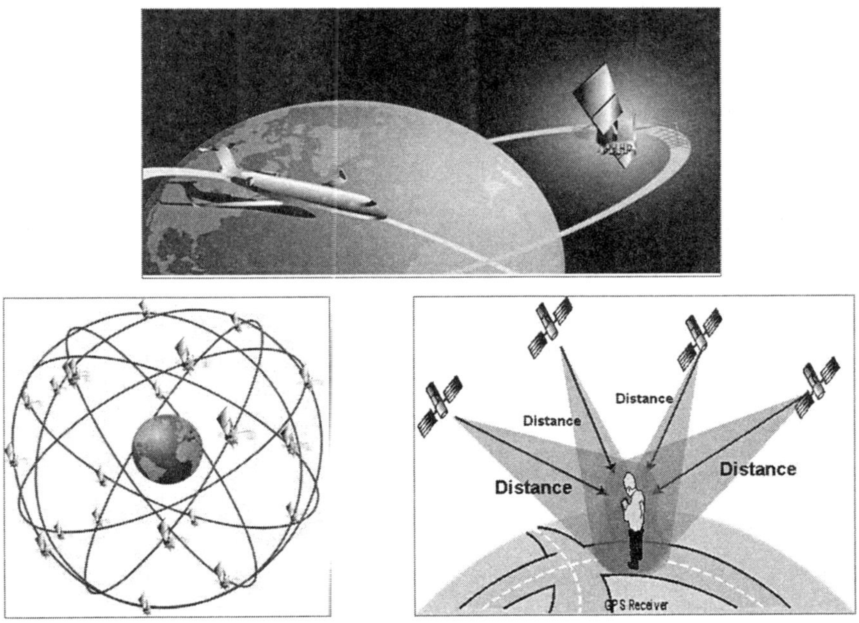

〈미국의 GPS운영 체계〉

• 미국은 95년 3월 9일에 24번째 NAVSTAR 위성을 발사함으로 약 20년간에 걸친 노력 끝에 GPS 위성의 배치가 완성하고 글로벌 위성항법시스템의 선두 주자 자리를 선점하고 있다.

– NAVSTAR 위성의 고도는 지상 20,183 km이며, 원형궤도를 회전하는 주기는 11시간 58분이고, 지구상 어느 곳에서 어떤 기상환경에서도 항상 최소한 4개 이상의 위성으로부터 오는 신호를 수신 가능하도록 구성되어 있다. 위성항법장치의 수신기는 GPS위성으로부터 오는 항법신호를 수신하여, 위성과 수신기의 시계오차를 보정하여 위치를 계산하는데, 일반적으로 1초마다 새로운 위치를 계산하게 된다. – GPS 위성은 L밴드(390–1550 Mhz의 극초단파 대)의 두 반송 주파수 L1과 L2를 송신하는데, L1(1575.42 Mhz)주파수는 표준위치 측정용이고, L2(1227.6 Mhz)주파수는 고정밀 위치측정용이다. 이 주파수에 실리는 항법신호는 P코드(Precision code)와 C/A코드(Clear Acquisition code)의 두 종류로 구분되며, 각 코드는 24개 각각의 위성마다 다르기 때문에 동일한 주파수를 사용하더라도 위성으로부터 수신되는 전파 사이에 혼선이 생기지 않는다.

– P코드는 정밀측정을 목적으로 하며, L1과 L2의 주파수를 사용하기 때문에 전리층에 의한 전파지연시간을 실측 보정할 수 있으며, C/A코드는 L1주파수에 송신이 되며 표준측위 및 P코드 보조용으로 사용된다.

• GPS는 본래 군용시스템으로 개발되었으나 C/A코드는 현재 민간에게 개방이 되어있다. 군용시스템은 P코드를 사용하며 10 m 이내의 정확도를 갖는다. C/A코드만 사용할 경우에는 약 25 m 정도의 정확한 위치정보를 얻을 수 있다. 그러나 미국 국방성에서는 C/A코드가 군사용으로 사용되는 것을 방지하기 위해서 C/A코드에 SA(Selective Availability)를 적용하여 위성의 위치를 왜곡시키는 방식을 운용하기 때문에, 민간사용자는 약 100 m 정도의 오차를 갖는 정보를 얻을 수 있다. 민간 연구기관에서는 SA의 영향을 받는 C/A코드만으로도 10 m 이내의 정확한 정보를 얻을 수 있도록 다양한 연구를 수행하고 있다.

– 그 한 예가 DGPS(Differential GPS)기술이다. DGPS방식은 위치가 정확히 알려져 있는 기준 국에서 수신된 C/A코드로부터 오차를 계산하여, GPS 이용자에게 알려줌으로 위치오차를 보정하는 시스템이다. DGPS를 이용할 경우 SA의 영향

을 받는 C/A코드라도 2-5 m의 정확한 정보를 얻을 수 있다.

• 위성항법장치는 군용과 민수용으로 그 적용의 범위가 매우 넓어 앞으로 많은 연구가 계속적으로 수행될 것으로 기대된다. 현재도 GPS는 무인 비행체의 운용, 자동차의 자율이동, 위험한 환경 하에 로봇의 작업, 해상에서 배의 위치를 확인할 수 있는 해상항해, 위험물질 운반이나 화물트럭 관제와 같은 지상운송, 해안정찰이나 산림에서의 응급수색 및 구조, 기상이나 해류연구, 지질 및 유전탐사, 기타 측량에 응용되고 있다.

나. 유럽의 갈릴레오(Galileo)

• Galileo(갈릴레오)는 유럽의 독자적인 위성 항법 시스템으로 위성 위치 확인 서비스를 제공하게 될 것이다. 갈릴레오는 민간이 제어하게 되며 높은 정확도와 신뢰도를 가지게 될 것이다. GPS와는 달리 유럽의 갈릴레오(Galileo) 시스템은 유럽의 정부기관들, 군사기관들도 사용할 수 있겠지만 원래 성격이 군사 목적의 전용이 아닌 민간 상업용이다. 그렇지만 갈릴레오 서비스에는 공공의 오픈서비스 외에도 PRS(Publically Regulated Service)를 통해 특정 사용자들의 제한된 접근이 가능한 암호화된 위치정보 제공서비스가 있다.

• 갈릴레오 시스템은 30개의 위성 (고장 대비용 보조 위성 3개 포함)으로 구성된다. 이 위성들은 지구로부터의 고도가 23,616km인 중-지구궤도(MEO : Medium Earth Orbit) 평면에 위치하고 있으며 중-지구궤도 평면은 총 3개이다. 일찍이 이것은 완수되었다, 갈릴레오 항법 신호는 북위 75° 까지의 적용범위를 가지며 이 범위 내에서는 신호 상태가 양호하다. 30개에 이르는 위성들은 위치 확인에 용이한 최적의 조합으로 사용될 것이며 3개의 보조 위성은 신뢰도를 더 높일 것이다. 3개의 보조 위성으로 인해, 만약 위성 한 개가 손실된다 하더라도 사용자는 아무런 영향을 받지 않을 것이다.

• 유럽과 미국은 GPS와 갈릴레오 위성항법시스템의 상호 운영 및 호환성에 대해 지난 2004년에 조약을 체결한 바 있었다. 유럽의 GNSS 전문가에 따르면 GPS는 표준적인 군사적 시스템이긴 하지만 GPS와 갈릴레오를 같이 사용하여 더 좋은 서비스를 받을 수 있을 것이다.

• GPS/Galileo 네트워크는 특히 복잡한 도심지역의 위치정보 향상에 큰 변화를 줄 것이다. 사용자들은 기존의 위성들보다 2배나 많은 위성들로부터의 정보를 통해 정확

한 위치정보를 얻을 수 있을 것이다.

다. 러시아의 GLONASS

- GLONASS 위성항법시스템은 약 64.8도 경사각을 지닌 거의 원형궤도에 가까운 3개의 궤도면상에 배치된 24개의 위성들로 구성되어있다. GLONASS 시스템 1단계는 1991년에 120도 떨어진 두 개의 서로 다른 궤도면에 7개의 위성들을 초기에 운영하였다.
- 2단계로 1993~4년에 12개의 GLONASS위성이 추가되었고. 2005년 말 당시 궤도상에 14개의 위성이 있었으나 수명기간 10-12년을 가진 3세대 GLONASS위성들이 추가 발사 운영되면서 2012년 이후 24개의 위성항법시스템을 구성하고 있다.

라. 중국의 Beidu-2

- 중국의 북두(Beidu)위성항법시스템은 지구정지궤도에 5개의 위성이 배치되고 지구중궤도에 30개의 위성들을 배치하여 총 35개의 위성으로 구성되는 시스템으로 추진 중에 있다. 현재 Beidu-1시스템이 있는데 이것은 중국우주기술아카데미(China Academy of Space Technology)가 개발한 3개의 위성으로 구성되어 2001년 말부터 항법서비스를 제공하기 시작했고 2004년에는 민간사용자들도 사용할 수 있게 되었다.
- Beidu-1시스템은 10 m의 정확도를 가지고 공공서비스와 보다 정밀한 중국군사용서비스를 제공하고 있다. 2010년에 10개의 위성을 발사하고 이를 통해 Beidu-2 글로벌 네비게이션 성능을 향한 첫 단계를 준비하고 있다.

2) 관성항법장치(INS)

- 관성항법장치 (INS: Inertial Navigation System)는 관성의 원리를 이용한 항법보조장비로 지상 무선국의 도움 없이 항공기 자체적으로 비행중 위치 파악과 항로정보를 제공한다.
- 가속계를 일정한 방향으로 유지시키려는 자이로스코프(Gyroscope)의 강직성을 이용하여 항공기가 비행할 때 감지된 가속치를 1차 적분하여 속도를 산출하고 2차 적분하

여 이동거리를 산출한다. • 현재 전 세계적으로 운용되고 있는 항공기가 탑재하고 있는 대표적인 항법장치가 관성항법장치이다. 관성항법장치는 1950년대 초반에 메사추세스 공과대학에서 개발되었으며 1960년대에 이르러 실용화된 장치로, 일단 초기의 위치정보가 주어지면 항공기의 위치와 자세, 비행속도, 고도와 방향정보를 매우 정확한 수준으로 계속 제공하게 된다. 관성항법장치는 보다 정확하게, 작은 고장에 대해서 내성이 있는 시스템이 구현될 수 있도록, 그리고 적은 수의 부품으로 이루어져서 고장도 적고 유지도 쉬워질 수 있는 방향으로 성능개선을 위한 노력이 계속되고 있다. • 관성항법장치는 계산을 위해 내장된 항법용 컴퓨터와 기본측정 장비로 남북방향 및 동서방향의 움직임을 측정하기 위한 가속도계를 필요로 하고 있다. 빠른 속도로 이동하고 회전하는 비행기의 가속도를 정확하게 측정하기 위해서 대표적으로 사용되고 있는 것이 자이로(gyroscope)를 이용한 시스템이다. 김블(gimbel)에 의해 지지되고 있는 안정판 위에 부착되어 있는 자이로는 기계적인 시스템으로 매우 빠른 속도로 회전하여 자신의 회전축 방향을 그대로 유지할 수 있는 특성이 있다. 지구의 자전율과 측정된 항공기 운동에 의한 각속도는 자이로의 제어입력으로 작용하여, 안정판은 항공기가 지구의 어느 곳에서 어떤 자세로 비행을 하더라도 그때그때 그 장소에서 정확히 수평을 유지하게 된다. 이러한 안정판 위에 부착된 가속도계(rate integrating gyro)에 의해 비로소 정확한 가속도가 측정될 수 있으며, 이러한 시스템을 김블형 관성항법장치라고 한다.

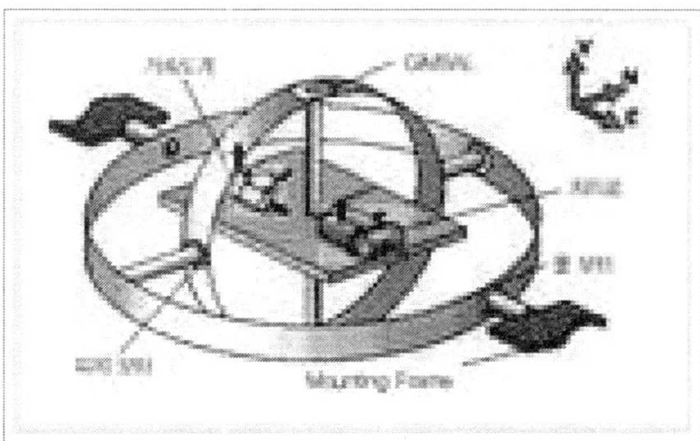

〈관성항법 시스템〉

한편, 김블이나 안정판이 없이 자이로와 가속도계가 동체에 부착되어 동체의 회전을 감지하며 가속도를 측정하는 스트랩다운(strapdown) 관성항법장치의 이용이 점차 증대되고 있다. 스트랩다운 관성항법장치는 김발과 안정판과 같은 기계적인 장치가 없으므로 구조적으로 간단하고, 보수 유지가 용이하며, 기계적인 장치에 의한 오차를 줄임으로써 성능을 향상시킬 수가 있다. 그러나 기계적인 장치에 의해 가속도계와 자이로가 항상 일정한 자세를 유지할 수 있었던 것과 동일한 결과를 얻기 위해서는 많은 계산이 요구되며, 이는 내장되어 있는 고성능 마이크로프로세서에 의해 수행되게 된다. 스트랩다운 관성항법장치에 사용되는 가속도계로서는 레이저 기술을 이용한 링레이저 자이로(ring laser gyroscope)가 많이 이용되고 있으며, 현재 연구 개발이 활발히 진행되고 있는 광섬유를 사용한 광섬유 자이로(fiber-optic gyroscope)도 차세대 자이로로 많이 응용될 것으로 보인다. • 링레이저 자이로는 1913년에 발견된 Sagnac효과를 기초로 하고 있다. 즉, 폐쇄된 삼각링 내부에 두개의 레이저 빔을 서로 반대 방향으로 회전시킨다. 만일 삼각링이 회전을 하고 있지 않다면, 두개의 빔은 동시에 처음의 위치로 되돌아 올 것이다. 그러나 관성공간에 대해 회전하고 있는 삼각링의 경우, 두개의 빔이 처음 지점으로 오는데 걸리는 시간이 일치하지 않게 된다. 이러한 기본원리에 의해 개발된 링레이저 자이로는 군용 항공기나 유도미사일에 응용될 수 있을 정도로 성능이 개선되었으며, 보잉 767이나 에어버스와 같은 여객기에도 사용이 되고 있다. 최근 미국의 허니웰사에서는 새로운 소형의 링레이저 자이로 관성항법장치를 소개하였는데, 성능 개선뿐만이 아니라 고장 등 문제를 일으키던 전자기계 부품을 60% 가량 줄임으로 생산가격과 유지비 등을 동시에 절감시킬 수 있었다. 이 장치는 유도무기 추적시스템의 정밀지향이나 자세안정화, 탐사선의 궤도진입시의 항법유도에 사용된다.

3) 드론 탑재센서 기술

• 드론용 임무장비로 센서는 동작인식의 G-센서(Gravity Sensor), 영상정보획득용 EO/IR영상센서, SAR센서, 그리고 LiDAR이 주로 탑재된다. 또한 각종 거리특정센서 기술 등이 있다. 드론에 탑재되는 이러한 이미지정보획득용 장비는 관측목적과 운용

방법에 따라 다양한 해상도가 요구된다. 특히 야간이나 전천후 기상조건에서 촬영이 가능해야 하며, 부가적으로 이동목표물 탐지 능력이 요구되기도 한다. 이러한 각종 센서기술들은 충돌감시 및 회피기술로 연계된다.

가. 동작인식센서

• 동작인식기술의 대표적 센서가 G-센서(Gravity Sensor)이다. G-센서는 중력가속도기반의 반도체 센서로 가속도센서와 자이로센서의 기능을 지니고 있다.

• G-센서는 직선방향의 움직임이거나 회전하는 물체뿐만 아니라 방위각 등의 공간적 상황까지도 인식이 가능하다. G-센서를 탑재한 모바일 기기일 경우 사용자의 제스처를 인식하고 이를 입력데이터로 하여 원하는 출력결과를 얻어 낼 수 있다.

• G-센서 기반 동작인식센서는 단순한 동작에는 정확성과 인식률이 높지만, 복잡하고 정교한 동작에는 인식률과 정확성이 좀 떨어진다.

나. 영상정보센서

• 최근 드론의 중요한 임무 중 하나가 영상정보 수집이다. 군사용으로는 감시, 정찰 목적으로, 민간용으로는 재난지역의 관찰, 환경오염에 대한 감시목적으로 이미 드론에 영상장비들을 많이 활용하고 있다.

• 드론을 이용하여 관측하는 방법은 위성에서 관측하는 방법에 비해 원하는 지역에 쉽게 관측 장비를 보낼 수 있고 조종이 용이하며 낮은 고도에서 관측하기 때문에 보다 정확한 영상정보를 얻을 수 있다는 장점이 있다.

• 사용자가 요구하는 영상이나 신호 등의 정보를 제공하는 임무장비는 드론의 성능에 따라 적용하는 장비의 성능과 기능이 달라지는데 임무장비의 주요임무는 정보, 감시, 정찰 · 지휘, 통제 · 신호정보수집이다. 최근 임무영역이 다양화됨에 따라 영상, 통신 중계, 고공 기상측정, 신호획득, 3차원영상, 레이더 이미지 정보 등으로 세분화되어 가는 추세다.

(1) EO/IR영상센서

- EO(EIectro−Optical)센서는 우리주위에서 흔이 접하는 CCD카메라와 같은 종류로 사람이 눈으로 볼 수 있는 가시광선 영역에서 영상을 얻는 장비다. 따라서 얻어진 영상은 별도의 처리 없이도 사람이 영상을 읽고 관독할 수 있고 제작도 다른 센서에 비해 상대적으로 용이하므로 현재까지 가장 널리 사용되고 있다.
  - EO센서는 레이더와 마찬가지로 허공에 전자기파를 쏘아서 물체에 부딪혀 돌아오는 반사파를 측정해 탐지한다. 레이더와의 차이점은 전자기파의 종류인데 적외선이상의 전파를 사용하는 레이더와는 달리 EO센서는 근적외선 및 가시광선을 사용한다.
- 가시광선을 이용해 목표의 실제영상을 실시간으로 관측하는 것이 EO센서의 가장 큰 장점이다. 또한 레이더와는 달리 채프, 플레어, 방해전 등을 이용해 교란시키는 것이 상대적으로 어렵다. 이러한 EO센서는 정찰용 드론에 크게 활용하고 있으며, 인공위성 중 일부에도 이 센서를 장착해 군사 정찰용이나 기상관측 등의 용도로 사용하고 있다.
- IR(Infrared)센서는 적외선을 이용한 센서는 EO센서를 보완하기 위한 것이다. 대부분의 드론이 EO센서를 기본으로 장착하나 인간이 밤에 앞을 볼 수 없듯이 이 센서도 밤에는 무용지물이 될 수밖에 없다. 또한 안개나 구름이 끼거나 눈이나 비가 오는 기상상황이 발생하면 역시 정상적인 영상을 얻을 수 없다는 한계가 있다. 이를 일부 보완하기 위해 적외선영역의 IR(Infrared)센서를 사용한다. IR센서도 기상조건이 나쁘면 EO센서처럼 정상적인 영상을 얻을 수 없다.
- 그럼에도 불구하고 EO/IR(가시광선 · 적외선)센서는 영상을 획득하고 처리하는 과정이 상대적으로 쉽고 복잡하지 않아 대부분의 경우 실시간으로 영상을 얻는데 많이 사용한다. 또한 표적정보를 실시간 영상으로 제공할 수 있다는 점에서 정보의 신뢰도가 가장 높다. 대표적인 중고고도 정찰용 드론인 미국의 글로벌 호크(2018년에 우리나라에 도입예정)도 탑재된 EO.IR센서를 이용해 고해상도 영상을 실시간으로 얻고 있다.

(2) 합성개구레이더(SAR)

- 합성개구레이더(SAR; Synthetic Aperture Radar)센서는 레이더의 한 종류로 빛을 이용하는 EO/IR센서와는 달리 전자파를 이용하므로 낮뿐만 아니라 밤에도 관심지역을 관찰할 수 있다. 또한 눈, 비, 안개, 구름 등의 기상상황에 상관없이 전천후로 영상을 얻을 수 있는데 이는 사용하는 전자파가 기상조건에 거의 영향을 받지 않고 공기 중을 통과하기 때문이다.
- 우리가 전자파를 이용하는 휴대폰으로 기상조건 및 밤낮에 큰 장애를 받지 않고 통신할 수 있는 것과 같은 원리로 SAR센서의 전천후 작동특성은 다른 센서와 구별되는 가장 큰 장점이다.
- EO/IR센서가 흑백, 컬러 등의 형태로 영상을 만들 수 있듯이 SAR센서는 전자파의 주파수나 전자파의 방향등을 다양하게 함으로써 보다 다양한 정보를 영상으로부터 추출해 낼 수 있다.
- 빛이 거울에 반사되듯이 전자파는 금속으로 만들어진 물체에 매우 잘 반사되기 때문에 숨겨진 금속성 물체, 예를 들면, 숲속에 숨겨진 트럭, 장갑차, 대포, 탱크와 같은 물체들을 손쉽게 탐색해낼 수 있다.
- 또한 비금속성 물체를 투과하는 성질이 있는데 주파수에 따라 달라지기는 하지만 TV 방송대역 정도까지 사용하는 주파수를 낮출 경우 전자파의 투과성질이 매우 좋아져서 지표면 밑에 매장된 물체들, 예를 들어 금속 파이프, 송유관, 매설된 전력선, 통신선, 수맥, 광맥 지하자원, 지뢰 등을 찾아내기도 한다.

(3) 라이다 시스템

- 라이다(LiDAR)는 빛의 한 종류인 레이저의 특징을 이용하여 원거리 지표면을 포함한 대상물체의 위치정보와 3차원 형상정보를 측정하기 위한 광학적인 원격탐사기술이다.
- 빛을 이용한 거리측정기인 라이더는 대상물체까지의 거리측정을 위해 레이저 펄스를 이용하는데 이것은 마치 무선통신에 이용하는 마이크로파의 전자파를 이용하는 레이더기술과 유사하다.
- 라이다시스템의 기본적인 구성은 레이저 송신부, 레이저 검출부, 신호 수집 및

처리와 데이터를 송수신하기 위한 부분으로 이루어져 있다.

- 라이다시스템은 레이저스캐닝시스템을 시작으로 급격히 발전하여 지상 및 공중레이저스캐닝기술로 발전하였다. 특별히, 3차원 레이저스캐닝기술은 공간상의 3차원좌표정보를 한 번에 무수히 많은 점(point)데이터로 얻어 매우 짧은 시간에 3차원 모델을 구현하는 기술이다.
- 따라서 3차원 레이저스캐너는 3차원 위치정보와 각종 색상정보를 가진 점 좌표들도 1초에 수백만 개 얻을 수 있다.
- 비교적 짧은 거리에서의 소규모 대상물체를 대상으로 좌표정보를 얻는 것을 "레이저 스캐닝"기술이라 하고, 3차원 공간상의 점들(points)을 얻는 장비를 "레이저 스캐너"라고 한다면, 보다 장거리 대상물체에 대한 공간정보데이터를 획득하는 레이저스캐닝시스템을 일반적으로 라이다라고 한다.
- 라이다는 빛의 한 종류인 레이저 펄스를 쏘고 반사되어 돌아오는 시간을 측정하여 대상물체의 위치좌표를 측정하는 시스템이다. 초기에는 통신용으로 개발되었으나 강한 단색성에 의해 빛과 전파의 양면특징을 가졌기 때문에 통신 이외의 각종 용도에도 사용되고 있다. 지상은 물론 항공기 또는 인공위성에 탑재되어 지형측량에 사용되기도 하고 자율이동로봇, 자율주행 자동차 등에도 활용되고 있다.
- 3차원 공간정보 측량 및 구축을 위한 라이다 장비는 크기와 무게 때문에 주로 지상 및 항공기 장비로 개발되어 사용되어 왔다. 전자기술의 발전으로 센서기술이 첨단화함에 따라 측량장비의 소형화, 초경량화가 이루어지고 있으며, 이러한 기술적 발전은 드론의 등장으로 그 가치와 적용분야를 극대화하게 되었다. 특수한 목적과 기능의 드론을 제외하고는 일반적으로 드론은 배터리로 작동한다. 따라서 드론에 있어 비행시간은 배터리에 의해 결정되는 요소이며, 탑재물의 무게를 줄이는 것은 매우 중요한 기술적 요소다.

잠깐!

레이저[LASER] 살펴가기

1) 정의

• 레이저(LASER: Light Amplification By Stimulated Emission of Radiation란 "유도방출에 의한 빛의 증폭"이란 뜻으로 사람이 만든 인공광선이다.

2) 레이저의 특성

① 단색성(Monochromaticity):순수한 단일주파수의 접근여부를 말하는 것으로 여러 가지 빛이 혼합되어 있지 않고 어느 정도의 순수한 단일 광이다. 태양 빛은 프리즘을 통과할 때 7색으로 분산되나 레이저는 단색만을 나타낸다. 따라서 순수한 하나의 주파수만을 가진다.

② 지향성(Directivity): 일반적인 광원에서 나오는 빛들은 앞으로 나아가면서 넓어져 입체각을 형성하지만 레이저는 그 차이가 아주 작아서 우주간의 거리측정도 가능하다.

③ 간섭성(Coherence): 간섭이란 위상의 차이에 따라 명암의 무늬가 나타나는 현상이다. 태양과 같은 일반적인 광원들은 주파수나 위상이 가지각색이어서 간섭이 잘 일어나지만 레이저는 위상이 균일하기 때문에 약간의 장애물에 부딪히면 곧 간섭을 일으킨다.

④ 높은 에너지집중도(High Energy Density): 태양빛을 집광시켰을 때 종이나 나무 등을 태우는 정도에 비해서 레이저 빔을 집광시켰을 때 금속절단은 물론 핵융합도 가능할 정도로 에너지 집중도가 우수하다.

3) 레이저의 주파수 대역

구분	주파수(Frequency)(GHz)	파장(Wavelength)(cm)
VHF	0.03-0.3	100-1000
UHF	0.3-1.0	30-100
L	1.0-2.0	15-30
S	2.0-4.0	7.5-15
C	4.0-8.0	3.75-7.5
X	8.0-12.0	2.5-3.75
Ku	12.0-18.0	1.67-2.5
K	18.0-27	1.11-1.67
Ka	27-40	0.75-1.11
Millimeter	40-300	0.1-0.75

• 드론 라이다는 드론에서 발사하는 빛을 이용하여 거리를 측정하는 방법으로 일반적으로 레이저를 광원으로 이용한다. 따라서 악천후를 제외한 비행이 가능한 날씨라면 지형에 상관없이 라이다측량이 가능하고 수동적 광학영상과는 달리 능동형 센서로 그림자나 구름의 영향을 거의 받지 않는다.

– LiDAR측량을 통해 생성된 지형고도자료는 항공사진으로 생성하는 것보다 정확하며 특히 산림지역과 같이 식생에 의해 지형이 보이지 않는 경우 항공사진으로 생성한 지형고도자료는 식생을 포함하지만 LiDAR측량은 정확한 지형고도자료를 생성할 수 있어 지형고도자료 구축을 위해서는 항공사진에 비해 경제성이 높다.

– 라이다 장비는 지상은 물론 항공기 또는 인공위성에 탑재되어 일반적으로 넓은 지역을 대상으로 하기 때문에 산림자원을 비롯한 각종 자원관리, 홍수, 산불 등의 재난, 재해 예방, 복구 및 피해 규모, 면적의 산정, 접근이 불가능한 대규모 암반사면의 파괴예측 및 대책을 포함 한 각종 시설물 관리 등 광범위한 분야에 활용되고 있다.

• 라이다의 측량오차는 일반적으로 라이다장비 자체보다 GNSS/GPS의 위치 오차나 항공기에 의한 위치 오차가 훨씬 크게 나타나므로 이에 대한 보정 및 오차처리가 필수적이다. 항공라이다측량에서 GPS의 단독측위에 의한 오차는 평면오차 1 m, 수직오차 10 m 정도 발생할 수 있다. 드론을 포함한 항공기에는 GPS와 관성측정장치(IMU)가 탑재되어 있다. 따라서 GPS와 IMU를 연동하여 위치 정보를 보정할 필요가 있다.

〈라이다 측량 오차종류 및 정도〉

오차의 종류	오차정도
레이저 거리 오차	1~5 cm
GPS 위치 오차	5~100 cm
비행기 자세오차	3~15 cm
식생 등에 의한 지형오차	1~100 cm
좌표변환 오차	1~10 cm
합 계	11~230 cm

특수한 목적과 기능의 드론을 제외하고는 일반적으로 드론은 배터리로 작동한다. 따라서 드론에 있어 비행시간은 배터리에 의해 결정되는 요소이며, 탑재물의 무게를 줄이는 것은 매우 중요한 기술적 요소이다. 최근 라이다의 무게를 획기적으로 줄이면서도 우수한 성능을 보이고 있는 드론용 라이다들이 많이 출시되고 있다.

다. 거리측정 센서

(1) 초음파 거리측정센서

- 초음파 거리센서는 초음파를 대상물에 발사하여 반사되어 오는 반사파를 받을 때까지의 시간을 측정하여 거리를 측정하는 센서다. 음속이 약 340 m/s이므로 센서를 통해 응답이 오는 시간만 측정하면 초음파 센서 앞에 있는 사물까지의 거리를 측정할 수 있다. 측정된 물체의 거리에 따라 전압 값이 선형적으로 변하기 때문에 쉽게 거리로 변환할 수 있다.
- 초음파는 사람의 가청 주파수 대역인 20 Hz~20 KHz를 벗어나는 음파를 일컫는다. 특성은 음파의 성질과 동일하며, 초당 340 m를 진행하여 물체에 부딪히면 입사각에 대해 반사각방향으로 반사된다. 가청주파수대역 이상의 주파수이므로 사람의 귀에는 들리지 않는다. 일반적으로 많이 사용되는 주파수는 40 KHz이며, 주파수가 높을수록 공간분해 능력이 높으며, 정밀한 결과를 얻을 수 있다.
- 일상생활에서 접할 수 있는 초음파센서로 차량용 초음파 센서가 있다. 최근 차량에는 후진할 때 후방에 물체가 있는지 여부와 얼마나 가까운지를 측정해 주는 기능이 있는데, 이 때 거리측정센서로 초음파센서가 많이 사용되고 있다.
- 초음파 방식은 초음파를 발생하는 송신기부분과 반사되어 돌아오는 초음파를 검출하는 수신기로 구성되며, 송수신기가 일체형으로 하나로 제작되는 경우도 있다. 송신기에서 초음파를 발사한 후, 수신기에 반사된 초음파가 들어올 때까지의 시간을 측정하여 초당 340 m 진행하는 공식에 넣어 센서와 물체까지의 거리를 측정한다. 초음파의 빔 폭을 어떻게 형성하며, 다중 경로로 들어오는 반사파의 간섭제거가 초음파센서 신뢰도를 높이는데 많은 영향을 미친다. 초음파반사파 전체를 이용하여 물체까지의 거리를 보다 정밀하게 측정하고 물

체의 형태를 알아내는 방식도 있다.

(2) 적외선 거리측정센서

- 적외선 거리센서는 적외선을 이용하여 거리를 측정하는 방식으로 일반적으로 반사광측정방식과 삼각측정방식이 있다. 일반적으로 적외선거리측정방식은 투명한 물체에 대해서는 거리측정이 불가능한 단점도 있다.

▶ **반사광 측정 방식:** 900nm이상의 파장을 갖는 적외선LED를 이용하여 적외선을 방사하고, 물체에 맞고 되돌아오는 적외선의 양을 측정하여 거리를 측정하는 방식이다. 반사량은 거리 제곱의 반비례하므로 반사량이 많으면 센서와 물체와의 거리는 가깝고, 반사량이 적으면 거리는 멀리 떨어져 있다. 반사량은 물체의 색상과도 관련이 있으며, 물체표면도 영향을 미치므로, 반사광측정방식은 측정물체에 따라 같은 거리에 있더라도 반사광의 차이가 많이 발생하므로 특정물체와의 거리를 측정하는 용도로는 정밀한 결과를 보장하기 어렵다. 비교적 제한된 범위에서 동작하는 로봇에서 사용되며, 매우 저렴하게 시스템을 구현할 수 있는 장점이 있다.

▶ **삼각측량 방식:** 광량이 외부환경에 민감하게 영향을 받는 반면, 삼각측량방식은 외부환경에 상관없이 매우 정밀한 거리를 측정할 수 있다 적외선 LED로 적외선을 방사하고, 반사된 광원을 렌즈를 통해 집광하고, 이를 후면의 CCD 센서에 투광시켜 가장 반사광이 집중되는 위치를 측정한다. 발광부와 CCD 센서의 거리는 미리 알고 있으므로, 물체와의 거리를 바로 계산할 수 있다. 삼각측량방식은 외부 광의 영향을 상대적으로 덜 받으며, 거리측정 분해능은 CCD의 화소 수에 비례하므로, 용도에 따라 적절한 센서를 만들 수 있는 장점이 있다.

(3) 라이다 거리측정센서

- LiDAR는 “Light Detection And Ranging”의 약어로 “LiDAR” 또는 ‘라이다’로 불린다. 라이다 센서는 드론의 “감지 및 회피”기능의 한 종류이다. 이 센서는

레이저를 목표물에 주사하여 사물까지의 거리, 방향, 속도, 온도, 물질분포 및 농도 특성 등을 감지할 수 있는 기술이다.

- 라이다 센서는 일반적으로 높은 에너지 밀도와 짧은 주기를 가지는 펄스 신호를 생성할 수 있는 레이저의 장점을 활용하여 보다 정밀한 대기 중의 물성 관측 및 거리 측정 등에 활용이 된다.
  - 레이저 광원은 250 nm부터 11 ㎛까지의 파장영역에서 특정 파장을 가지거나 파장 가변이 가능한 레이저 광원들이 사용되며, 최근에는 소형, 저전력이 가능한 반도체 레이저 다이오드가 많이 사용된다.
- 라이다는 지상에서는 원거리 거리측정, 자동차 속도위반 단속 등을 위한 간단한 형태의 라이다센서 기술들이 상용화되어 왔으며, 최근에는 3차원 역공학(reverse engineering)이나 무인자동차를 위한 Laser Scanner 및 3D 영상 카메라의 핵심기술로 활용되면서 그 활용성과 중요성이 점차 증가되고 있다.
- 라이다는 기본적으로 레이저 송신부, 레이저 검출부, 신호수집 및 처리와 데이터를 송수신하기 위한 부분으로 구성되어 있다. 한편, 측정방식은 레이저 신호의 변조방법에 따라 일반적으로 시간주시(TOP:Time-Of-Flight) 방식과 위상변이방식으로 구분된다.
  - 시간주시방식은 레이저가 펄스신호를 방출하여 물체들로부터의 반사펄스 신호들이 수신기에 도착하는 시간을 측정함으로써 거리를 측정하는 방식이다.
  - 위상변이방식은 특정 주파수를 가지고 연속적으로 변조되는 레이저 빔을 방출하고 물체로부터 반사되어 되돌아오는 신호의 위상 변화량을 측정하여 거리를 계산하는 방식이다.
- 최근 드론을 이용한 측량 및 원격탐사가 본격적으로 시작되면서 초경량 라이다가 개발, 적용되고 있다.

(4) 영상처리방식 거리측정센서

- 영상처리방식에 의한 거리측정 센서는 카메라로부터 들어오는 영상을 통해 영상 내에서 거리를 측정하는 방식이다. 영상에서 물리적인 거리를 측정하기 위해서는 우선 카메라의 렌즈와 센서 사이의 관계를 파악하는 카메라 내부 파라

미터를 알아내야 하며, 카메라 좌표계와 우리가 기준으로 잡고 있는 좌표계 사이의 관계도 파악해야 한다. 이와 같은 파라미터를 파악하는 과정을 "카메라보정"이라고 한다. 3차원 또는 2차원의 물체를 이용해서 여러 장의 영상을 통해서 수행하는 것이 일반적인 방법이다. "카메라보정" 후, 한 대의 카메라를 이용해 카메라의 움직임을 안다는 가정아래 여러 장의 영상으로부터 거리를 측정하는 방법이 있다. 영상 처리 방식의 장점은 넓은 영역을 매우 조밀하게 거리를 측정할 수 있으며, 알고리즘의 운영에 따라 매우 정밀하게 거리를 측정할 수 있는 점이다.

- 거리측정 센서의 가장 일반적인 활용으로는 지표면으로부터의 일정한 고도로 드론이 정밀하게 비행 할 수 있도록 한다. 참고로 일부 거리측정 센서만이 다양한 플랫폼을 지원하기 때문에 거리측정 센서를 구입 · 장착하기 전에 보유한 자동 비행장치시스템과 호환되는지 확인할 필요가 있다.

라. 충돌감지 및 회피기술

- 드론의 충돌감지 및 회피기술이 주목받고 있는 이유는 드론이 유인기와 공역을 공유하기 위해서는 법적/제도적 기반이외에도 유인기와 동등한 수준의 안전성을 보장하기 위한 기술적 요구사항이 바로 충돌회피기술이다.
- 유인비행기의 충돌감지 및 회피(DSA; Detect, See and Avoid)능력과 드론의 충돌탐지 및 회피(DSA; Detect, Sense and Avoid)능력을 비교할 때 상대적으로 소형기종이 많은 드론분야에 이러한 기술을 모두 구현하기에는 아직 기술적 제한사항이 많이 따른다.
- 드론의 충돌감지 및 회피(DSA)기술은 탑재기반(Airborne-Based) 및 지상기반(Ground-Based)기술로 분류할 수 있으며, 탑재기기술은 다시 협조적 (Cooperative)기술과 비협조적(Noncooperative)기술로 구분된다.

(1) 탑재기반기술

- 탑재기반기술(ABSAA; Airborne Sense and Avoid)은 미 공군이 주도하고, 지상기반기술(GBSAA; Ground-Based Sense and Avoid)은 미 육군이 주도하여 연구하고 있는 기술이다. 탑재기반 기술은 다시 협조적 기술과 비협조적 기술

로 나뉜다.

▶ **협조적 기술**

- 협조적 기술(Cooperative Technology)의 전통적인 기술은 TCAS(Traffic Collision Avoidance System)기술과 ADS-B(Automatic Dependent Surveillance Broadcast)가 유인항공기에 이미 적용되어 그 성능이 확인된 기술이지만 모든 항공기에 유사한 장비가 장착된 경우에만 적용가능하고 지형지물이나 건물 등의 지상 장애물은 감지하는데 한계가 있다.
  - TCAS의 경우에는 장비의 크기가 소형드론에는 탑재가 어려운 점이 있으나 ADS-B의 경우 소형드론에도 탑재 가능할 정도로 소형, 경량화가 가능하기 때문에 향후 유인항공기에 탑재가 의무화되면 드론에도 탑재가 의무화될 가능성이 클 것으로 예상된다.

① TCAS(Traffic Collision Avcidance System): 공중충돌회피 시스템

② ADS-B(자동 종속 감시 방송)

- 일명 "방송형 자동 종속 감시 시스템"이라고도 한다.
  - 위성의 GPS로부터 자신의 위치정보를 수신한 항공기에 탑재된 Mode-S트랜스폰더는 1초 단위로 자동 발신되는 항공기 식별부호, 위치, 고도, 속도, 경로 등의 정보를 지상ADS-B 수신기와 위성ADS-B수신기에 보낸다. 이 정보는 다시 통신사의 data link망을 통하여 관제기관이나 항공사에 전달되는 시스템이다.

- 여기에서

  A: 조종사의 개입 없이 ADS-B가 자동방송해서 "Automatic"이고

  D: 방송서비스가 GPS의 위치결정시스템에 의존하기 때문에 "Dependent"이며

  S: 항공기에 대한 지상감시와 공중감시에 사용되므로 "Surveillance"

  B: 항공기에서 무선으로 방송되므로 "Broadcast" 이다.

- ADS-B는 지상 장애물영향을 받지 않아 지상에서 이동 중인 항공기나 차량흐름 모니터링도 가능하다. 따라서 ADS-B는 GPS위성 정보를 1초 단위로 지상에 송신하므로 효율적인 항로 설정이 가능하고, 세밀한 수직/수평분리, 안전한 비행확보가 가능하다. 이러한 위성ADS-B체계를 구축하면 산악지대

(terrestrial), 대양구간(oceans), 극지방(remoteregion)에 관계없이 전 지구적 항공기 위치정보 확보가 가능하다.

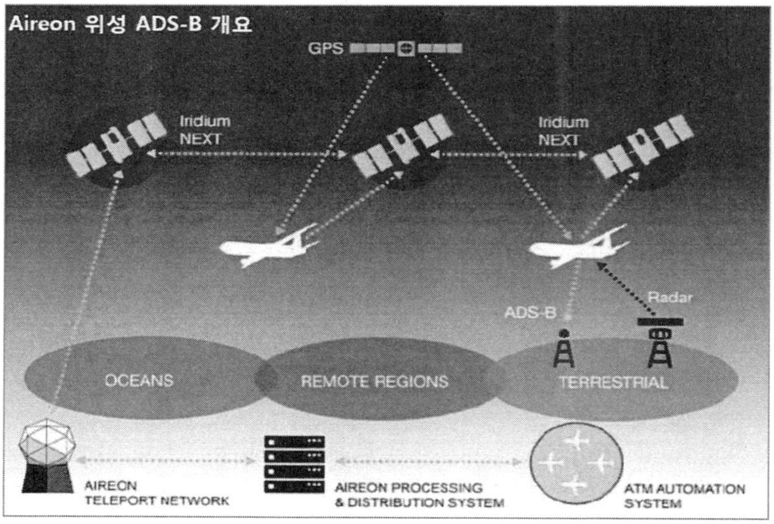

〈ADS-B 위성 개요〉

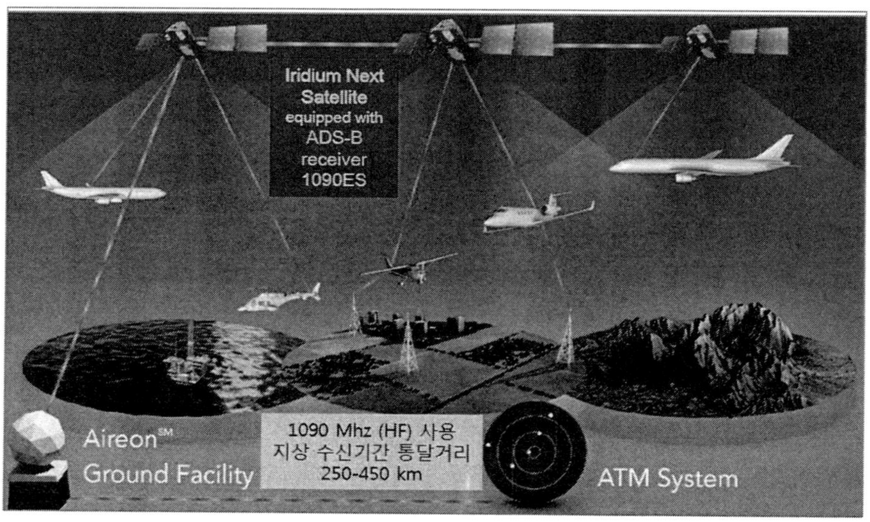

〈ADS-B의 감시범위〉

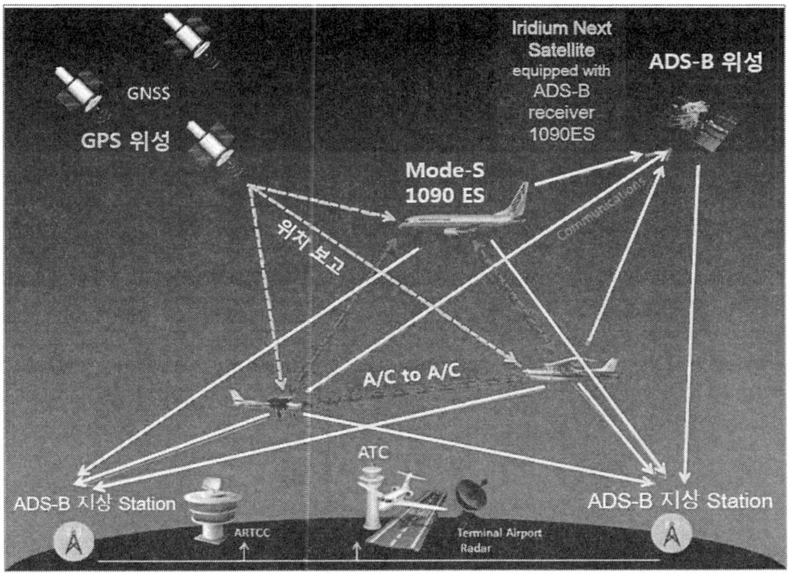

〈ADS-B시스템의 위치정보송수신체계〉

③ MLAT(Multilateration, 다중 측정 감시시설)

- ADS-B는 GPS에 의존하므로 GPS에 대한 안전성이 문제가 되면서 ADS-B에서 얻는 4D(위치, 속도, 고도, 경로)정보의 유효성을 검증할 수 있는 장비로 권고된 장비로 개발된 일종의 보조시스템이다.
- 항공기 트랜스폰더에서 송출되는 Mode A, C, S신호는 물론 ADS-B 신호를 지상의 여러 개(multi) 수신기(MLAT)가 수신기간 수신신호 도착시차를 계산하여 항공기 위치를 파악하는 방식이다. 적어도 4개의 수신기가 필요하다.
- MLAT은 ADS-B 수준의 정밀도를 유지하며 독립적으로 표적의 위치를 계산할 수 있고 설치 유지비용이 저렴할 뿐 아니라 장비의 신뢰성이 우수하다는 장점이 있다. 그러나 닷의 수신기를 설치해야 하기 때문에 지상시스템이 복잡하고 비용이 많이 든다는 간점이 있다.

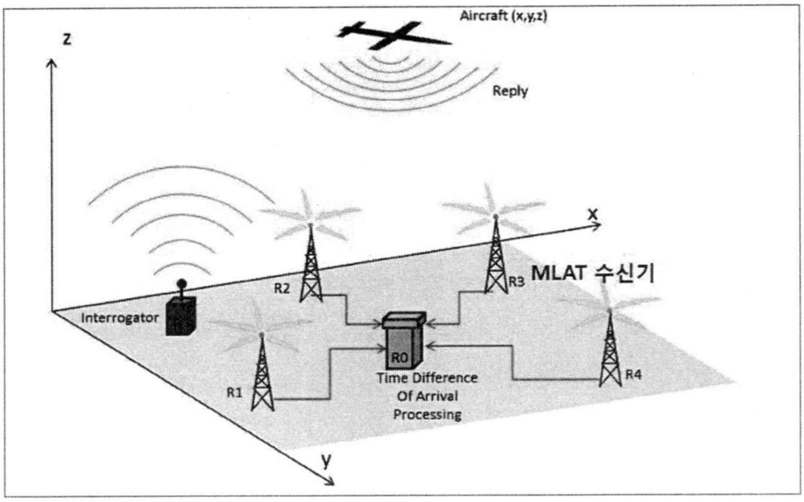

〈MLTA의 위치추적시설〉

▶ 비협조적 기술

• 비협조적 기술(Noncooperative Technology)은 센서가 신호를 방사하는 능동형과 대상으로 부터 방사되는 신호를 감지하는 수동형으로 구분할 수 있다.

① 능동형 센서

• 레이더 및 레이저와 같은 능동형 센서의 경우 시계가 좋지 않은 경우에도 운용이 가능하고 충돌위험 감지성능도 확인된 기술이지만 고가이고 중량 및 소요 전력이 소형 인기에 적용하기 곤란하다는 단점이 있다.

② 수동형 센서

• 수동형 센서는 유인항공기 조종사가 인지하는 것과 동일한 감각률을 제공해주는 장점이 있지만 시계조건에 따라 충돌위험 감지성능이 민감하게 변하고 상대거리 측정이 곤란하다는 단점이 있다.

• 이처럼 탑재기반 기술의 경우 아직은 소형드론에도 적용 가능한 기술이 많지 않음을 알 수 있으며, 궁극적으로는 탑재기반기술이 완성되겠지만 시기가 도래할 때까지의 시간적 공백을 메우기 위한 대체기술로써 지상기반 DSA기술이 활발하게 개발되고 있다.

(2) 지상기반기술

- 지상기반 충돌감지 및 회피(DSA)기술은 세계에서 가장 많은 드론을 운용 중인 미국 국방성이다. 미 국방성은 드론공역체계의 통합에 가장 절실한 필요성을 가진 기관으로 유인항공기 및 드론의 충돌감지 및 회피기술개발에 가장 적극적인 부서이다.
- 탑재기반기술(ABSAA; Airborne Sense and Avoid)은 미 공군이 주도하고 있으나 지상기반기술(GBSAA; Ground-Based Sense and Avoid)은 미 육군이 주도하여 연구하고 있는데 미 국방성은 최종적으로는 탑재기반 시스템과 지상기반 시스템이 통합된 형태가 최종적인 충돌감지 및 회피대응책이 될 것으로 예상하고 있다.

〈충돌감시 및 회피 기술 분류〉

기술구분			센서	비고
탑재기반	협조적		TCAS(Traffic Collision Avoidance System): 공중충돌회피 시스템	- 모든 항공기 장착 필요 • TCAS는 지상 장애물 감지 불가
			ADS-B(Automatic Dependent Surveillance Broadcast) : 자동 종속 감시 방송	
	비협조적	능동형	Radar	• 악시계조건 운용 가능 • 고가, 고중량, 고전력 필요
			Laser	
			Sonar	
		수동형	Motion Detection	• 시계조건에 성능 민감 • 충돌탐지 알고리듬 개발어려움 - 상대거리 탐지곤란
			Electro Optical	
			Infrared	
			Acoustic	• 드론자체 및 바람 등 주변소음 처리 필요
지상기반			3D Radar	• Radar로 탐지되는 제한된 지역에만 적용 가능

4) 드론용 통신시스템

가. 드론용 통신

• 무인항공기에서 통신시스템은 유인항공기에서의 통신보다 더 큰 비중을 차지하는 분야이다. 무인항공기는 조종사가 탑승하지 않는 특성 때문에 사람이 직접 조종하는 유인항공기에 비하여 통신량이 많을 수밖에 없으므로 더욱 독립적이고 안전한 통신체계가 요구된다.

• 국제민간항공기구(ICAO)는 항공교통서비스 및 무인항공기 통신요구사항은 인적반응, 절차 그리고 환경적인 특징을 다루는 ATM(Asynchronous Transfer Mode)기능이 갖춰져 있어야 할 것을 요구하고 있다.

• 현재 무선항공통신절차는 음성과 데이터메시지를 표준형식으로 공대공 그리고 지대지로 통신하는 것을 지향하는 것이고, 드론은 유인항공기와는 다른 특성을 지니고 있기 때문에 이에 대한 형식과 등급이 명시되어야 한다. 왜냐하면 드론의 경우 통신이 두절되면 비행체를 잃어버리는 최악의 결과가 발생하기 때문에 이럴 경우 비행체 회수방안이나 통신장비를 이중화하는 등 기술적 해결방안을 요구하고 있다.

• 기본적으로 드론통신시스템은 비행체와 지상시스템을 무선통신방식으로 이어주는 데이터링크 역할을 한다. 즉 조종사가 없는 무인항공기와 지상의 운용자를 연결시켜주는 것을 말한다.

- "Data Link"는 말 그대로 데이터를 서로 연결하는 것으로 이를 위해서는 지상통제시스템(GCS: Ground Control System)과 드론을 직접 연결하는 가시선(LOS: Line of Sight)통신과 장애물에 막혀 LOS통신이 불가능할 경우 위성 등을 이용하는 비가시선(BLOS; Beyond LOS)통신으로 구분한다.

• 드론통신장비는 통신두절현상이 발생하지 않도록 99.9% 이상의 링크가용성을 갖추도록 이중화통신주파수로 설계해야하며 상향링크(Up-link)와 하향링크 (Down-link)로 구분된다.

- 상향링크(Up-link)는 지상조종사가 드론을 임무지역으로 비행조종하기 위해 지상에서 드론에 탑재된 장비와의 명령과 제어신호를 전송하는 연결을 말한다.
- 하향링크(Down-link)는 지상조종사가 드론을 조종하기 위해 비행체의 위치자

세 등 비행체 상태를 알아야 하는데 비행체 탑재장비에서 지상으로 드론상태나 각종 센서로 부터 감지된 데이터를 실시간으로 전송하는 것을 말한다.

- 드론 통신시스템에는 드론이 지상 장비와 교신하는 내부전송데이터와 드론이 외부장비와 통신하는 외부전송데이터로 구분하는데 내부전송 데이터에는 Telecommands와 Telemetry가 있다.
  - "Telecommands"는 떨어진 곳에 있는 시스템이나 와이어로 연결된 시스템과 같이 직접 연결되지 않은 시스템을 조종하기 위해 보내는 신호를 의미하고,
  - "Telemetry"는 전파나 IP Network를 이용하여 멀리 떨어진 것의 정보를 측정하는 기술이다.
- 특히 내부전송데이터는 현재 민간용 드론데이터 포맷 표준규격이 존재하지 않아 군사용으로 사용되는 NATO의 STANAG4586등을 근간으로 활용 중에 있다.

나. 드론용 주파수

- 드론의 활용이 급속도로 늘어남에 따라 안전하고 신뢰성 있는 드론 운용을 위해서는 지상통제시스템(GCS : Ground Control System)과 드론 간의 통신링크가 강건하게 유지되어야 한다.
- 드론을 조종 · 통제하는 제어용주파수는 지상통제센터에서 이용하는 '지상제어 주파수'와 위성에 탑재된 통제설비에서 이용하는 '위성제어 주파수'로 구분된다.

(1) 지상제어용 주파수

- 지상제어용 주파수는 드론제어용 신규주파수로 C-band대역 5,030-5,091MHz(61MHz)가 분배되었다.[5] 이 주파수대역은 수많은 낮은 출력무선기기가 함께 이용하는 대역이 아닌 전용대역으로서 전파혼선으로 인한 드론의 추락, 충돌 등 사고위험을 최소화할 수 있을 뿐 아니라 드론의 출력을 최대 10 W까지 운용이 가능하다.
- 지상에서 드론을 제어하기 위한 전용 주파수를 할당하면서 드론활성화에 활로

5 국제전기통신연합-무선국(ITU-R : International Telecommunication Union-Radio communication Sector)의 세계전파통신회의(WRC : World Radio communication Conference), 2012.

를 열고 있다.

▣ 「항공업무용 무선설비의 기술기준」[6]

제2조(적용범위)

이 고시에서 정하는 기술기준은 〈항공안전법〉제40조에 따라 항공기에 설치하여야 하는 무선설비, 그 통신상대 무선국의 무선설비 및 기타 항공업무용 무선설비에 대하여 이를 적용한다.

제3조(정의)〈신설2015.12.31.〉

26. "무인항공기"라 함은 사람이 탑승하지 않고 원격 · 자동으로 비행할 수 있는 항공기를 말한다.
27. "시분할복신방식"이라함은 TDD(Time Division Duplex)방식으로 송신과 수신을 동일한 주파수에서 시간분할방식으로 구분하여 송신 및 수신하는 방식을 말한다.

제22조(무인항공기 지상제어용 무선설비)5,030㎒~5,091㎒주파수 대역을 사용하는 무인항공기의 항공국 및 항공기국 지상제어용 무선설비의 기술기준은 다음 각 호와 같다〈신설 2015.12.31.〉

1. 공통조건
   가. 통신방식은 시분할복신방식을 사용할 것
   나. 전파형식은 W9W, WXW X9W, XXW을 사용할 것
   다. 주파수대역폭은 5㎑ 단위이고 점유주파수대역폭은 1,100㎑ 이내일 것
   라. 등가등방복사전력이 필요 최소한으로 운용되도록 전력 제어기능을 갖출 것
   마. 링크 손실 검증 기능을 갖출 것
2. 송신장치의 조건
   가. 주파수 허용편차는 ±(지정주파수 × 0.2 × 10^{-6})이내일 것
   나. 안테나공급전력은 20dBm/㎑이고 최대10w 이하일 것
   다. 불요 발사는 다음 조건을 만족할 것

지정주파수로부터 이격 주파수	불요발사의 평균전력	분해대역폭
±(점유주파수대역폭 × 0.5)미만	20 dBm/㎑ 이하	1 ㎑
±(점유주파수대역폭 × 0.5)이상 ±(점유주파수대역폭 × 1.5)미만	40 dB 이상(주)	1 ㎑
±(점유주파수대역폭 × 1.5)이상 ±(점유주파수대역폭 × 2.5)미만	65 dB 이상(주)	1 ㎑
±(점유주파수대역폭 × 2.5)이상	80 dB 이상(주)	1 ㎑
5,010~5,030 ㎒ 대역으로의 등가등방복사전력밀도는 -75 dBW/㎒ 이하일 것		
5,091~5,150 ㎒ 대역으로의 등가등방복사전력밀도는 -60 dBW/㎒ 이하일 것		

6 국립전파연구원고시 제2015-28호, 2015.12.31

(2) 위성제어 주파수

- 위성제어 주파수는 고정위성(FSS: Fixed Satellite Service)을 이용한 Ka/Ku-band대역의 초고주파(Super High Frequency)데이터링크이다.[7]

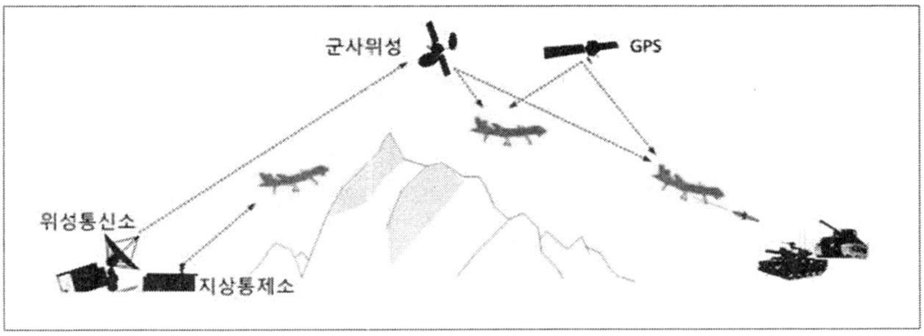

- 민간에서 사용할 수 있는 상업적 대역에서의 드론용주파수 요구가 증가함에 따라 Ka-band/Ku-band대역 이상의 초고주파 데이터링크 개발 및 상용휴대폰, 고정위성링크, 군사용 C4I 링크와의 상호연결에 대한 연구가 활발히 진행되어지고 있다

다. 무선통신 송수신기

• 드론기체와 드론조종기(Controller)사이에 데이터를 주고 받기위해서는 "무선통신 송수신기(Telemetry)"가 필요하다. 무선통신 송수신기는 데이터를 송수신하기 위한 무선장비로 드론과 조종기에 각각 탑재 설치하여야 한다. 중요한 것은 드론과 조종기의 무선통신 송수신기를 서로 "짝으로 연결"시켜야 한다는 것이다.

– 드론과 조종기와의 통신을 의해 기본적으로 ISM-50대역과 2.4 GHz 및 5 GHz의 와이파이(Wi-Fi)를 사용한다. 그러나 통신범위가 2 km를 넘지 못하기 때문에 장거리를 이동할 때는 LTE망을 활용하기도 한다.

• 우리나라는 드론전용주파수대역을 법규로 제정되었지만 대부분의 드론에 사용하는 견자부품이나 드론완제품이 외국에서 수입되어 사용되고 있어 현재로서는 ISM대

7 WRC-15에서 고정위성을 이용한 고정위성업두(FSS : Fixed Satellite Service)주파수 이용규정 마련하기 위해 의제 1.5로 무인항공기 위성제어용 주파수 분배

역의 주파수사용이 당분간 지속될 전망이다.

라. 지상통제시스템

• 지상 통제시스템(GCS: Ground Control System)은 고고도에서 장시간 체공하면서 다양한 임무를 수행하는 글로벌 호크와 같은 군용무인기의 경우에는 상상할 수 없는 고도의 각 종 무선동신장비 등을 갖춘 "통제센터"를 의미하지만. 작은 소형 드론인 경우 무선조종기를 의미한다.

• 조종기는 드론 비행지역 및 경로점(way-point)설정 그리고 드론에 부여된 각종 임무를 모니터링하는 데 사용되는 PC나 태블릿은 물론 이에 수반되는 소프트웨어를 포함한다. 스마트폰이나 태블릿 등이 조종기 역할을 하지만 자동 비행장치시스템에 따라서는 별도의 조종기가 필요할 수 있다.

마. 전원시스템

• 전원장치(power module)는 일반 엔진을 장착하는 드론에 비해 드론의 비행성능은 많이 떨어지지만 멀티콥터드론인 경우 여러 가지 장점을 갖고 있다.

• 전원장치의 또 다른 장점이자 기능은 배터리의 전압과 용량은 측정할 수 있다는 것이다. 이러한 기능은 비행 중에 배터리용량을 파악함으로써 회항 등의 사전조치를 취할 수 있으며, 자동비행시스템에서는 안전장치로써 배터리 용량이 얼마 남지 않으면 자동회항(Return Home)하게 된다.

• 그런데 자동 비행시스템은 민감한 전자시스템이기 때문에 정격전력을 공급하는 것이 중요하다. 따라서 변압기와 배터리정류기가 필요하다.

(1) 변속기

• 변속기(ESC : Electronic Speed controller)는 비행조종기와 모터사이에 위치해 모터의 속도를 조절하는 역할을 담당한다. 배터리전원을 입력받아 3상 주파수를 발생시켜 모터를 제어하는 '변속기'다.

– 직류모터는 직류전류를 사용하지만 브러쉬리스(Brushless)모터는 3상전류를 사용하기 때문에 변속기(ESC)가 필요하다. 변속기(ESC)는 모터회전을 위해

서 지속적으로 다른 위상의 고주파 신호를 만들어 모터에 보낸다. 또한 배터리의 전원을 모터에 정격전력을 공급하는 역할을 한다.

(2) 정류기

- 드론에 탑재된 리포(LiPO)배터리에서 자동비행 장치에 맞게 전압을 조절하는"배터리 전압정류기(BEC: Battery Eliminator Circuit)"를 말한다.
- 드론용 비행제어장치(Controller)의 전파수신기는 4.8~5.0 V 배터리 전원을 사용하기 때문에 모터의 전원에서 5 V를 분리해서 무선수신기의 전원으로 사용하는데 이를 정류기(BEC)가 담당한다,
- 리포(LiPO)배터리를 사용하는 전동기체의 변속기(ESC)에는 대부분 전압 조절기인 정류기(BEC)가 내장되어 있는데 배터리를 연결하는 단자와 모터와 수신기에 전원을 연결하는 단자가 있어서 무선수신기에 전원을 공급할 수 있다.
- 정류기(BEC)의 변압방식은 크게 선형(Linear)과 전환(Switching)의 2가지 방식이 있다,

① 선형방식 : 컵에 물을 따를 때 먹을 만큼만 따르고 나머지 버리는 것처럼 11.1 V에서 5 V만을 공급하고 나머지는 열로 소모시키는 것으로 구성이 간단하고 가격이 저렴하고 전원의 품질이 뛰어나다. 그러나 효율이 낮아 열이 발생하므로 방열에 주의해야 한다.

② 전환방식: 전원공급을 고속으로 전환(On/Off)하는 방식으로 구성이 다소 복잡하고 가격이 비싸지만 효율이 매우 높고 발열이 낮다. 입력과 출력의 전압차가 높고 전류가 높은 경우에 적당하지만 정밀한 제품에는 소음이 염려되는 것이 단점이다.

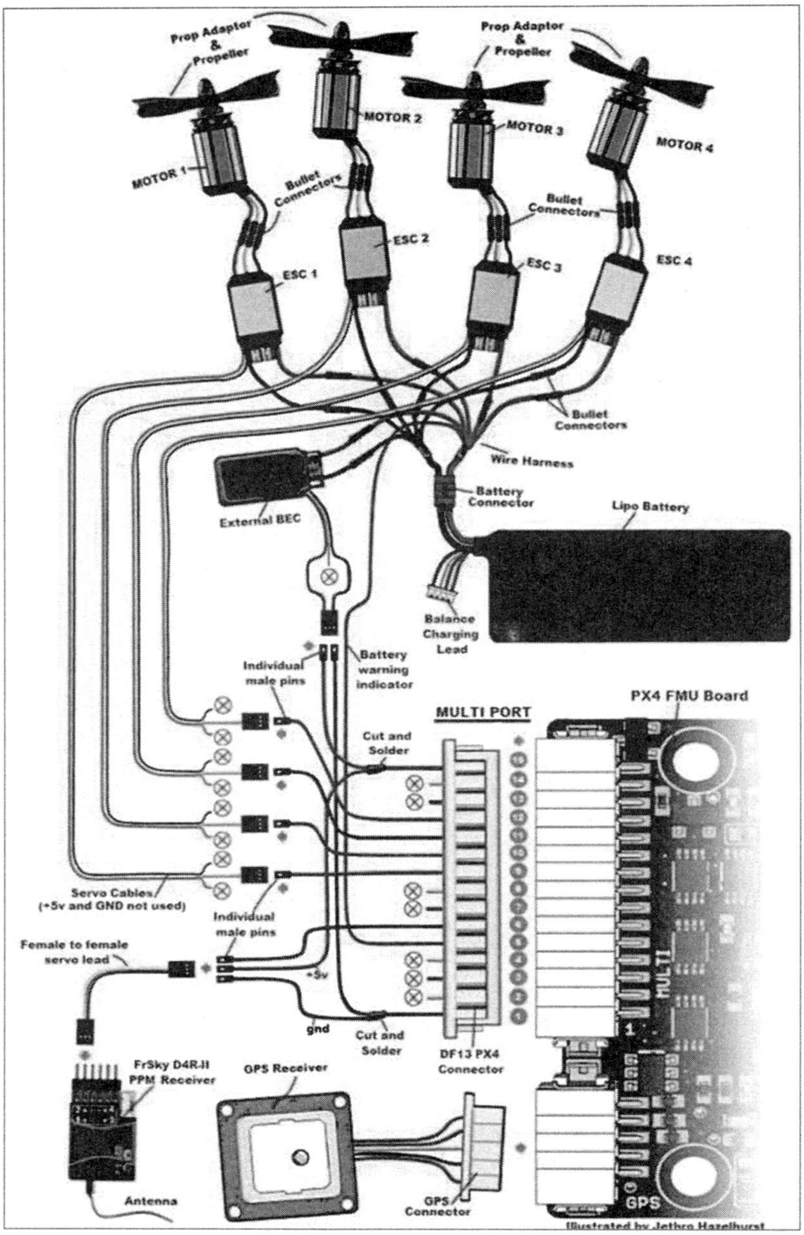

- 동력모터: motor x 4개
- 전원: Lipo battery

- 전원모니터기: battery monitor
- 수신기(receiver): 4 채널, 72MHz
- 전자속도 제어기(ESC: electronic Speed Controller): 6암페어
- 위성항법 수신기(GPS receiver)
- 비행측정 판(FMU board)
- 일반적인 2 깃(blade) Quad-rotor(X형)의 드론의 경우 좌측 상단과 우측하단로터는 시계방향으로, 우측상단과 좌측하단 로터는 반시계방향으로 회전한다.[8]

(3) 무선조종 입.출력단자

- 비행 조종계통에는 입출력(IO: Input/Output)단자가 있다. 드론을 수동으로 조종할 경우는 원격조종입력단자들은 원격조종수신기에 연결하고, 드론을 자동으로 조종할 경우는 자동비행시스템이 작동할 수 있도록 출력단자를 모터나 서보(Servo)모터에 연결 한다.

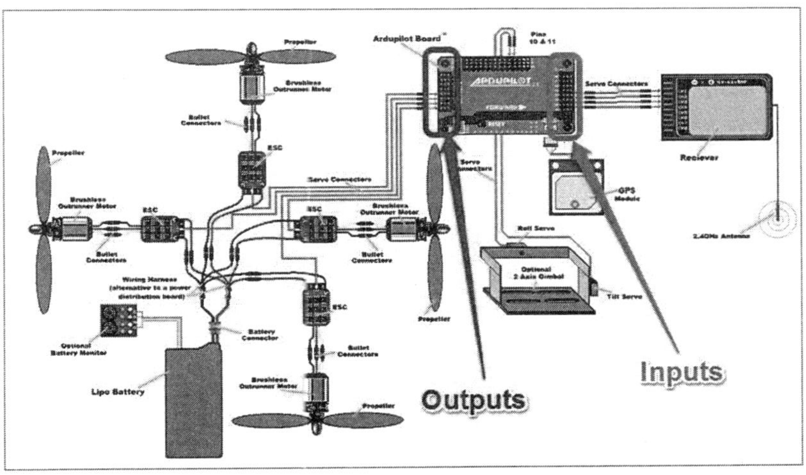

〈전형적인 쿼드콥터 입출력 시스템〉

8 dronetrest.com

(4) 드론 충전시스템

- 특수목적을 가진 드론이외에 대부분의 상용드론들은 모터구동시스템이어서 모터에 전원을 공급하는 전원충전시스템이 성능을 좌우하게 된다. 전원충전의 효율성은 드론 임무수행 횟수(turn-around)를 통한 드론성능을 좌우하는 중요한 기능이다. 드론 전원충전방식에는 유선충전(Tethered charging) 방식, 무선충전(Wireless Charging)방식, 하이브리드 충전(Hybrid Electric Charging)방식, 태양광충전(Solar-powered Charging)방식, 고속충전 배터리 (Fast Charging)방식이 있다.

① 유선충전드론 (Tethered charging Drone)

- '유선충전드론'은 드론과 지상에 위치한 전원공급장치(Power Supply System) 사이 연결된 동력선을 통해 전력을 전달받는다. 케이블이 절단되지 않는 이상 365일 24시간 지속적으로 드론에 전원이 공급된다. 또한 동력선이 절단되는 경우를 예상하여 드론에는 소형 배터리가 장착되어 있고 비상시 안전하게 착륙할 수 있다.
- 유선충전드론의 구조상 비행고도와 같은 길이의 동력선이 필수적이므로 100 m가 넘는 동력선을 필요에 따라 감고 풀어주어 케이블의 꼬임을 방지하는 장력조절장치(Tension Control System)가 필요하다. 또한 장력조절장치가 지상에 설치되는 경우에는 장력조절장치가 위치한 곳을 중심으로 수직이착륙만 가능한 특성을 가지는 반면 드론에 설치되는 경우에는 상대적으로 자유로운 비행이 가능하다.[9]

② 무선충전드론 (Wireless Charging Drone)

- 기존의 배터리 충전방식과는 다르게 선을 사용하지 않고 일정거리에서 무선으로 전원을 전달한다. 현재까지 무선충전드론에 널리 사용되는 무선충전방식은 두 가지가 있다. 무선으로 전력을 충전하는 자기유도전력전송 방식과 레이저(Laser)를 사용하여 전력을 전달하는 방식이 있다.

---

9 https://goo.gl/45ErZN

▶ 자기유도전력전송방식 무선충전드론

- 패러데이 법칙 즉 시간에 따라 변하는 자기장이 코일을 통과할 때 발생하는 유도전압을 이용하여 무선전력을 전달하는 방식이다.
- 무인드론이 임무를 마치고 충전패드에 도착했을 때, 착륙방향에 상관없이 자동으로 충전되어 사람이 직접 배터리를 교체하지 않아도 되는 장점을 가지고 있다. 또한 자기유도전력전송방식의 경우 무선충전시스템의 비용이 레이저를 이용하는 경우에 비해 상대적으로 저렴하고 높은 전력전송효율(~90%)을 가지는 특징이 있다. 물론 필요시 무선전력전송 거리를 수 미터 이상 키울 수 있지만, 이 경우 무선전력시스템의 크기가 전반적으로 커지고 효율이 낮아질 뿐만 아니라 주변의 전자시스템에 좋지 않은 영향을 주게 된다.

▶ 레이저 무선충전드론

- 레이저를 발생하는 장치가 드론에 장착되어 있는 레이저 수신부를 실시간으로 조준하여 전력을 전송하는 방식으로 레이저 수신부를 설치할 공간이 충분한 고정익 드론에 주로 적용된다. 장점으로는 자기유도방식에 비해 아주 먼 거리에 떨어진 드론에 무선으로 전력을 전달할 수 있고, 단점으로는 날씨에 따른 전력전달능력변화, 상대적으로 낮은 전력전송효율, 그리고 드론을 실시간으로 추적하며 전력을 전송해야하기 때문에 시스템이 복잡하고 비용이 높다.[10]

③ 하이브리드 충전드론 (Hybrid Electric Charging Drone)

- 하이브리드 충전드론은 기존의 전기모터-배터리의 동력체계에 엔진-휘발유 또는 엔진-가스를 추가로 사용한 드론이다. 엔진을 추가로 설치하면 엔진에 사용되는 연료(휘발유 또는 가스)가 드론에 사용되는 배터리의 에너지밀도보다 약 100배가량 높기 때문이다. 배터리와 휘발유가 드론의 추력을 발생시키는 운동에너지 변환효율이 같다면 휘발유가 100배 더 오래 드론을 날릴 수 있다. 실제로는 전기모터의 경우 운동에너지 변환효율이 90% 이상인 반면 엔진은 30%의 변환효율을 가지지만, 결과적으로 높은 에너지 밀도로 인해 엔진-

10 https://goo.gl/bPQ8rp

휘발유 또는 가스가 드론에 에너지 공급을 할 수 있다.[11]

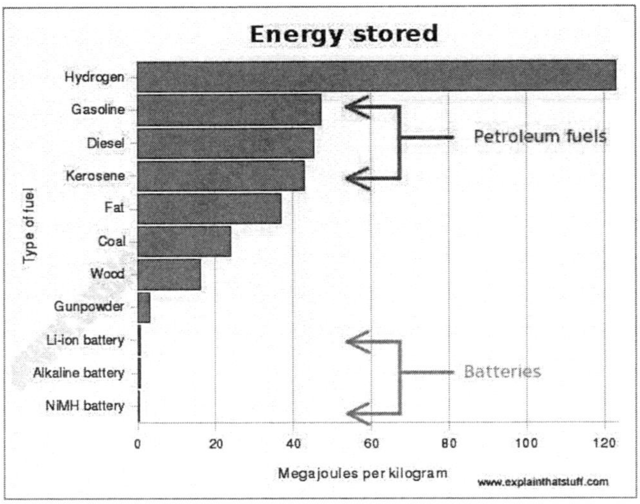

〈에너지원에 따른 에너지밀도〉

하지만 엔진을 사용하는 경우 드론의 충돌 및 사고로 인한 폭발위험이 높고 엔진으로 인한 소음이 있다.

④ 태양광충전드론 (Solar–powered Drone)

- 태양광충전드론은 오래된 드론의 전력공급방식중의 하나다. 태양광충전을 위해 태양광을 전기에너지로 변환시켜주는 솔라셀(Solar Cell)을 드론의 기체에 설치하고, 설치된 솔라셀의 개수에 비례하여 드론에 전력공급이 이루어지므로 보통 넓은 면적을 가지고 있는 고정익드론에 적용가능하다.[12]
  하지만 면적당 얻는 전기에너지의 양이 상대적으로 크지 않고 태양광에 의한 전기에너지 변환효율도 날씨, 기온 및 솔라셀의 표면상태 등의 환경조건에 따라 변하는 문제가 있다. 따라서 좋은 기후조건에서 전력소모가 적은 고정익드론에 주로 사용되는 기술이다.

11 https://goo.gl/VdqZJY
12 https://goo.gl/OlCNdM

⑤ 고속충전 배터리드론(Fast Charging Drone)

- 충전시간을 1시간에서 10분으로만 단축할 수 있다면 여분의 배터리를 준비할 필요가 없다. 하지만 현재 드론의 배터리인 리튬폴리머 배터리의 경우 정격 배터리 충전 속도보다 6배 빠른 속도로 충전하게 되면, 이에 비례하여 대략 6배정도 배터리의 수명이 짧아지는 문제가 있다. 물론 빠르게 충전해도 수명이 덜 줄어드는 배터리 및 현재의 수준보다 아주 높은 에너지 밀도를 가지는 초축전기(Super Capacitor)도 연구되고 있지만 아직 상용화에는 많은 시간이 걸릴 것으로 예상된다.

연습 문제

01 드론설계제작 기술체계분류로 적당하지 않는 것은?

① 기체제작 분야 ② 동력시스템 분야 ③ 항공전자 분야
④ 탑재장비 분야 ⑤ 운용 및 시험 분야

02 동력시스템분야에는 동력저장시스템, 구동시스템, 동력제어시스템이 있다. 이 중 동력저장시스템 기술에 속하지 않는 것은?

① 태양전지 ② 연료전지 ③ 배터리 ④ 전력제어

03 탑재장비분야에 속하지 않는 것은?

① 안전장비 ② 임무장비 ③ 항법장비 ④ 통신장비

04 드론임무장비를 영어로 잘 못 표기한 것은?

① LiDAR(Light Detection And Ranging)
② SAR(Synthetic Aperture Radar)
③ EO(Electro-Optical)카메라
④ IR(Infrared)카메라
⑤ GPS(Global Post System)

해답

01. 3 **02.** 4 **03.** 1 **04.** 5

05 글로벌 위성항법장치(GNSS; Global Navigation Satellite System)는 인공위성을 사용하여 수신 장치를 가지고 있는 이용자에게 현재의 3차원 위치정보(위도, 경도 및 고도)와 속도 및 시간을 알려주는 시스템이다. 이러한 위성항법시스템과 운영하는 나라가 잘 못 연결 된 것은?

① 인도의 Quasi-Zenith ② 중국의 Beidou ③ 미국의 GPS
④ 유럽의 Galileo ⑤ 운용 및 시험 분야

06 항법보조장비로 위성이나 지상 무선국의 도움 없이 항공기 자체적으로 비행 중 위치 파악과 항로정보를 제공하는 시스템은?

① GPS(Global Positioning System)
② DGPS(Differential Global Positioning System)
③ INS(Inertial Navigation System)
④ P code(Precision code)
⑤ C/A code(Clear Acquisition code)

07 동작인식기술로 중력가속도기반의 가속도센서와 자이로센서의 기능을 가지고 있는 센서는?

① EO(EIectro-Optical)센서
② G-센서(Gravity Sensor)
③ IR(Infrared)센서
④ SAR(Synthetic Aperture Radar)센서
⑤ LiDAR(Light Detection And Ranging)센서

08 가시광선을 이용해 목표의 실제 영상을 실시간으로 관측하는 센서는?

① EO(EIectro-Optical)센서
② G-센서(Gravity Sensor)

해답
05. 1 **06.** 3 **07.** 2 **08.** 1

③ IR(Infrared)센서

④ SAR(Synthetic Aperture Radar)센서

⑤ LiDAR(Light Detection And Ranging)센서

09 적외선을 이용한 센서로 안개나 구름이 끼거나 눈이나 비가 오는 기상상황이 발생하면 정상적인 영상을 얻는데 한계가 있으나 EO센서를 보완하기 위한 센서는?

① EO(EIectro-Optical)센서

② G-센서(Gravity Sensor)

③ IR(Infrared)센서

④ SAR(Synthetic Aperture Radar)센서

⑤ LiDAR(Light Detection And Ranging)센서

10 전자파를 이용하는 센서로 밤이나 눈, 비, 안개, 구름 등의 기상상황에 상관없이 전천후로 영상을 얻을 수 있는 센서는?

① EO(EIectro-Optical)센서

② G-센서(Gravity Sensor)

③ IR(Infrared)센서

④ SAR(Synthetic Aperture Radar)센서

⑤ LiDAR(Light Detection And Ranging)센서

11 빛의 한 종류인 레이저의 특징을 이용하여 원거리 지표면을 포함한 대상물체의 위치정보와 3차원 형상정보를 측정하기 위한 광학적인 원격탐사센서는?

① EO(EIectro-Optical)센서

② G-센서(Gravity Sensor)

③ IR(Infrared)센서

④ SAR(Synthetic Aperture Radar)센서

⑤ LiDAR(Light Detection And Ranging)센서

해답

09. 3 **10.** 4 **11.** 5

12 드론의 충돌감지 및 회피기술에 관하여 기술하고 있는 내용이 적절하지 않는 항은?

① 협조적 기술에는 TCAS(Traffic Collision Avoidance System)기술과 ADS-B(Automatic Dependent Surveillance Broadcast)가 있다.
② TCAS장비는 소형드론에 탑재하기에 크기 면에서 어려운 점이 있다.
③ ADS-B의 경우 소형드론탑재용으로 소형, 경량화가 가능하다.
④ TCAS는 위성의 GPS로부터 자신의 위치정보를 받아 관제기관이나 항공사에 전달되는 시스템이다.

13 ADS-B의 GPS에 대한 안전성둔제를 보완하기 위한 보조시스템으로 개발된 장비는?

① ADS-A ② ADS-D ③ ADS-S ④ MLAT

14 충돌감지 및 회피기술의 비협조적 기술에 속하지 않는 것은?

① Laser ② Motion Detection ③ 3D Radar
④ Sonar ⑤ Electro Optical ⑥ Infrared

15 드론 지상제어용 전용주파수로 드론의 추락, 충돌 등 사고위험을 최소화할 수 있을 뿐 아니라 드론의 출력을 최대 10 W까지 운용이 가능한 신규지정주파수는?

① 5,030-5,091MHz(61MHz) ② 5,050-5,111MHz(61MHz)
③ 5,000-5,060MHz(60MHz) ④ 5,050-5,110MHz(60MHz)

해답

12. 4 **13.** 4 **14.** 3 **15.** 1

드론공학개론

초판 1쇄 발행 / 2017년 9월 15일
초판 2쇄 발행 / 2022년 9월 30일

저자 윤용현
발행처 형설출판사
경기도 파주시 회동길 37-23 · 전화 (031) 955-2361～4 · 팩시밀리 (031) 955-2341
발행인 장진혁
등록 라-제9호 · 1962년 5월 1일
홈페이지 http://www.hyungseul.co.kr
e-mail hs@hyungseul.co.kr

정가 25,000원

ISBN 978-89-472-8204-8 93550

이 도서의 국립중앙도서관 출판시도서목록(CIP)은 서지정보유통지원시스템 홈페이지(http://seoji.nl.go.kr)와 국가자료공동목록시스템(http://www.nl.go.kr/kolisnet)에서 이용하실 수 있습니다.(CIP제어번호 : CIP2017021677)

드론공학개론